医・薬・看護系のための化学

ALAN JONES 著
原　博・荒井貞夫 訳

東京化学同人

Chemistry
An Introduction for
Medical and Health Sciences

Alan Jones
Formerly Head of Chemistry and Physics
Nottingham Trent University

Copyright © 2005 John Wiley & Sons Ltd. All Rights Reserved. Authorised translation from the English language edition published by John Wiley & Sons, Ltd.

はじめに

　近年,医師,看護師や医療専門職の実務,教育,実地指導において著しい変化がみられる.幅広い特殊な技能の分野においてそれぞれの能力を示す資格が必要とされる.さらに,医療人としての知識や技能を増す目的で生涯にわたっての職能開発も要求されている.英国看護・助産・訪問介護中央審議会の報告書"Fitness for Practice"には,今後,看護師と助産師には技能としての能力と科学的合理性がより多く要求されるだろうと記されている.

　医薬品として化学物質を日常的に使用するということは化学の基本的理解が必要であることを意味する.化学の専門家として期待されていないので心配をしなくてもよいが,通常の医療で用いるさまざまな化学物質についてある程度の知識をもつことは必要であろう.諸君は複雑な分子式を書いたり,投与する薬の構造式を覚える必要はないが,ある程度の薬の化学的要素について知ることが役に立つことだろう.最近の治療はしだいに科学的となってきており,化学的な概念の導入が必須である.科学的・化学的理解により,よりレベルの高い知識を身につけた医師,看護師やその他の医療人になることができる.

　本書は各章ごとに科学的理解をチェックする診断テストで始まり,つづいて各章の主題に移るが,そこにはつねに最近の現場での実務の状況が入れてある.診断テストで及第点をとれたら次の章へ進むことができる.数多くの化学の専門用語については,巻末の用語解説集を利用してほしい.

　終わりに,本書の各段階の原稿チェックに貴重な貢献をされた Mike Clemmet 氏に深謝します.また,草稿の段階で査読していただいたポーツマス大学 Sheelagh Campbell 博士と,愉快なイラストを描いていただいた Malcolm Lawson-Paul 氏に感謝します.おそらく,Lawson-Paul 氏はイラストを描くにつれて,化学について少なからず学ばれたことでしょう.

Alan Jones

訳者序

　わが国にも医療系の学部学生が学ぶ化学の教科書はいくつかあるが，この Alan Jones 教授の著書は今までに類のない本である．

　本書の扱う内容は，化学の基礎となる有機化学，物理化学，分析化学にとどまらず，生化学，生理学，医薬品化学の初歩，さらに医薬品の歴史までと多領域にわたっている．しかし，浅い知識の羅列ではなく，あくまでも健康と病気に話題を絞って，それらに関係することを総合的に理解できるように書かれている．したがって，それぞれのエッセンスは大切にするが，ある一定の域を越えないように工夫してある．たとえば，化合物の種類や構造式も最小限にとどめ，化学反応の機構については詳しく記述していない．そのうえで医療全体を科学的に鳥瞰できるように書かれている．また，最新の研究の情報をあちこちに取入れ，これからの医療について展望する持論が述べられている．

　章のはじめに，その章の到達目標と，学習者が自分の到達度を知ることができるように診断テストが設けられている．きわめて明快である．つぎに，化学の学習に入る前や折にふれて，学習者が興味を抱くように，身の周りにある化合物の逸話がコラムやイラストとして載せられている．著者の母国である英国を舞台とした逸話が多いが，それもわれわれにとって目新しく面白い．また，これらの話題は問題発見・解決型学習として広く取入れられ始めた PBL チュートリアルの題材としても利用できるであろう．

　また，本書はすでに医療系の職業に就いて働いている人たちの再学習にも役立つだろう．特に，学生時代に化学が嫌いであった人が読み物として通読すれば，目からうろこが落ちる思いをするかもしれない．

　本書により医療の分野で化学を学ぶ必要性を感じていただければ幸甚である．

　原著の誤りについては訳者二人で慎重に確認をしたうえで訂正した．また，いくつかの章の中では文章を前後に移動させることでより理解が進むようにも工夫した．

最後に本書の翻訳にあたり，英文のいくつかの疑問についてご助言をいただいた東京薬科大学薬学部講師の Eric M. Skier 先生，および丁寧な指導をいただきました東京化学同人の住田六連氏，進藤和奈氏，丸山 潤氏に深く感謝し，厚く御礼を申し上げます．

2010年3月

原　　　博
荒　井　貞　夫

目　　次

イントロダクション ································· 1

第1章　化学を始めるにあたって ················· 3
1・1　医薬品の発見・発明 ························· 3
1・2　原子と物質 ································· 10
1・3　化学反応と周期表 ··························· 11

第2章　共有結合化合物と有機分子 ··············· 15
2・1　安定な分子を生成する電子の配置 ············· 17
2・2　共有結合化合物 ····························· 17
2・3　共有結合化合物の一般的な性質 ··············· 21
2・4　共有結合化合物の特有な形と結合角 ··········· 23
2・5　弱いイオン性をもつ共有結合 ················· 24
2・6　二重結合をもつ炭素化合物 —— 不飽和炭素結合 ··· 24
2・7　その他の炭素化合物 ························· 26
2・8　炭素の循環 ································· 27
2・9　異性体 —— 分子における原子配列の違い ······· 28
2・10　有機化合物の命名 ·························· 34
2・11　環状構造 ·································· 36
2・12　各種原子団をもつ炭素化合物 ················ 38
2・13　ハロゲン化合物の命名 ······················ 39

第3章　炭素，水素，酸素から成る有機化合物 ── アルコールとエーテル……43

- 3・1　アルコール……44
- 3・2　一つのヒドロキシ基をもつ一価アルコール……47
- 3・3　二価および三価アルコール……48
- 3・4　芳香族ヒドロキシ化合物 ── フェノール……49
- 3・5　エーテル……51

第4章　カルボニル化合物 ── C＝O 基をもつ化合物……55

- 4・1　簡単なアルデヒド，ケトン，カルボン酸，エステル……56
- 4・2　炭水化物，単糖（アルドースとケトース）……58
- 4・3　二　糖……61
- 4・4　糖の代謝……61
- 4・5　その他の糖 ── リボースとデオキシリボース……63
- 4・6　カルボン酸 ── COOH 基を含む化合物……63
- 4・7　カルボン酸塩およびエステル……64
- 4・8　脂質と脂肪……65
- 4・9　細胞中の化学エネルギー……67
- 4・10　同化と異化……68
- 4・11　セッケンと洗剤……69

第5章　窒素を含む有機化合物……73

- 5・1　アミンとアミノ酸……74
- 5・2　アミノ酸……76
- 5・3　ペプチド結合の生成とタンパク質の生成……77
- 5・4　ペプチドの加水分解……78
- 5・5　アミノ酸のその他の性質……79
- 5・6　タンパク質の代謝……79
- 5・7　核酸 ── DNA と RNA……80

第6章 ビタミン，ステロイド，ステロイドホルモン，酵素 ……… 85
- 6・1 ビタミン ……… 86
- 6・2 ステロイドとステロイドホルモン ……… 94
- 6・3 酵素 ……… 97

第7章 イオン，電解質，金属，イオン結合 ……… 103
- 7・1 イオン結合の基本 ……… 105
- 7・2 イオンとイオン結合の一般的な性質 ……… 106
- 7・3 体の中の電解質やイオン ……… 108
- 7・4 体内のおもなカチオン —— ナトリウムイオン，カリウムイオン，カルシウムイオン ……… 109
- 7・5 体液間のバランス ……… 110
- 7・6 少量存在する必須元素 —— 微量栄養素とミネラル ……… 114
- 7・7 金属化合物を使った癌の治療 ……… 115

第8章 水 ……… 119
- 8・1 はじめに —— どうして水はそんなに特異なのか ……… 120
- 8・2 水溶液中での化学反応 ……… 123
- 8・3 溶解と溶解度 —— 水はすばらしい溶媒である ……… 124
- 8・4 浸透 ……… 126
- 8・5 透析 ……… 128
- 8・6 コロイド ……… 129
- 8・7 洗浄と洗剤 ……… 129
- 8・8 水蒸気 ……… 130
- 8・9 皮膚からの蒸発 ……… 132
- 8・10 固体の水 ……… 133
- 8・11 加水分解 ……… 133

第9章 酸と塩基 ……… 135
- 9・1 酸 ……… 136
- 9・2 塩基とアルカリ ……… 140

9・3　窒素を含む塩基 ·· 141
9・4　アミノ酸と双性イオン ··· 141
9・5　塩 ·· 142
9・6　中　和 ·· 143
9・7　緩衝液 ·· 143
9・8　体内の緩衝作用 ··· 144
9・9　消化と酸 ··· 145
9・10　環境における酸 ·· 146

第10章　酸化と還元 ·· 149
10・1　酸化と還元の定義 ·· 150
10・2　燃焼と酸化 ··· 152
10・3　代謝過程における酸化還元反応 ···························· 153
10・4　一酸化窒素 ··· 154
10・5　酸素ガス ·· 156

第11章　分　析　法 ·· 159
11・1　分析の必要性 ·· 160
11・2　質量分析法 ··· 162
11・3　クロマトグラフィー ·· 165
11・4　いろいろな分光法 ·· 168
11・5　走査電子顕微鏡と透過電子顕微鏡 ·························· 170
11・6　磁気共鳴分光法と磁気共鳴画像法 ·························· 173
11・7　分析法の結論 ·· 174

第12章　放射線と放射能 ·· 177
12・1　原子核と放射線 ··· 178
12・2　同位体と放射性同位体 ·· 179
12・3　放射性崩壊と放射線 ··· 181
12・4　α線, β線, γ線 ······································· 181
12・5　半減期 ··· 185

| 12・6 | 放射線にかかわる単位 | 187 |
| 12・7 | 放射線のまとめ | 189 |

第13章　反 応 速 度 　191

13・1	反応と代謝に対する温度の影響	192
13・2	なぜ化学反応は低温で遅くなるか	193
13・3	遊離基（フリーラジカル）	197
13・4	化学反応に対する濃度の影響	197
13・5	触　媒	198
13・6	酵素の作用機構	199
13・7	医薬品と生体の反応	201

第14章　病気と闘う化学物質　205

14・1	薬の過去と現在	205
14・2	癌治療薬	211
14・3	鎮痛薬	213
14・4	ウイルスや細菌による攻撃の阻止	214
14・5	AIDSとHIV	216
14・6	遺伝子治療	217
14・7	既存の薬の別の使い方	218
14・8	新たな治療薬への期待	220

第15章　数 と 単 位　223

15・1	数や単位の標準的な表記法および10の累乗	224
15・2	モ　ル	225
15・3	数の累乗とlog	226
15・4	分子式や反応式中のモル	230
15・5	モル濃度	230
15・6	ppmで濃度を表す	232
15・7	希　釈	232
15・8	質量パーセント	232

付　　録 …………………………………………………… 235
用 語 解 説 …………………………………………………… 239
関 連 文 献 …………………………………………………… 255
索　　引 …………………………………………………… 261

イントロダクション

　本書は医療にたずさわる専門家のための基礎的な化学への入門書を目的としており，医療に関連する学部学生や医療職に就いている人たちの学習にも適している．また，化学の専門用語や概念への基本的な導入が書かれており，後半の章ではよく使用される医薬品と密接な関連がある化学についても解説されている．

　したがってすでに学部で学んだ化学を補う副読本としても用いることができる．しかし，たんなる概説書でも，最近の医薬品の名前やその内容の一覧表でもない．各章は基本的な概念から始めているので，化学の知識が限られていても対応できる．

　各章の最初に，どの程度理解しているかを判断する問題として"診断テスト"があるので，自習書として利用することができる．章の終わりには診断テストの解答と，発展問題が載っている．

本書の使い方

　まず第1章を読んでみよう．素早くざっと読めばよい．その段階で全部がわからないことに悩まないでほしい．化学が初めての人にとっては専門用語に慣れることが必要であり，再学習の人にとっては思い出してみることが必要である．

　ともかく化学を感じてほしい．つぎに，基本的原理を理解していこう．まだ他章との関連を無理に調べることなく，止まらずに読んでみよう．とにかく読み通すこと，あまり時間をかけずに（20分ぐらいで）読み終えるようにしよう．

　一度その章を読み終えたら，内容を考えてみてほしい．それから2, 3日後，

Chemistry: An Introduction for Medical and Health Sciences, A. Jones
© 2005 John Wiley & Sons, Ltd

再度読み通してみよう．今度はもっとゆっくり読むこと．もしも第 1 章や他の章でもわからない化学用語があるときには，巻末の用語解説を利用してほしい．第 1 章を全部読み終えたら，後ろの章の関連ある化学の領域をもっと詳しく学習する準備ができたことになる．

　各章のはじめに，何問かの"診断テスト"がある．80％以上の正解を得ることができたら，その章の基本的内容を理解したことになるだろう（問題の解答は各章末にある）．自分に正直でいてほしい．もしも自分はやっぱり理解していないと感じたら，誰かに聞いてみよう．まずは同級生に聞いてみて，二人ともわからなかったら，教員に聞いてみよう．その少し後に，必ずもう一度その章を読んでみよう．前に読んだときに親しみをもった用語や概念が二度目に読むときに役立つことだろう．この本は諸君自身の職業人としての成長のための学習書である．その"登場人物"を覚えておかなくても試験をされない小説とは違う．

　さらに，何かを調べることが必要なとき，また記憶を取戻したいときには，用語，概念，定義をまとめた用語解説が役立つことだろう．それから，後に思い出す必要のある有用な情報をメモするためのノートをぜひ手元におくことを勧める．

　この本全体を通して，化合物の分子式と構造式が記載されている．それらを覚える必要はないが，構造式から化合物の性質を知ることができる．化合物名や化学反応式を覚えることまでは期待しないが，後に，何かが諸君の記憶に残ることがあるだろう．

　後の各章には，その章で説明されている概念をわかりやすくするためにコラムの"逸話"がある．各章とも，基本的な知識に始まり，さらに詳しい化学や応用に進む．

　何はともあれ，さあ始めよう．そして化学を楽しもう．私はこの本を書くときも，後にそれを読み直したときも楽しむことができた．私のユーモアのセンスについてはお許しいただきたい．化学を学ぶときにそれはとても大切なことだと思う．

化学を始めるにあたって

> **到達目標**
> - 基本的な化学結合の概念について説明できる．
> - これまでの医薬化学の流れを簡単に説明できる．

> **診断テスト**
>
> 　この小テストを解いてみてください．もし，80％以上の点がとれた場合はこの章を知識の復習に用いてください．80％以下の場合はこの章を十分学習して，最後に，もう一度同じテストを解いてください．それでも80％に満たなかったら，数日後，本章をもう一度読み直してください．
>
> 1. 薬を探索するときのおもな天然資源は何か． [1点]
> 2. 陽子，中性子，電子がもっている電荷はそれぞれいくつか． [3点]
> 3. 共有結合はどのような方法で安定性を獲得するか． [1点]
> 4. イオン結合はどのような方法で安定性を獲得するか． [1点]
> 5. アスピリンは何という植物に由来するか． [1点]
> 6. 原子の概念を最初に思いついた人は誰か． [1点]
> 7. すべての元素を論理的な様式で並べた表を何とよぶか． [1点]
> 8. ペニシリンを発見した人は誰か． [1点]
>
> 全部で10点（80％＝8点）．解答は章末にある．

1・1　医薬品の発見・発明

　化学の分野で用いられる専門用語や命名法は一見複雑すぎるように思えるが，それらは国際的に受け入れられている．本書では化学物質に対して，慣用名や一般名ではなく，国際的に認められた用語を用いる．たとえば，酢の

Chemistry: An Introduction for Medical and Health Sciences, A. Jones
Ⓒ 2005 John Wiley & Sons, Ltd

成分である酢酸（acetic acid）のことはエタン酸（ethanoic acid）とよぶ．

1・1・1　一般によく使用される医薬品の分離と製法

> 薬はどこから生まれたのだろうか．多くの人がペニシリンの発見の逸話を知っている．Alexander Fleming がペトリ皿に細菌を培養し，ふたを開けたまま研究室から離れ，数日後に見たとき，その上にカビが生えていた．カビの周りには輪ができており，その中の細菌は死んでいた．彼はカビがその細菌を殺すある化学物質を生産しているに違いないと判断した．私たちなら"わぁー，なんて汚い"と捨ててしまったことだろう．しかし，彼は何か新しいことを発見したと確信したのである．彼は最初の**抗生物質**，ペニシリンを発見したのであった．この事実はすべて 1920 年代後半に起こった．その後，ペニシリンが感染症の治療に使われ，著しい効果を示したのは 1940 年代，第二次世界大戦のときからである．
>
> 2003 年の SARS（重症急性呼吸器症候群）と 2004 年のアジアでの鳥インフルエンザは大流行を避けるために緊急に新しい治療法が探索された例である．HIV（ヒト免疫不全ウイルス）は治療薬が効きにくくなるようにその表面糖タンパク質を変えてしまう奇妙な特性をもっている．これを克服するための研究が行われている．これから，特別な病気や症状に対する治療法を探索するときに考慮しなければならない化学的な原理についていくつかみていくことにしよう．

MRSA（メチシリン耐性黄色ブドウ球菌）のような病原体では薬に対して耐性がどんどん強くなるので，病気と闘い，ウイルスを攻撃する新薬の探索がいつも行われている．病気と闘う新薬の資源をどこに探すべきだろうか？　過去からずっとそうしてきたように，まずは植物の世界に存在する天然の薬を探すべきである．その昔，病気を追い払うまじないを思いつく呪術医や老女がつねにいた．たとえば，伝染病を追い払うために首にニンニクの入った袋をかけたり，関節炎を和らげるために銅のブレスレットをつけたり，ある種の植物の葉を噛んだりした．これらの治療法のいくつかは実際に効果があったかもしれない．

薬草を調合したものは古来より病気の治療だけでなく毒薬の主成分とされた．クラーレは敵を殺すための毒矢の矢じりに用いられた．しかし，1960 年

代まで，少量のクラーレが外科手術における筋弛緩剤として使われた[1]．ジギタリス抽出物も，有毒ではあるが，血圧を下げ，心疾患の患者を救えることが見いだされた．"私の義母は彼女の母がそうしていたように，痛みを軽減する目的で，キャベツの葉で関節炎の膝を包んだものでした"．2003年，この"くだらない迷信"が科学的根拠をもつことが示されたと，英国のある医学雑誌に短い論文として報告された[2]．

現代の医薬品のおおよそ80％は元は天然の資源から生まれた．ヤナギの木の皮のように，Milton Keynes〔訳注：英国のニュータウン〕のような場所にある植物でも薬として用いることができるかもしれないが，最適な植物を探すのに最も期待できる場所は熱帯雨林である．熱帯雨林には地球上で最も多くの植物種が存在する．多くの製薬会社が，多数の植物サンプルを集め，病気の治療に使えるかどうか調べている．実際にそのような研究は今も行われている．一方，チークの家具をつくるために，あるいは少しでも多くのピーナッツを得ようとして，熱帯雨林が破壊されつづけているが，それはさておき，この探索研究の分野については第14章でさらに詳しく考察する．

植物から化学物質を単離する基本的な方法について，例をあげて説明する．世界で最も広く使われている薬の一つで，また，最も安価な薬の一つであると同時に，非常に単純な化合物であることから，アスピリンを選んだ．

世界中で毎年500億錠のアスピリンが消費されている．平均すると，英国では大人1人が70錠相当のアスピリン（またはアスピリンを含む薬）を飲んでいる．さて，すべてはどこで始まったのだろう？

2400年余の昔，古代ギリシャでヒポクラテスは分娩の痛みを取除くために，ヤナギの葉汁を飲むことを勧めた．紀元1世紀のギリシャでは疝痛や痛風の痛み止めにヤナギの葉が広く用いられた．中国，アフリカやアメリカインディアンの書物にも，病気治療にヤナギが役立つことが知られていたと示されている．

1763年，ロンドンの英国王立協会における講演で，Reverend Edward Stoneはヤナギの木皮の効用について，より明確な科学用語で発表した．彼はその抽出物（エキス）をマラリアによる発熱の治療に用いた（その頃の英国ではよくある病で，今でも英国のいくつかの湿地ではマラリアを媒介する蚊が生息する）．彼はまた，現在おそらく関節炎とよばれている病"おこり"の治療

に役立つことも見つけた．当時よく知られた薬として，ほかには鎮痛のためのアヘンと解熱のためのペルー産キナ皮（キニーネを含む）がある．

1800年代の前半，ヨーロッパの化学者はヤナギの葉をとり，いろいろな種類の溶媒で煮沸することにより，その活性成分を抽出しようと試みた．1825年，イタリアのある化学者はその抽出液を沪過後，沪液の溶媒を留去し，活

これをためしてごらん ── 徹夜討論の後の頭がすっきりするよ

性成分を含むある化合物の不純な結晶を得た．再結晶の繰返しと実験技術の改良により，未知の化合物が純粋な試料として得られたのである（図1・1）．

1828年，ドイツのBuchnerはヤナギの木皮のエキスから繰返し不純物を取除き，ある化合物を純粋な白色結晶として得ることに成功した．彼はそれをサリシンと名付けた（図1・2）．サリシンは苦い味をもち，痛みや炎症をやわらげた．同じ化合物が他の化学者たちによりシモツケソウとよばれる薬草から抽出された．サリシンの分析により，それがヤナギの木皮の活性成分であり，糖であるグルコースを1分子結合した化合物であることが判明した．

体の中で，サリシンはサリチル酸に変化し（図1・3），それこそが痛みを取

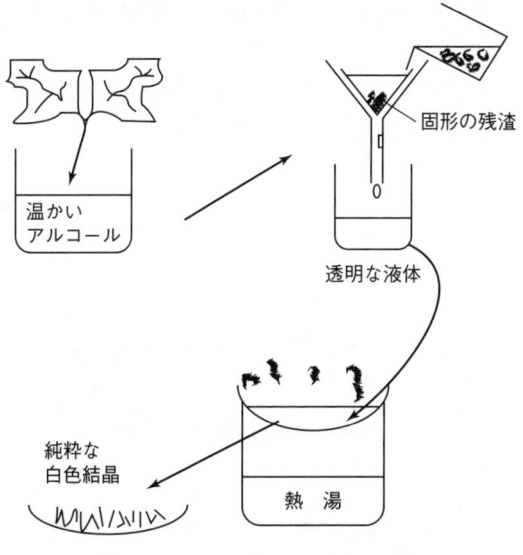

図1・1　ヤナギからの成分の分離

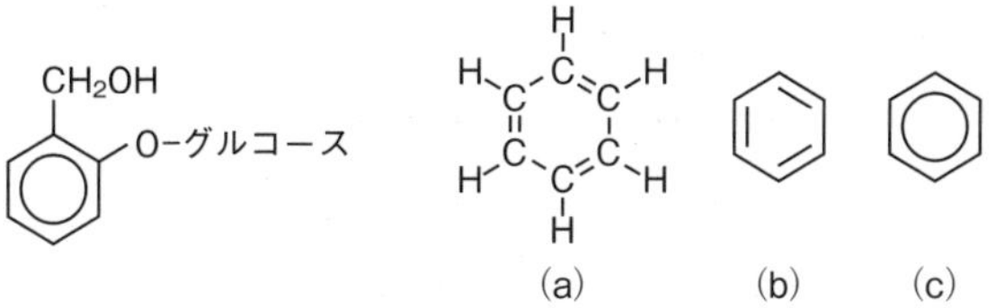

図1・2　サリシン　なお，本書では(a)を(b)や(c)で表した．

除く活性成分だと考えられた．しかし，サリチル酸はあまりにも苦い味をしており，人によっては吐き気がするほどであった．患者のなかには口の中，のど，胃が激しく痛むと苦痛を訴える者がいた．

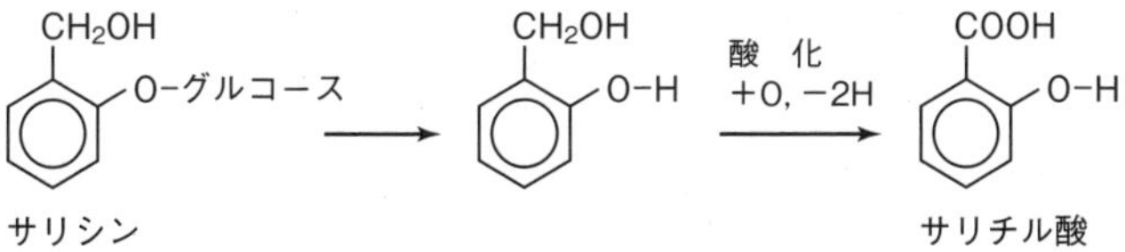

図1・3　サリシンのサリチル酸への変換

サリシンを抽出する工程はうんざりするほど時間がかかり，またヤナギの木を無駄にするものであった．ヤナギの木皮 1.5 kg からたった 30 g のサリシンが得られるだけであった[3,4]．サリチル酸の構造が明らかになるや，多くの化学者たちがお金と時間をかけずに人工的にそれを合成する方法を見つけようと試みた．

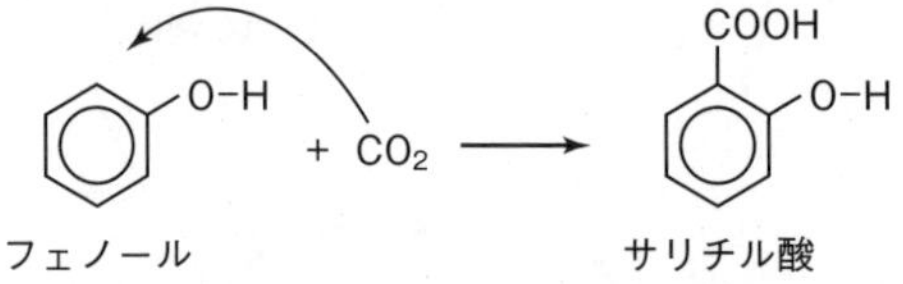

図1・4　サリチル酸の合成

　1860 年に，Kolbe 教授が初めてサリチル酸合成の最適な方法を見いだした．彼はフェノール，二酸化炭素ガスと水酸化ナトリウムを一緒に加熱した（図1・4）．フェノールはコールタールから抽出され，二酸化炭素（CO_2）は石灰岩や炭酸塩岩の加熱や炭素の燃焼により容易に生産することができる．

$$CaCO_3 \longrightarrow CaO + CO_2$$

その合成の容易さにより，サリチル酸は強い苦みをもつという欠点はあったが，鎮痛薬としての将来性があるように見え始めた．
　Felix Hoffman はバイエル社で働いていた．関節炎を患っていた彼の父はサリチル酸を飲んだときに吐き気をもよおしていた．父は息子に，それに代わるより優れた鎮痛薬を見つけるよう促した．1893 年，Hoffman はアセチル

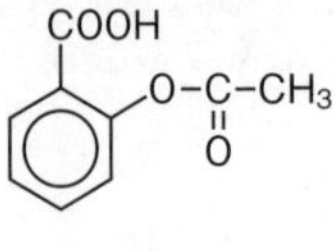

図1・5　アスピリン

サリチル酸をつくることにより，それに応えた．この化合物は大規模な臨床試験を行った後に，1899 年，アスピリンとして市場に登場した（図1・5）．アスピリンは特効薬であることが証明され，現在でも用いられている．

アスピリンが体の中でどのように作用するかについて研究者たちが解明したのはつい最近のことである．これまでにアスピリンは解熱鎮痛や関節炎患者の痛み止めに効果があるほかに，抗血小板作用ももつことがわかっている．

アスピリンはどのような炎症から起こる痛みにも用いられるが，胃からの出血をひき起こすことがある．したがって，それに代わる工業的に安価で胃の出血を起こさない医薬品の研究が着手された．この研究はアセトアミノフェン（図1・6）の合成につながった．アセトアミノフェンは胃の出血は起こさないが，大量投与により肝臓に障害を与える．

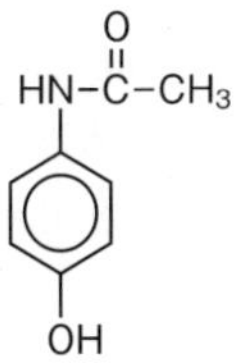

図1・6　アセトアミノフェン

1980年代にBootsにより開発されたイブプロフェンを基礎とした一連の医薬品が，今までのところアスピリンの代わりになる最適なものと思われる．イブプロフェンが完成し，臨床試験が行われるまでに，600もの異なる分子が合成され，活性試験が行われた．現在，イブプロフェンはOTC医薬品（OTCはover the counterの略；処方箋なしに購入することができる医薬品）として販売されている（図1・7）．

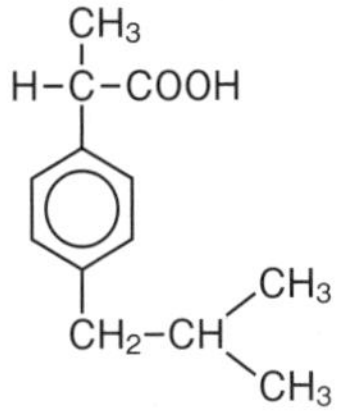

図1・7　イブプロフェン

アスピリンと似た話として，ペニシリンについてもその発見と利用，さらにその代替医薬品の開発の物語がある．耐性菌と闘う一つの解答として，適

当な複数の医薬品から成る複合薬がある —— 細菌はカクテルが嫌いである．

1・2 原子と物質

　古代ギリシャの科学者には，よくある病気に対して天然物を混合することで治療を提案する者もいれば，普遍的に物は何から構成されているかを"考えたり"，"思いめぐらしたり"する者もいた．紀元前400年，デモクリトスはすべての物は小さな粒子から成り立っていると提案し，それを原子と名づけた．彼は元素に対応する名前を書く代わりに記号までも考案した．西洋では1803年に教師で科学者であったJohn Daltonがその原子の概念を復活させた．1930年代になって，やっと原子の構造が完全に明らかにされた．**原子**はきわめて小さくて，針の先端に約10億個の鉄の原子がはまり込むほどである．

　原子はその中心にある1個の重い**原子核**と，その周りにある何個かの**電子**から成り立っている．原子核は正の電荷をもつ**陽子**と電荷をもたない**中性子**から構成されている．したがって，原子核は正電荷を帯びている．この原子核の周りに，負の電荷をもつ電子が陽子と同じ数だけ含まれているため，原子は全体として電気的に中性である．

　原子内の電子は原子核の周りの一定の限られた空間（電子殻）に，決められた数だけ収容されている．いちばん内側の殻には最大2個の電子，それより外側の殻には8個またはそれ以上の電子を収容できる．

　原子はそれぞれ固有な数の陽子と電子をもつ．原子がお互いに反応して**分子**を生成する場合には，つねに最も外側の殻（最外殻）が完全な閉殻構造（2個または8個の電子）になるように電子を配置する．その場合に形成される結合として，他の原子と電子を共有することによる**共有結合**と，電子の供与と受容を伴う**イオン結合**がある．

　自然界に存在する水素（H_2）は気体の分子である．水素分子ではそれぞれの水素原子が一つの電子を出し合い，両方の水素原子が二つの電子を共有している．これが共有結合である（図1・8）．最外殻の電子殻を完全に閉殻にする他の結合方式について，塩化ナトリウム（食塩）を例に説明する．ナトリウム原子の最外殻にある唯一の電子が完全に塩素原子に移動する．その結

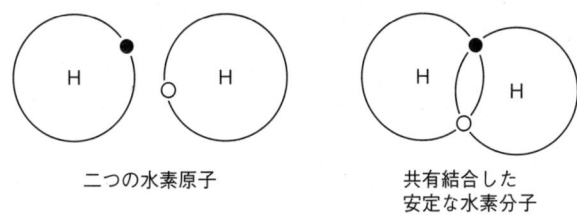

図1・8　水素原子と水素分子

果，ナトリウムは1個の電子を失って+1の電荷をもち，一方，塩素はその電子を得ることにより-1の電荷をもつ．これらの逆の電荷をもつ二つの粒子はイオンとよばれ，お互いに引き合うことにより強いイオン結合を形成する（図1・9）．共有結合化合物とイオン結合化合物について，第2章と第7章でさらに詳しい説明をする．

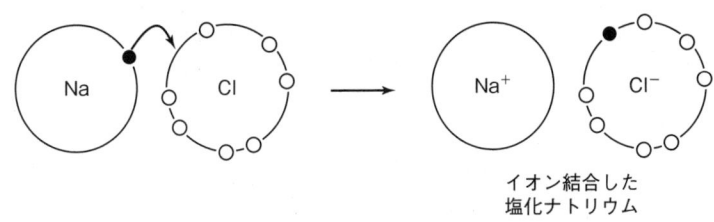

図1・9　電　子　の　移　動

時代が進むにつれ，分析方法はより正確で精密になり，科学者たちは微量の物質を検出し，その構造を解明できるようになった．現在では，化学分析は非常に正確で洗練された技術により行われている．これらの方法については第11章で解説する．

1・3　化学反応と周期表

元素や化合物が反応し安定な化合物を生成するときには，原子は必ず最外殻電子を再配列し，2個または8個の電子をもつ閉殻した最外殻電子構造にしようとする．このような閉殻構造は**周期表**の18族の原子の構造にみられる．

19世紀の科学者たちは新しい物質を発見し，それらが簡単な**元素**の組合わせから成り立つことを見いだした．彼らはこれら元素の質量を比較し，それ

ぞれの元素が一定の質量をもつことが元素の基本的な特性の一つであることを発見した．それが**原子量**である．たとえば，一酸化炭素（CO）と二酸化炭素（CO_2）中の炭素と酸素の重さの比からそれぞれの原子量を求めることができる．

1896年，ロシアの科学者，Mendeleev（メンデレーエフ）は原子量によって元素を規則正しく並べられることを見つけ，その配列を周期表と名づけた．この周期表はその後多くの元素が発見されて完成された．1932年頃，科学者たちは周期表の順に元素が並ぶ基本的性質が元素の質量（原子量）ではなく，核の中の陽子の数であることを見いだした．この数は**原子番号**とよばれ，すべての元素がそれぞれ固有の原子番号をもっている．

原子番号に従った周期表ではすべての元素が順序よく配置され，どの元素も隣の元素と原子番号が1ずつ異なる．とてもシンプル!!（周期表は付録2にある）

これらの元素の組合わせにより構成されている非常に多数の化合物は，そう簡単に系統立てることはできない．ある種の分子は巨大であり，名前だけでその構造を説明しようとすると膨大な言葉を必要とするので，化学の略号や化学式が導入された（**分子式**や**元素記号**についての説明は巻末の用語解説にある）．元素は約100種類あり，それらの組合わせにより，膨大な数の化合物が存在する．動植物の組織をつくり上げている化合物の大多数は炭素化合物である．この化学の分野は**有機化学**とよばれる．炭素と水素を含む100万を超す数の化合物があり，含まれる構造やどのように反応するかによって論理的にグループ分けされている．これらのグループを"同族体"とよぶ．これらの分子のいくつかは巨大で，タンパク質は2000を超える炭素，水素，窒素，酸素原子から成る．同様に，糖（炭水化物）や脂肪（脂質）にもまた巨大分子がある．もちろん，有名な分子であるDNA（デオキシリボ核酸）やRNA（リボ核酸）もそうである．それらは小さな分子単位が何千とお互いに結合している化合物である．DNA分子は細胞内で二重らせんとなっており，私たちの体内にあるそのねじれを戻して端と端をつないでひもにするならば，太陽まで600回も往復できる長さとなる．

体内にあるタンパク質やその他の分子が効果的に働いているときは私たちは健康であるが，正確に働かなくなると，病気など何か問題が起こるはずである．普通は私たち自身の体の機構がそれらの問題を解決することができる

が，ときには薬物治療が必要となる．ここから細胞や医薬品の化学が始まったのである．

　これらの複雑な化学物質を理解するために，化合物を構成する基本骨格や官能基についての化学の学習を少しずつ築き上げることが必要である．炭化水素化合物を含む医薬品については第2章で扱う．ヒドロキシ基を含む化合物は第3章で学習する．糖や脂肪についてはカルボニル化合物と一緒に第4章で学ぶ．タンパク質を理解する出発点は第5章のアミンやアミノ酸の学習である．医薬化合物の化学にかかわる反応を理解するには，共有結合，酸，酸化，溶解性，反応速度，金属イオンの役割などが何を意味するかを学習することが求められる．これらすべてのトピックスはそれぞれ別の章で説明する．分析技術の進歩と放射能については第11章と第12章で取上げる．医薬品開発の研究は第14章にまとめられている．第15章には化学における数量的扱いについて記述されている．

診断テストの解答

1. 植　物
2. 陽子：+1，中性子：0，電子：−1
3. 電子の共有
4. 電子の供与と受容
5. ヤナギ
6. デモクリトス
7. 周期表
8. Alexander Fleming

［2のみ3点，ほかは各1点］

発展問題

1. 原子と分子の違いは何か．
2. 原子の化学的性質に影響を及ぼすのは最外殻電子と原子核のどちらか．
3. 正電荷や負電荷をもつ粒子の名前は何か．
4. 金属類は周期表のどのあたりに位置するか．
5. 炭素化合物の研究を中心とする化学の大きな分野は何とよばれるか．
6. 同族体とは何か．
7. アスピリンのもつ副作用には何があるか．それらの副作用を除くために開発された代替薬は何か．
8. 原子番号と原子量の違いは何か．

参考文献

1. A. Dronsfield. A shot of poison to aid surgery. *Education in Chemistry*, May 2003, 75.
2. J. Le Fanu. *The Sunday Telegraph*, Review, 31 August 2003, 4.
3. *Aspirin*. Royal Society of Chemistry, London, 1998.
4. S. Jourdier. A miracle drug. *Chemistry in Britain*, February 1999, 33–35.

共有結合化合物と有機分子

第1章に概説された基本原理について完全に理解していることを前提に本章を解説する．

到達目標

- 簡単な化合物における共有結合について説明できる．
- 重要な有機化合物の構造を書き，命名できる．
- 立体異性とは何かを説明でき，代謝過程における立体異性体の重要性を概説できる．
- なぜ多数の有機分子が存在するかを説明できる．

診断テスト

この小テストを解いてみてください．もし，80％以上の点がとれた場合はこの章を知識の復習に用いてください．80％以下の場合はこの章を十分学習して，最後に，もう一度同じテストを解いてください．それでも，80％に満たなかったら，数日後，本章をもう一度読み直してください．

1. 原子間で電子が共有されている結合を何とよぶか． ［1点］
   一方の原子が電子を与え，他方の原子がそれを受け取る結合を何とよぶか． ［1点］
2. ヘリウム，ネオン，アルゴンの構造は化学結合を考えるうえでどのような特徴があるか． ［1点］
3. 私たちの体内で原子の多くはどのような結合様式でお互いが結合しているか． ［1点］
4. グルコースが空気中で燃えるとき，生成する物質は何か． ［2点］
5. 水，二酸化炭素，アンモニアの化学式を書け． ［3点］

Chemistry: An Introduction for Medical and Health Sciences, A. Jones
© 2005 John Wiley & Sons, Ltd

6. "マーガリンには多不飽和の脂肪が含まれる" という表現のなかの不飽和とは何を意味するか. [1点]
7. 光学異性体における d と l は何を意味するか. [1点]
8. 乳酸の化学式；$CH_3CH(OH)COOH$ 中の不斉炭素はどれか. [1点]
9. 化合物 CH_3CH_2Cl および $CH_3CH_2CH_2CH_3$ を命名せよ. [2点]
10. 異性体とは何かを説明せよ. [1点]

全部で 15 点（80 % = 12 点）. 解答は章末にある.

英国のスキーヤー Alan Baxter は 2002 年冬季オリンピックで銅メダルを剥奪された. それは英国製ではなく, 米国製の Vicks 吸入薬を使用したからである. 英国製の Vicks にはメントール, ショウノウ, サリチル酸メチルが配合されているが, 米国製の Vicks にはさらに l-メタンフェタミンが含まれていたのだ.

l-メタンフェタミンは鼻炎などの充血緩和剤として用いられ，運動能力を高揚させる興奮剤としての性質はもっていない．一方，その光学異性体である *d*-メタンフェタミン（通称：スピード）は禁止薬物であり，興奮剤である．しかし，彼は有罪を宣告された．それはオリンピックのルールとそれに伴う薬物検査において二つの異性体が区別されていなかったからである．関係者すべてが，彼がメタンフェタミンを使用し，それが違法であると言った．この事件の化学的な説明はこの章で学ぶ．多くの人は，誰かがこのような *d* と *l* の関係にある化合物の違いに化学的に無知であったために，彼が不当に罰を科せられたと信じている．つぎからの節でまず化学結合の基本的事項を学び，Alan Baxter 事件の背景となる化学にまで到達できるようにする．

2・1　安定な分子を生成する電子の配置

　離れている原子が互いに結合して新しい安定な分子を生成するためには，原子は最外殻電子を完全に満たさねばならない．閉殻の電子構造は周期表の18族の元素であるヘリウム，ネオンやアルゴンと似ている．閉殻の最外殻電子構造を形成するためには二つの方法のどちらか一つを達成すればよい．

- ほかの原子と電子を共有する（**共有結合**）．たとえば H : H （水素ガス H_2）
- 一方の原子が電子を与え，他方の原子が電子を受け取ってイオンを生成する（**イオン結合**）．たとえば $H^+ Cl^-$ （塩化水素 HCl）

この章では前者すなわち共有結合を学習する．

　まだ簡単な化学式を確実に書くことができなかったり，反応式を完成させることができないときには，巻末の用語解説で分子式や化学反応式を調べてみよう．元素記号がわからないときには付録を参照しなさい．

2・2　共有結合化合物

　なぜ共有結合化合物はそれほど重要なのだろうか．ほとんどの生体内化合物は炭素，水素，窒素，酸素などの原子間の共有結合で形成されている．タンパク質，脂肪，炭水化物や水のような物質は細胞の構成要素であり，いずれも共有結合化合物である．

2・2・1　共有結合化合物における化学結合

　元素が原子番号（核内の正に荷電した陽子数）の順で周期表に系統的に配

列されていることを覚えていることだろう．最初の18元素を表2・1に示す（完全な一覧表は付録2参照）．原子がお互いに反応し電子を共有して共有結合を形成するときに，原子はそれぞれ安定な電子構造を獲得しようとする．これは周期表のいちばん右側にある元素と同様な安定な最外殻の電子配置を形成することにより達成される．いちばん右側の元素は**希ガス**（ヘリウム，ネオン，アルゴンなど）として知られ，電子で完全に満たされた最外殻をもち，反応性のない安定な元素である．

表2・1　原子量（上付き）と原子番号（下付き）を示す周期表

1族	2族	13族	14族	15族	16族	17族	18族
$^{1}_{1}$H							$^{4}_{2}$He
$^{7}_{3}$Li	$^{9}_{4}$Be	$^{11}_{5}$B	$^{12}_{6}$C	$^{14}_{7}$N	$^{16}_{8}$O	$^{19}_{9}$F	$^{20}_{10}$Ne
$^{23}_{11}$Na	$^{24}_{12}$Mg	$^{27}_{13}$Al	$^{28}_{14}$Si	$^{31}_{15}$P	$^{32}_{16}$S	$^{35.5}_{17}$Cl	$^{40}_{18}$Ar

ヘリウムは最外殻に二つの電子をもつ．最も内側の電子殻はそれより外側の殻より小さくて二つの電子で満たされる．ネオンの場合，二つの電子で満たされたヘリウムと同じ電子殻の外側に一つの大きな電子殻をもち，8個の電子で満たされている．すなわち，Ne 2・8である．アルゴンはさらに外側に8個の電子で満たされた電子殻をもつので，Ar 2・8・8である．

共有結合は周期表の真ん中にある元素，たとえば炭素と水素の間で形成されるか，または炭素と表の右側にある元素である酸素や窒素，塩素との間にふつう形成される．つぎに示すいくつかの例において，共有結合が形成されると，それぞれの元素はヘリウム，ネオンやアルゴンと同じ安定な最外殻電子構造をもつ．

私たちが考えておかねばならない最も重要な化合物群は炭素化合物である．最も簡単な炭素-水素化合物はメタンである．炭素（14族）と水素は電子を共有しメタンを形成する．

炭素の電子構造はC 2・4（内側の軌道に2個の電子，外側の軌道に4個の電子が入っていることを示す）であり，水素はH 1である（図2・1）．炭素はネオン（Ne 2・8）と同じ電子構造をとるためには，さらに4個の電子が必要である．一方，水素はヘリウム（He 2）と同じ電子配置をとるために，もう1個必要である．したがって四つの水素が一つの炭素原子と電子を共有すれ

ば,炭素原子も水素原子も電子配置が望みどおりとなる.すなわち最外殻が電子で完全に満たされ,メタンは安定な分子となる(図2・2).(電子がほかの原子と結合をつくるときには最外殻の電子のみを考えればよい.化学反応が起こるときに,まずお互いが衝突し,そして再配列される電子は最外殻の電子である.)このとき,炭素と水素の電子殻はそれぞれ18族元素の安定な配置をもっている.簡単にいえば,炭素は四つの電子を与えてC^{4+}になることや,ほかの元素から四つの電子を受け取ってC^{4-}になることで最外殻を8電子にするよりも,水素のようなほかの元素と電子を共有する方がより容易なのである.

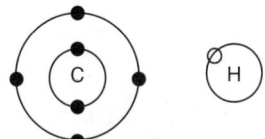

図2・1　炭素原子と水素原子

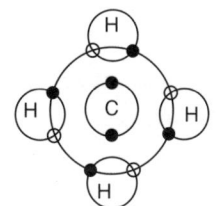

図2・2　メタン分子

共有電子対(それぞれの原子が1電子ずつ出し合って共有している1対の電子)はふつう1本の直線で表される.たとえばメタンは図2・3のように書かれる.そこでは棒状の結合が存在するのではなく,それぞれの原子から一つずつの電子が差し出された1対の電子を1本の直線として表す便利な方法である.それではつぎに,よく知られている分子である二酸化炭素について

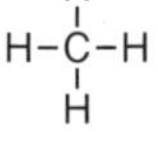

$$\begin{array}{c} H \\ | \\ H-C-H \\ | \\ H \end{array}$$

図2・3　結合を直線で表したメタン

みてみよう（図2・4）．私たちは二酸化炭素を O=C=O や CO_2 のように短縮して書く．それぞれの炭素-酸素原子間では電子対が二つあり，これを二重結合という．

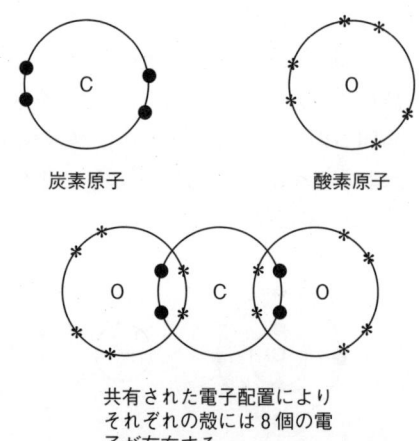

共有された電子配置によりそれぞれの殻には8個の電子が存在する．

図2・4　二酸化炭素分子

2・2・2　共有結合を形成するほかの元素

a. 水，H_2O　水もまた共有結合をもつ分子であり，その H-O 結合は強い化学結合である．H-O 結合は水や多くの生体分子のなかに存在する（図2・5）．

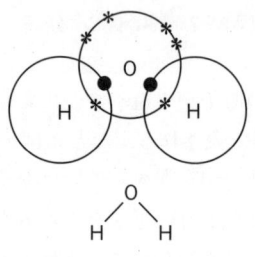

図2・5　水分子の構造

b. アンモニア，NH_3　窒素と水素から適切な化学反応により安定な分子であるアンモニアガス（NH_3）が生成する．窒素は2・5，水素は1の電子構造をもつ．生成したアンモニアでは，水素はヘリウムと同じように2個の電

子で閉殻しており，窒素は3個の水素と電子を共有することにより，ネオンと同じように最外殻に8個の電子をもち閉殻構造となっている（図2・6）．

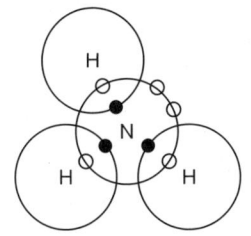

図2・6　アンモニア分子

　アミノ酸もまた，共有結合化合物である．グリシン NH_2CH_2COOH を図2・7に示す．図中の線は隣接する原子間で共有される1対の電子を表している．私たちの体の細胞はこれら小さなアミノ酸を共有結合によってつなぎ大きなタンパク質分子を生成している．アミノ酸の重要な性質の一つは，$-C(=O)O-H$ 基の $O-H$ 結合の水素を切り離し，H^+ イオンにすることで弱い酸性を示すことである．これらの化合物については後の章で学ぶ．

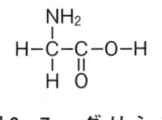

図2・7　グリシン

2・3　共有結合化合物の一般的な性質

　ヒトや動物はそれぞれ固有の匂いをつくり出している．それらはフェロモンとよばれる共有結合化合物である．それらの化学物質は異性をひきつけたり，拒絶することに用いられている．体内で少量つくられ，遠いところまでも広がり，ごく薄い濃度でも感知される．香水をつくる調香師たちは，たとえば，"男性用麝香（じゃこう）の香り"をつくるときには天然の麝香の匂いとそっくりな匂いを生み出すために各種共有結合化合物を調合する．"病院の匂い"も共有結合化合物であり，空気中を漂い，私たちの鼻を刺激する．腐敗物や汚水から出る悪臭もまた共有結合化合物であり，空気中を漂う．匂いがするところには必ず共有結合化合物が漂っている．

2・3・1 共有結合化合物の一般的な物理的性質

　液体の共有結合化合物はすべて気化する（いくつかの固体もまた同じように気化する．固体の防臭剤はこの原理を応用したものである）．このことは液体や固体の表面から空気中に分子が放散していることを意味する．分子が液体や固体から離れやすいほど，気化が容易に起こる．一般に，共有結合化合物は<u>分子内</u>における原子間の結合は強いが，<u>分子間</u>での引きつけ合う作用はきわめて弱い．したがって液体から分子が離れていくのはかなり容易なことである．一方，水のような分子は液体中で分子同士を引きつける強い結合（水素結合）があるために，ゆっくり気化する（§8・1・1参照）．酸素分子や匂いのする蒸気などは分子間で引きつけ合う力はきわめて弱い（図2・8）．

　共有結合化合物は決められた結合角によってそれぞれ特有の分子の形をもっている．私たちの鼻にある神経末端にぴったりその形が当てはまると，脳に電気信号を送り出す．それによって私たちは匂いを感じている．香水やアフターシェーブローションや芳香剤はすべて複数の共有結合化合物を含んでおり，独特の香りを放つ．不快な匂いも同じである．

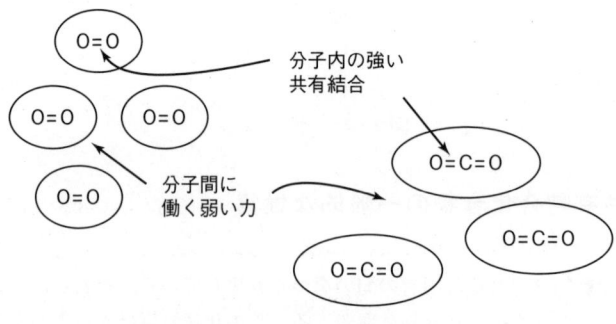

図 2・8　気体分子

　a. 溶解性　共有結合化合物は一般に水に溶けにくい．タンパク質である私たちの皮膚は雨に溶けたりしないことからわかるだろう．共有結合化合物は油のような液体の共有結合化合物に溶けることができる．このように，共有結合化合物またはイオン化合物を含む医薬品の効果はその溶解性，その薬の化学構造のタイプ，治療のターゲットとなる細胞部位によって異なる．一般に医薬品にはイオン構造をもつことにより水溶性のものと，一方，

共有結合化合物であることにより脂溶性のものがある．

2・4　共有結合化合物の特有な形と結合角

　共有結合化合物では，共有結合は特定の角度で空間に配置されている．メタン分子の場合，水素−炭素−水素の角度は109.5°である（図2・9）．言い換えれば，正四面体の中心に炭素があり，四つの頂点に水素がある．

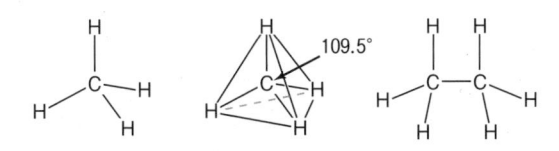

図2・9　炭素分子と結合角

　すべての共有結合はそれぞれ特有の結合角をもつ．結合角によって共有結合化合物の形が決まる．分子中のどの単結合（例：C−C, H−H, C−H, O−H）でも自由にねじれることができるが，二重結合（例：C=O, C=C）はねじれない．複雑な分子では，結合がねじれたり曲がることにより，すべての原子が最も空いた空間に配置され，原子同士がお互いに干渉しないようになる．膨大な数の原子から成る非常に複雑な構造のDNA分子は，図2・10に示す

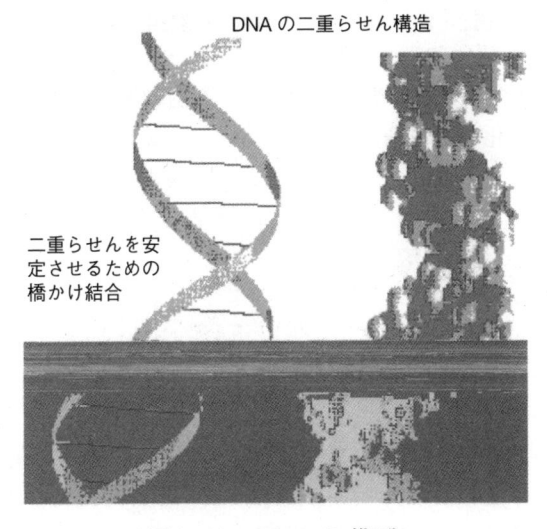

図2・10　DNAの構造

ように特徴あるらせん構造にねじれている．どの分子もその特徴ある形によって私たちの体や細胞内での作用が異なってくる．

2・5　弱いイオン性をもつ共有結合

共有結合をもつ化合物の大部分はその結合が切断されてイオンを生じる傾向をほとんどもたない．それゆえ電気を伝えない．しかしながら，いくつかの共有結合化合物には分子の一部をイオンにする置換基をもつものがある．そのような化合物の一例として有機化合物の酢酸がある．酢酸（エタン酸）は分子式 CH_3COOH で表され，すべての結合は共有結合である．しかし，水に溶かすと，一部の酢酸中の $O-H$ 結合が切断され，少量の水素イオン（H^+）と酢酸イオン（CH_3COO^-）が生成する（図2・11）．ほとんどの $O-H$ 結合はイオン化されない．酢酸中のほかの $C-C, C-H$，および $C-O$ 結合は解離してイオンを生じることはない．その少量の H^+ イオンが酢のピリッとする味の原因である．

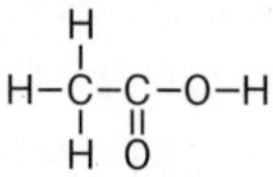

$$\begin{array}{c} H \\ | \\ H-C-C-O-H \\ | \| \\ H O \end{array}$$

$$CH_3COOH \; \rightleftharpoons \; CH_3COO^- + H^+$$

図2・11　酢酸および酢酸の水溶液中での解離

2・6　二重結合をもつ炭素化合物 —— 不飽和炭素結合

単結合をもつ化合物の形については，すでに§2・4で学んだが，二重結合を含む化合物もまた特徴的な形をもつ．炭素－炭素二重結合をもつ化合物の例としてエテン（エチレンともいう）C_2H_4 がある（図2・12）．この分子は平

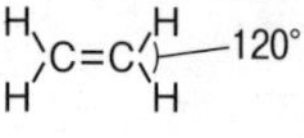

$$\begin{array}{c} H H \\ \diagdown \diagup \\ C=C 120° \\ \diagup \diagdown \\ H H \end{array}$$

図2・12　エテン

面構造で $H-C-H$ および $H-C-C$ の結合角は $120°$ である．$C=C$ 結合は二重結合の周りで回転できず，堅固な構造である．しかし，二重結合があるとその分子は化学反応を受けやすい．それは二重結合が大きなひずみをもっていることに起因する．飽和炭化水素であるエタンの $H-C-H$ 結合は $109.5°$

(図2・9)であるのに，エテンの結合角は120°である．本来の109.5°からの差の角度分だけC=C結合に大きなひずみが生じている．それゆえ二重結合は化学的に攻撃を受けやすい．[訳注: 別の要因として以下のことがある．二重結合の炭素–炭素間には四つの電子がある．炭素・炭素間に二つの電子があれば単結合として存在するので，残りの二つの電子はほかの原子と反応しやすい.]

二酸化炭素はその構造が直線の分子であり，O=C=O分子中のO−C−Oの角度は180°である．二重結合を軸にして回転したりねじれたりすることはない．

2・6・1 エテン中の二重結合の開裂

エテンの二重結合は適切な条件（ふつう，熱と触媒）により開裂することができる．反応条件を少し変えることにより，すべてのエテン分子を再結合させて，ポリエテン（ポリエチレン）とよばれるもっと大きな安定な鎖状化合物をつくることができる（図2・13）．[訳注: ポリ（poly）とは"多くの"という意味である．] いろいろな不飽和化合物を開裂し，再結合させて長い鎖

個々のエテン分子

熱と触媒による結合の開裂

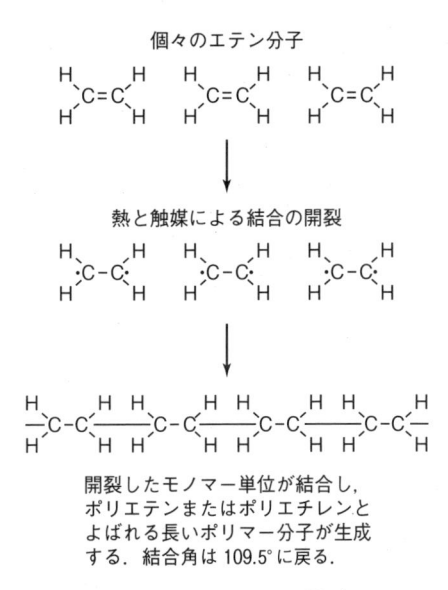

開裂したモノマー単位が結合し，ポリエテンまたはポリエチレンとよばれる長いポリマー分子が生成する．結合角は109.5°に戻る．

図2・13 エテンの重合

状化合物を合成する方法が発見されたとき，人工のポリマー（高分子）やプラスチックの時代が幕開けしたのである．エテンのようなモノマー（単量体）自身が結合するこのプロセスを付加重合とよぶ．

> キャシーの自慢は特別なマーガリンを使った食事を心がけ，コレステロール値を低く保ち，スリムなことである．サンディーはそんなことをしても私にはちっとも効果がないわと言うけれど，気をつけましょう．なぜって？ 彼女は手抜きをしないでつくった料理に加えて5枚ものトーストとマーマレードをとっているのだ．一般的に脂肪のほとんどは飽和の炭化水素である．一方，その化学構造のなかにC＝C結合を含む油は"不飽和性である"とよばれる．天然の植物油は多くのC＝C結合を含むので，多不飽和性である．
>
> これらの二重結合は，体内で生産され細胞に有害な酸化物を除去する能力をもっている．ほとんどのマーガリンは天然の多不飽和油からつくられており，バターやクリーム中の飽和の脂肪より健康生活により好ましい．

C＝C結合をもつ分子は**不飽和化合物**とよばれ，一方，C–C結合をもつ化合物は**飽和化合物**とよばれる．不飽和化合物は，通常，触媒の存在下，水素と反応して水素化され飽和化合物となる．

$$H_2C=CH_2 + H_2 \longrightarrow H_3C-CH_3$$

2・7 その他の炭素化合物

炭素がほかの元素と結合してつくられた炭素化合物は莫大な数存在する．炭素とほかの元素との何千もの組合わせで生命の基本となる多様な化合物がつくられている．炭素は周期表で14族に位置し，最外殻に四つの電子が存在し，4本の結合の手をもつ．炭素の化学結合はすべて共有結合である．炭素と水素が結合した化合物だけでも50万個を超し，それらのなかでも石油中の炭化水素類はとても重要である．

体の細胞中の化合物はほぼすべて酸素や窒素とともに炭素と水素からつくられている．炭素なしでは私たちは存在しえない．それら炭素はどこから来るのだろうか？ それはふつう食物を経由して取込まれる．一方で呼気として二酸化炭素を空気中に排出する．私たちの食物となる緑色の植物は空気中の二酸化炭素から炭素を得ている．このように炭素は循環している．

細胞が生きていくために必要なエネルギーは糖のような共有結合化合物と

酸素との間の反応により生み出される．たとえば炭素化合物が酸素と反応すると，二酸化炭素と水を生成し，エネルギーを放出する．

私たちの細胞内にあるグルコースのような炭水化物の酸化は二酸化炭素と水を生成する．グルコース分子のほとんどは以下の反応式で示される反応によりエネルギーをつくり出す．

$$C_6H_{12}O_6 + 6\,O_2 \longrightarrow 6\,CO_2 + 6\,H_2O + エネルギー$$

グルコースなどの糖類が酸化されエネルギーを産生するときに，二酸化炭素が細胞内で老廃物（無駄なもの）としてつくられる．二酸化炭素は血液中を移動し，血液により肺に届けられ，そこで呼吸により吸い込まれた酸素と交換される．二酸化炭素は周囲の空気中へ吐き出される．

一酸化炭素（CO）は細胞内で糖類が酸化されエネルギーを与えるときに副反応として微量つくられる．それは体で使われることなく速やかに排出されると考えられていた．ところが1992年，驚くべき発見がなされた．このCOは本来有毒ガスであるが，きわめて低濃度で大切な役割をもつ．医学研究者たちは，微量のCOが長時間の記憶をコントロールする脳の一部できわめて重要な働きをすることを示した．体のほかの場所におけるCOの機能についても研究が続いている．これは化学の魅力的な側面である．これからさらにいろいろなことがわかり，不可解な謎が解明されるだろう．

> "ジョディとキムは学生寮のガス漏れによる失火で生成したガスにより亡くなった"と新聞の見出しにあった．別の新聞は"一酸化炭素中毒による死"と報じた．一酸化炭素の強い毒性は血液中のヘモグロビンと結合する性質によるものである．結合することにより細胞に必要な酸素を効率よく運ぶことが妨げられる．この事故のように，体外からの大量の一酸化炭素の取込みは血液系のシステムと能力に負荷をかけすぎてそれを破壊する．一酸化炭素が致死性をもつゆえんである．

2・8 炭素の循環

前節で述べたように，私たちが二酸化炭素を吐き出すと，それは空気中に返され循環する．また，私たちが死ぬと，体の炭素化合物はやはり循環する．これは，私たちはひょっとすると大昔の恐竜，アインシュタイン，私たちの

祖父母，またはエルビス・プレスリーの体内に存在した炭素原子をもっているかもしれないことを意味する．この組合わせはすごい！

　私たちが二酸化炭素を吐き出すことで，私たち自身も地球温暖化の一因になっている．もし地球を救いたいと思うなら呼吸をすることをやめねばならない！　しかしながら，地球上には私たちよりももっとひどい温暖化の原因がある．たとえば火山，乗用車やトラックからの二酸化炭素の放出，さらに牛たちのおならもそうである．[訳注：温暖化にはメタンガスも問題となっており，牛たちのげっぷにはメタンガスが含まれている．] 幸い，緑の植物や樹木が二酸化炭素を利用して光合成を行い，私たちに必要な酸素を生産している．私たちが樹木を大量に伐採しないことは温暖化を防ぐ一つの方法である（図2・14）．

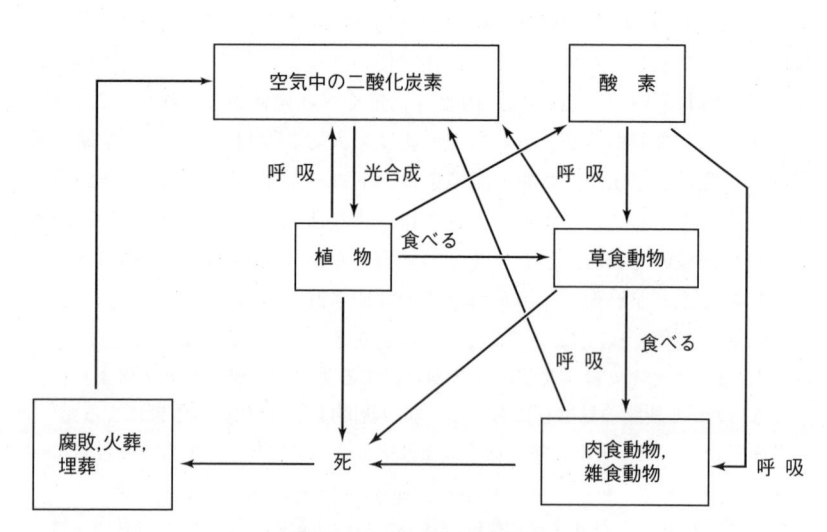

図2・14　物質の循環

2・9　異性体 —— 分子における原子配列の違い

　銅メダルを剥奪されたオリンピック選手のことを覚えていますか？
　炭素は最も多用な元素である．炭素により数えきれないほどの異なる分子が生成されている．それらのほとんどは自然の植物や動物のなかに存在する．炭素原子は特定の角度で結合する．そのことが，人体にとって必須な非常に面白い分子の多様性を生み出す．一つの炭素原子に四つの異なる原子団

が結合した仮想分子を考えてみよう．その四つの原子団を A, B, D, E とする．このように，結合している四つの原子団がすべて異なる炭素を**不斉炭素**とよぶ（図 2・15）．飽和炭素の結合角は 109.5°であることを思い出してほしい．そうすると，この仮想分子は二つの方法で配置することができる．その分子が三次元で描かれた像を見るとよくわかる．

$$
\begin{array}{c}
\text{B} \\
| \\
\text{A} - \text{C}^* - \text{D} \\
| \\
\text{E}
\end{array}
$$

図 2・15　不斉炭素（不斉化合物）

　この不斉炭素の概念をわかりやすくするために，不斉炭素をミカンとし，結合を 4 本のつまようじ，さらに四つの原子団（A, B, D, E）をサクランボ，サイコロチーズ，小さなピクルス，オリーブとして考えてみよう．まずはつまようじ（結合）をミカンに突き刺す．そのとき，正四面体の真ん中にミカン，四つのつまようじが正四面体の四つの頂点を向くようにしよう．角度はおおよそでも不斉炭素の概念を表すことができる．つぎにもう一つのミカンにも同じように四つのつまようじを突き刺す．まずは両方のミカンを数十 cm 離し，互いに向き合わせてテーブルの上に置こう．準備ができたら，まず二つのサクランボをとり，図 2・16 の A の位置にくるようにそれぞれ上を向いたつまようじに刺そう．つぎにサイコロチーズを B の位置に，つづいてピクルスを手前側の D，オリーブを向こう側の E の位置になるように刺そう．でき上がったら，手鏡をもってきて二つのモデルの間に置いてみてほしい．一方のモデルの鏡像が他方であることに気づくだろう．つぎに鏡を取除き，一方のモデルをどう動かしても，サクランボなど四つのものがもう一方のモデルのそれらと同じ空間位置にくることはないだろう．二つのモデルがけっして重なり合わないことが確信できるまでよく見てほしい．

　四つの原子団の組合わせ（A, B, D, E）はどちらも同じであるが，その二つの形はお互いに重ね合わせられないことが理解できただろう．ちょうど両手が鏡像のようであるのと同じように，それら二つはお互いに鏡像の関係にある．右手の手のひらと左手の手のひらを合わせることはできるが，一方の手のひらともう一方の手の甲（手背）を合わせることはできないだろう．このように鏡像の関係にある二つの形をそれぞれが不斉であるという．そのため

に重要なのは，一つの炭素に四つの異なる原子団が結合していなければならないことである．すなわち一つの不斉炭素原子をもつ化合物には二つの構造が存在する．もし四つのうち二つが同じ原子団であるならば，たとえ鏡像を描いてもお互いに重ねることができる．すなわち不斉炭素原子は存在せず，分子も不斉ではないので一つの構造しか存在しない．

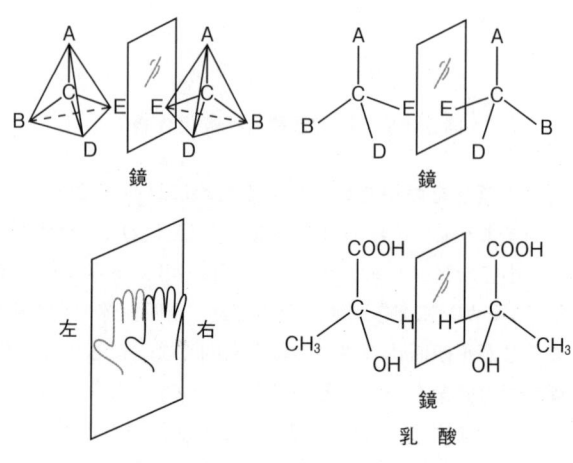

図 2・16　鏡　　像

分子によっては，上の例のように鏡像の関係に配置される．その場合，それらはお互いに**異性体**である．異性体とは分子が同じ分子式をもちながら，原子の並び方が異なるものである．異性体にはいろいろな種類がある．図2・16 の鏡像は**立体異性体**の一つのタイプである．なぜなら，それらは原子の配置（平面構造）は同じであるが，三次元空間での配置が異なるからである．そして鏡像の関係にあるこれら二つの化合物を**鏡像異性体**とよぶ．また，それらは**光学異性体**ともよばれる．なぜなら，偏光面をお互いに反対方向に回転させることができるからである（図 2・17；通常，光は進行方向に対して垂直な面であらゆる方向に振動しているが，一方向にだけ振動する光を偏光とよぶ）．

鏡像異性体の関係にある二つの化合物は同じ平面構造で表されるが，それぞれの溶液を入れた容器に偏光された光を通すと，一方は偏光面を時計回り（右旋性とよび，+または d で表示する）に回転させ，もう一方は反時計回り

2・9 異性体——分子における原子配列の違い

（左旋性とよび，−またはlで表示する）に回転させる．しばしば，dやlはその化合物名に添えて記述される．このように偏光面を回転させる化合物の性質を**光学活性**という．

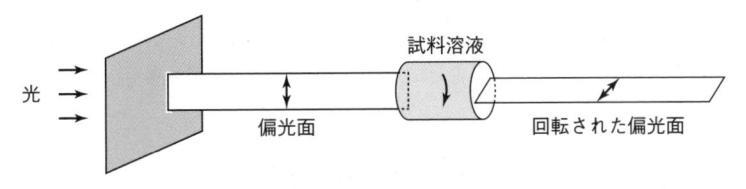

図2・17　光学活性物質による偏光面の回転

　すべての糖，アミノ酸（グリシンを除く），タンパク質には光学異性体が存在する．なぜなら，それらの化合物には一つまたは多くの不斉炭素原子が存在するからである．しかし，私たちの体は光学異性体に対して選択性をもつ．たとえばD−グルコースは甘いが，その光学異性体であるL−グルコースは甘くない［訳注：大文字のD, Lは小文字のd, lと異なり，右旋性や左旋性を示すものではなく，糖とアミノ酸の鏡像異性体（光学異性体）を区別することにのみ用いられる．詳しくは第4章で述べる］．私たちの体の細胞はD−グルコースが好きで，それを細胞の構築やエネルギー源として利用する．しかし，L−グルコースは嫌いで利用しない．

　このような性質をもつ身近な分子として，乳酸 $CH_3C^*H(OH)COOH$ を考えてみよう（図2・16）．*印のついた炭素は四つの異なる原子団（CH_3, H, OH, COOH）と結合している．したがって，この化合物には二つの光学異性体が存在し，それぞれは光学活性である．二つの光学異性体の立体構造を書くことはできるが，その構造からどちらがdで，どちらがlであるかを決めることはできない．実際に旋光計を用いてそれらが偏光面を左右どちらに回転させるかを測定しなければならない．

　激しい運動をすると，体がこっていることに気づくだろう．それは筋肉に乳酸がたまっているからである．そのことにより，筋肉に痛みを覚え，乳酸が完全に血液を通って筋肉の外に出るまで続く．筋肉にこりを感じたら，運動後できるだけ早くその部分をよくマッサージして，血液の循環をよくし，乳酸を取除くとよいだろう．

2・9・1 光学異性体の一般的な性質

- 四つの異なる原子団をもつ不斉炭素がなくてはならない.
- 異性体の一方をもう一方に重ね合わせることができない.
- 両者はお互いに鏡像の関係にある.
- 両者は偏光面をお互いに反対の方向に回転させる.
- 両者は，生体に対しては異なった作用をするが，融点，沸点，溶解性などの性質は同じである.

アミノ酸の一つ，アラニン $NH_2CH(CH_3)COOH$ を見て，不斉炭素原子を示すことができるだろうか．ミカンを炭素に見立てた三次元モデルを思い出してみよう.

2・9・2 その他の異性体

非常に多くの炭素化合物が存在するので，異性体に関するいろいろな逸話があるが，それらのほとんどは本書に記述しているような薬に関係したものではない．もっと複雑な分子は構造中に多くの不斉中心をもっている（例：タンパク質，炭水化物）．体は多くの特定の分子を利用するが，一方の光学異性体のみを利用する細胞もある．なぜなら，細胞内の酵素などの活性部位は不斉な三次元空間なので限られた形の化合物のみが適合するからである.

Alan Baxter は英国の Vicks 吸入剤を使わずに米国のものを用いたばかりに，2002 年冬季オリンピックで銅メダルを剥奪された[1,2]．英国の Vicks 吸入剤はメントール，ショウノウ，サリチル酸メチルを含有しているが，米国の Vicks 吸入剤はそのほかに l-メタンフェタミンを含んでいる．メタンフェタミンの不斉炭素に結合した CH_3 基の方向を見てみよう（図 2・18）．d-メタンフェタミンと l-メタンフェタミンではその方向が逆である．すなわち二つのメタンフェタミンは鏡像の関係にあり，光学異性体である.

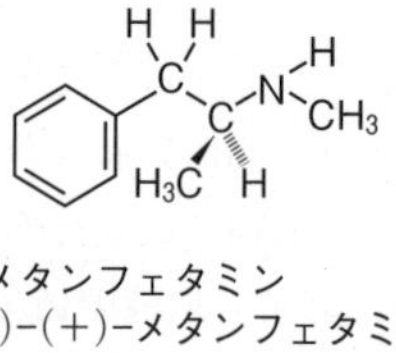

d-メタンフェタミン
〔(S)-(+)-メタンフェタミン〕

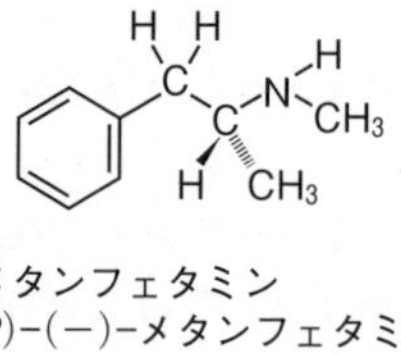

l-メタンフェタミン
〔(R)-(−)-メタンフェタミン〕

図 2・18　d-メタンフェタミンと l-メタンフェタミンの立体構造

2・9 異性体——分子における原子配列の違い

l-メタンフェタミンは鼻炎の消炎剤として用いられ、興奮作用はない。一方、その光学異性体である *d*-メタンフェタミン（"スピード"として知られている覚醒剤）は興奮作用をもち、ドーピング検査における禁止薬物である。しかしながら、オリンピック委員会はドーピング検査と化学分析において、両光学異性体を区別しなかった。したがって、彼の尿がメタンフェタミンを含むと報告し、それが興奮作用をもたない *l*-メタンフェタミンであるとは報告しなかった。オリンピック委員会は彼からメダルを取上げた。彼らがもし化学をよく知り、光学異性体のことについて理解があったらどうだったろう。図2・18 にみられるように、これら二つの立体異性体に対して、別の表示法が使われている（*R/S* 表示法）。その方法は不斉炭素の絶対配置を示すものであるが、その説明はこの教科書の範囲外であるので、詳しい説明はしない（必要であれば巻末の用語解説を参照）。

薬の取違いは悲惨な医療事故につながるので、薬瓶のラベルに書かれた化合物名を確かめることはとても大切である。よく知られた化合物であるコレステロールには 256 もの立体異性体が存在するが、天然ではそのうちのたった一つがつくられる。抗炎症剤であるイブプロフェン（図2・19）には二つの異性体がある。しかし、イブプロフェンは二つの光学異性体の混合物（ラセ

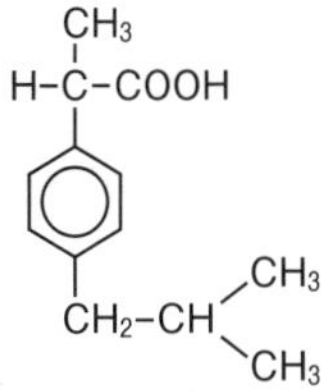

図2・19　イブプロフェン

ミ体とよぶ）のまま一般用医薬品（OTC 薬）として薬局で売られている。なぜなら、私たちの体は抗炎症作用の弱い異性体を巧妙に代謝してもう一方の活性な異性体に変えるからである［訳注：イブプロフェンの場合、実際には逆方向の代謝（活性体 → 不活性体）も起こる］。イブプロフェンの不斉炭素原子に *印をつけよ。

2・10　有機化合物の命名

炭素化合物の数はきわめて多いので，命名するときには系統的で論理的な規則が必要である．化学者たちは国際的に認められた論理的な命名法を使う．一方，薬剤師や医師は古くから用いられている慣用名や商品名を使う．その方が短くて簡単な名前の場合が多いからである．しかし，それらは化学構造がどのようなものかを表していない．本節では少しだけ有機化合物の論理的な命名法について学習してみよう．

膨大な数の有機化合物はその構造中にどのような原子団をもつかによっていくつかのグループに分類される．これらのグループは**同族体**とよばれる．同じグループに属する化合物は CH_2 の数のみが異なる共通の分子式で表され，非常によく似た化学的性質をもつ．多くの同族体があるが，まず，炭素と水素のみを含む簡単な化合物であるアルカンについて詳しく学習する．

2・10・1　同族体の一般的な性質

- 同族体に属する化合物は共通の分子式で表される．
  例：アルカン　C_nH_{2n+2}，アルコール　$C_nH_{2n+1}OH$
- 同族体同士は CH_2 単位ずつ異なる．
- 同族体の化合物はよく似た化学的性質をもつ．
- 物理的性質である融点や沸点などは炭素数が増えるにつれて高くなる．
- 一般に炭素数が大きくなると異性体が存在する．

炭素原子の配列には長い鎖状構造や枝分かれした短い鎖状構造があるため，きわめて多くのアルカンが存在する．

ある同族体で，同じ分子式をもつ二つの化合物の原子または原子団の配列が違う場合，それらは位置異性体または構造異性体とよばれる．炭素数が大きな化合物になれば，数多くの異性体が存在する．炭素数 (n) が20にもなれば，その並び方により異性体の数は366319にもなる．

2・10・2　化学構造式と化合物名

アルカン (alkane) は一般式 C_nH_{2n+2} をもち，名前の後ろに"アン (ane)"がつく（図2・20）．アルカンの構造を書くときは，その結合角が109.5°であ

るので，直線（紙面上にある結合），くさび（紙面の斜め前方に突き出ている結合），点線（紙面の斜め後方に向いている結合）を用いて三次元構造がわかるように書くとよい．

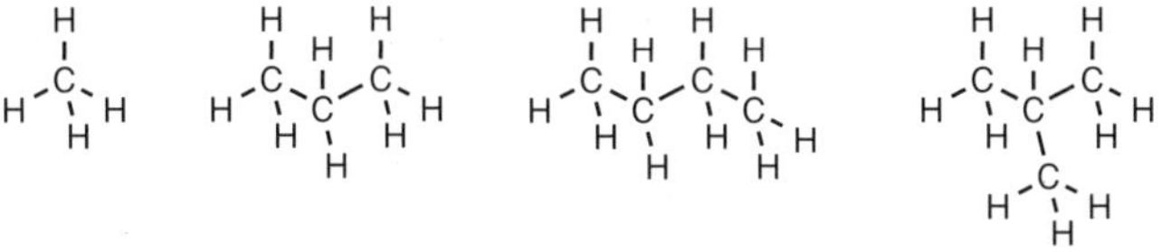

メタン　プロパン　ブタン　2-メチルプロパン

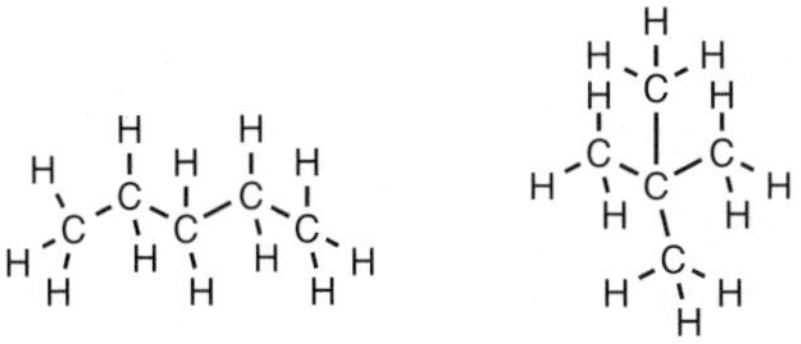

ペンタン　2,2-ジメチルプロパン

図 2・20　いくつかのアルカンの名前

n=1：C_1H_{2+2} すなわち CH_4 はメタン（methane）とよばれる．CH_3 基をメチル（methyl）基とよぶ．

n=2：$C_2H_{2\times2+2}$ すなわち C_2H_6 はエタン（ethane）とよばれる．C_2H_5 基はエチル（ethyl）基である．

n=3：C_3H_8 はプロパン（propane）であり，C_3H_7 基はプロピル（propyl）基とよばれる．

n=4：C_4H_{10} には二つの構造異性体が存在する．直鎖構造の化合物名はブタン（butane）である．もう一方の異性体は 2-メチルプロパンと命名される．最も長い炭素鎖（この場合，プロパン）にメチル基が結合しているので，2-メチルプロパンである．2- はメチル基の結合している位置を表す．アルカンでは末端の炭素から順に 1，2，3 と命名するように決められているので，この場合は 2 位である．

n=5：C_5H_{12} には三つの異性体が存在する．直鎖化合物はペンタン（pentane），最も枝分かれの多い化合物は 2,2-ジメチルプロパン（2,2-dimethylpropane）である．ジ（di）は原子団などが 2 個あることを表す．この場合，メチル基が 2 個結合しているのでジをつける．また，2-ジメチルプ

ロパンではなく，2,2-ジメチルプロパンと正確に命名する．残りの異性体の化合物名は2-メチルブタン（2-methylbutane）である（図2・21）．最長の炭素鎖を基本にするので2-エチルプロパンとはよばない．

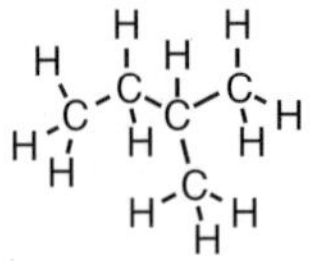

図2・21　2-メチルブタン

2・10・3　命名する際の注意

系統的に化合物を命名するとその名前はただ一つとなる．アルカンの場合，最も長く連なった炭素鎖を基本にする．原子団が結合している場合，その位置は末端の炭素から数えて最も小さな番号にする．たとえば前述のメチルブタンの場合，右端から数えるとメチル基が結合している炭素は2位で，反対の左端から数えると3位である．しかし，より小さい数字になるように決められているので，2-メチルブタンと命名され，けっして，3-メチルブタンとはよばれない．化合物名は一つであるので，規則を守って命名することが大切である．

位置を示す数字と化合物名の間にハイフン（-）を入れ，また，数字と数字の間にはカンマ（,）を入れることが世界中の化学者の間で同意が得られている．例：2,2-ジメチルプロパン（2,2-dimethylpropane）

最新の研究

簡単な炭化水素であるエタン（C_2H_6）は癌細胞が増殖している患者の体内で異常に高濃度のフリーラジカルによってつくられている．これらのラジカルはタンパク質を攻撃してエタンを含む炭化水素をつくっている．患者の呼気中のエタンの存在をガス検知器で調べることにより，肺癌の徴候を診断することができる[3]．

2・11　環状構造

炭素と水素から成る化合物には3～6個の炭素原子が環を形成しているものがある．そのなかで最もよく知られた環状構造は6個の炭素原子から成る

2・11 環 状 構 造

 もので，その形は六角形である．そのような化合物の一つに，六つの CH_2 が環状に結合したシクロヘキサンがある．そのほかによく知られた六員環化合物としてベンゼンがある．ベンゼンは単結合と二重結合が交互に連なっており，このように配列した環を**芳香環**とよぶ．この環は便宜的に炭素原子と水素原子を省略して，単結合と二重結合のみの正六角形で表されることが多い．もっと略して，六角形の中に円を書くだけの場合もある．その昔，ベンゼン化合物が芳香環とよばれたのは好ましい香りをもっているからであったが，今では少し不快な匂いをもつものがあることも知られている．しかし，単結合と二重結合が交互に並んだ六員環化合物は専門用語として今でも芳香族化合物とよばれている．ベンゼンの分子式は C_6H_6 であり，原子団 C_6H_5- は**フェニル基**とよばれる．ベンゼンはすべての結合角が120°の平面構造である．C=C 結合はねじれることができず，その環構造はきわめて堅固である（図 2・22）．

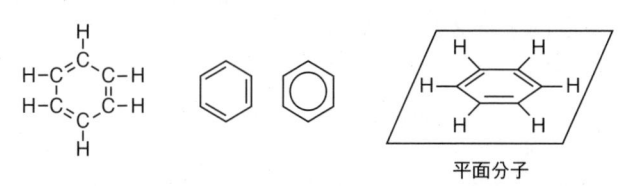

平面分子

どの書き方もベンゼンの構造を表している．

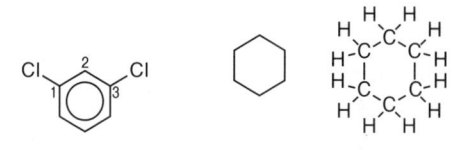

1,3-ジクロロベンゼン　　　　シクロヘキサン

図 2・22　環 状 化 合 物

ベンゼン化合物は自然のなかに広汎に存在する．一つの原子団が置換したベンゼン環を命名するときには，ブロモベンゼン（bromobenzene）のように置換基の名前をベンゼンの前につける．二つ以上の置換基がある場合は，環に沿って回る順序で数字をつける．この際にその番号ができるだけ小さくなるようにつける．例：1,3-ジクロロベンゼン（反対周りだと，1,5-ジクロロベンゼンとなるが，数字を小さくする規則に反する）

2・12 各種原子団をもつ炭素化合物

炭素鎖や環構造のいろいろな位置にさまざまな原子団が結合しうる．置換基としての原子団の名前を最初につけて命名する場合と，基本となる炭化水素の名前の後ろにその原子団を表す固有の名前をつける場合がある．

- Cl 塩素化合物
  例： CH_3CH_2Cl クロロエタン（chloroethane），
  $ClCH_2CH(Cl)CH_3$ 1,2-ジクロロプロパン（1,2-dichloropropane）
- Br 臭素化合物
  例： $CH_3CH_2CH_2CH_2Br$ 1-ブロモブタン（1-bromobutane）
- F フッ素化合物
  例： $FCH_2CH_2CH_2F$ 1,3-ジフルオロプロパン（1,3-difluoropropane）
- I ヨウ素化合物　　例： C_6H_5I ヨードベンゼン（iodobenzene）
- C_6H_5 フェニル
  例： $C_6H_5-C_6H_{11}$ フェニルシクロヘキサン（phenylcyclohexane）
- NH_2 アミン（またはアミノ化合物）
  例： $CH_3CH_2NH_2$ エチルアミン（ethylamine）〔または接頭語"アミノ"をつける．アミノエタン（aminoethane）〕
- OH アルコール
  アルカンの名前の最後の"e"をとり，"オール（ol）"をつける．
  例： $CH_3CH_2CH_2OH$ プロパン-1-オール（propan-1-ol）〔またはプロピルアルコール（propyl alcohol）〕
- COOH カルボン酸
  COOH の C も含むアルカンの名前の後ろに"-oic acid"をつけて命名する．
  例： CH_3COOH エタン酸（ethanoic acid）〔慣用名：酢酸（acetic acid）〕
- CHO アルデヒド
  CHO の C も含むアルカンの名前の最後の"e"をとり，"アール（al）"をつけて命名する．例： CH_3CH_2CHO プロパナール（propanal）〔慣用名：プロピオンアルデヒド（propionaldehyde）〕
- C=O ケトン
  C=O の C も含むアルカンの名前の後ろに"one"をつけて命名する．例： CH_3COCH_3 プロパノン（propanone）〔慣用名：アセトン（acetone）〕
- C=C 不飽和化合物（アルケン）

アルカンの"ane"を"ene"に変えて命名する.
例：$CH_3CH_2CH=CH_2$　1-ブテン，$CH_3CH=CHCH_3$　2-ブテン

2・13　ハロゲン化合物の命名

1) $CH_3CH_2CH_2Cl$ は1-クロロプロパンである〔炭素以外の元素がすべて水素であればプロパンである．しかし，末端の炭素（1位）の一つの水素が塩素と置換しているので，1-クロロプロパンと命名される〕．この化合物に異性体はあるか．あれば，構造式を書き，命名せよ．つぎに，$CH_3CH(Br)CH_2Cl$ および $BrCH_2CH(Br)CH_2CH_2CH_2Br$ について命名せよ．気化しやすいハロゲン化合物は大気中に放出されるとオゾン層を破壊する.

2) $C_6H_6Cl_6$ は六員環化合物である．名前は 1, 2, 3, 4, 5, 6-ヘキサクロロシクロヘキサンである．構造式を書け．ヘキサ，クロロ，シクロ，およびヘキサンが何を意味しているかわかるだろう.

練り歯磨きの成分

もっと複雑な化合物名に直面し，専門家の助けを借りず，名前の意味を説明しようとすることはめったにないだろう．しかし，容器に印刷された名前は，成分を正確に決まった書式で示すために，しばしば長い名前で書かれている．最近では加工食品には内容物の一覧表が記載されている．しかし，薬剤師や医師は慣用名や系統的に命名されていない名前を使うことが多い．多くの会社が高級な包装に包まれた商品を安っぽく見せないようにするために，そのような専門用語を使い一般の大衆を混乱させている．水のことをアクアとよびたい人がいるだろうか？

練り歯磨きの箱に書かれた成分リストがよい例である.

- アクア ── 水
- 水和シリカ ── 粉末二酸化ケイ素
- プロパン-1,2,3-トリオール ── グリセリン

ほかの製品の箱に書かれた成分も見てみよう.

誰でも自分たちだけに通じる専門用語を用いるものだ．諸君はいかがかな？　やはり自分たちが話している内容を患者が理解することを望まないのではないかな．"患者は心筋梗塞だ" ── どうして"心臓が悪い"とは言わないのだろう.

診断テストの解答

1. 共有結合 [1点]
   イオン結合 [1点]
2. 完全に閉殻した電子構造であり，安定である [1点]
3. 共有結合 [1点]
4. 二酸化炭素，水 [2点]
5. H_2O, CO_2, NH_3 [3点]
6. C=C 結合を含む [1点]
7. d: 右旋性, l: 左旋性 [1点]
8. CH(OH) の C [1点]
9. CH_3CH_2Cl クロロエタン [1点]
   $CH_3CH_2CH_2CH_3$ ブタン [1点]
10. 同じ分子式をもっていて，原子の配列が異なる化合物 [1点]

本文中の問題の解答

1. このアミノ酸〔アラニン：$NH_2CH(CH_3)COOH$〕を見て，不斉炭素を示すことができますか．ミカンを炭素に見立てた三次元モデルを思い出してみよう（§2・9・1）．

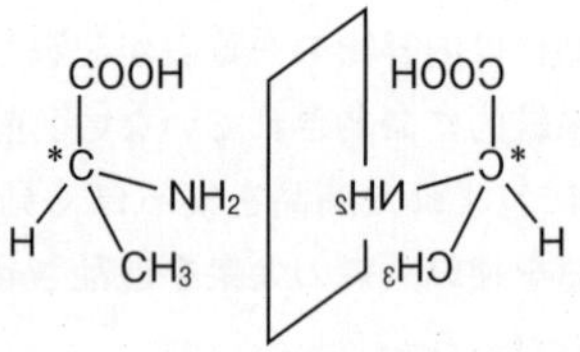

図 2・23 不斉炭素原子（*印の炭素）

2. $CH_3CH(Br)CH_2Cl$ および $BrCH_2CH(Br)CH_2CH_2CH_2Br$ について命名せよ（§2・13）．

$CH_3CH(Br)CH_2Cl$ 2-ブロモ-1-クロロプロパン（2-bromo-1-chloropropane）
〔訳注：接頭語はアルファベットの若い方からつけるので，1-クロロ-2-ブロモプロパンとは命名しない〕

$BrCH_2CH(Br)CH_2CH_2CH_2Br$ 1,2,5-トリブロモペンタン（1,2,5-tribromopentane）〔訳注：トリ（tri）は3個を示す．また，数字は小さい方からつけるので，1,4,5-トリブロモペンタンとは命名しない〕

3. $C_6H_6Cl_6$ は六員環化合物である．名前は 1, 2, 3, 4, 5, 6-ヘキサクロロシクロヘキサンである．構造式を書け．ヘキサ，クロロ，およびシクロヘキサンが何を意味しているかわかるだろう（§2·13）．〔訳注：かつて 1, 2, 3, 4, 5, 6-ヘキサクロロシクロヘキサン〔BHC：ベンゼンヘキサクロリド (benzene hexachloride) ともよぶ〕は有機塩素系殺虫剤として大量に使用された．現在は毒性や環境残留性の問題により使われていない．〕

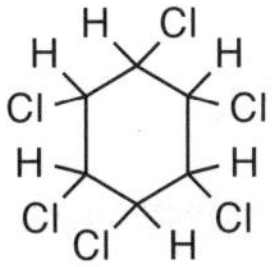

図 2·24　ヘキサクロロシクロヘキサン　ヘキサは 6 を表す接頭語．

発展問題

他の分子についても頭と手を動かしてみよう．

1. CH_3COOH を酢酸とよぶが，系統的な名前は何か．
2. CH_3COCH_3 の慣用名はアセトンである．系統的な名前は何か．
3. $NH_2CH(CH_3)COOH$ の慣用名はアラニンである．系統的な名前は何か．また，それは光学活性か．
4. $CH_3CH_2CH_2CH_3$ を命名せよ．
5. $CH_3CH_2CH_2CH_2OH$ を命名せよ．
6. $CH_3CH_2CH(Cl)CH_2OH$ を命名せよ．
7. $CH_3CH_2CH_2CH(Br)CH_2CH(Cl)CH_2OH$ を命名せよ．
8. 環状化合物である $CH_3CH_2C_6H_4Cl$ を命名せよ．また，全異性体の構造を書け．
9. 環状化合物である $C_6H_4Cl_2$ の全異性体の構造を書き，命名せよ．
10. 問 4～6 の化合物のどれが光学活性か．さらに光学活性化合物について不斉炭素に * をつけよ．
11. 次ページ図 2·25 はアスピリンの化学構造である．アスピリンの位置異性体を全部書け．また，アスピリンには芳香環が存在するか．
12. 5-ブロモ-2-クロロ-1-メチルヘプタンの構造を書け（ヘプタは 7 を表す接頭語）．
13. 一対の光学異性体が存在するための必要な四つの条件を列記せよ．
14. （i）1-クロロブタンと 2-クロロブタンは同じ分子式 C_4H_9Cl をもつ．これ

ら二つの構造式を書け．そのほかに C_4H_9Cl をもつ異性体があればその構造を書き，命名せよ．すべての異性体のうち，不斉炭素をもつものはどれか．

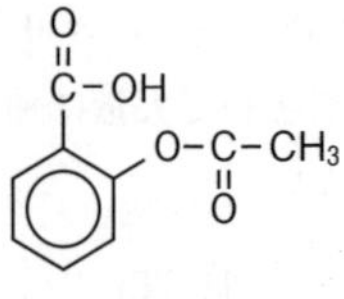

図 2・25 アスピリン

（ii）その昔，いくつかの塩素化合物が吸入麻酔剤として使用された．そのうち，最も効き目があったものは"ハロタン"であった．その化学名は 1-ブロモ-1-クロロ-2-トリフルオロエタンである．その構造式と分子式を書け．

（iii）初期の麻酔剤はクロロホルム（トリクロロメタン）であった．その構造式と分子式を書け．

参 考 文 献

1. S. Cotton, Soundbites, more speed, fewer medals. *Education in Chemistry* **39**(4), 2002, 89.
2. S. Cotton, Chirality, smell and drug action. *Chemistry in Britain* **41**(5), 2004, 123〜125.
3. On the scent of cancer. *Education in Chemistry* **40**(5), Info Chem. Pl, Issue 83, 2003.

3

炭素, 水素, 酸素から成る有機化合物 — アルコールとエーテル

到達目標

- 炭素, 水素, 酸素から成るいくつかの医療に関係する化合物, 特にアルコールについて概説できる.
- アルコールやエーテルを含む最近話題となっている化合物を概説できる.

診断テスト

この小テストを解いてみてください. もし, 80％以上の点がとれた場合はこの章を知識の復習に用いてください. 80％以下の場合はこの章を十分学習して, 最後に, もう一度同じテストを解いてください. それでも, 80％に満たなかったら, 数日後, 本章をもう一度読み直してください.

1. アルコール飲料に用いられるアルコールの化合物名は何か. ［1点］
2. 一つのヒドロキシ基をもつアルコール（一価アルコール）の一般式は $C_nH_{2n+1}OH$ で表される. n が1と3のアルコールの構造式と化合物名を書け. ［4点］
3. メタノールは水と構造的にどこが似ているか. ［1点］
4. C_6H_5OH は六員環にヒドロキシ基が結合している化合物である. その化合物名は何か. ［1点］
5. グリセリンはヒドロキシ基を三つもつアルコール（三価アルコール）で, 化学式は $CH_2(OH)CH(OH)CH_2OH$ である. 化合物名は何か. ［1点］
6. C_2H_6O はあるアルコールとエーテルの分子式である. 二つの異性体の構造式を書け. ［2点］

全部で10点（80％ = 8点）. 解答は章末にある.

エタノール（C_2H_5OH）はふつうアルコールとよばれる．アルコールが欲しくて仕方ない人のなかには，酔っぱらう手段としてメタノール（CH_3OH）を含む変性アルコール（メタノールを加えた工業用エタノール：英語ではmeths）を飲む人がいる．しかし，それにより失明したり，精神異常をきたす．それゆえに"盲目の飲んだくれ"ともよばれる．不凍液に使用されるエチレングリコール〔$C_2H_4(OH)_2$〕や，グリセリン〔$C_3H_5(OH)_3$〕はヒドロキシ基の数が違うアルコール類なので異なる性質をもつ．

墓石の碑文：私の名前はケント・マッコールである．私は大酒飲みでノールから離れることができなかった．エタノールで酔っぱらい，メタノールで目がつぶれ，プロパノールで死んだのだ．化学を勉強しておけばよかった．そうすればこんな墓地に埋められることはなかった．

3・1 アルコール

一般に知られている**アルコール**とよばれる化合物群はたった一つのヒドロキシ基（OH基）を含む分子である．その一般式は $C_nH_{2n+1}OH$ であり，正確には一価アルコールとよばれる．すなわち，1分子にただ一つのヒドロキシ基がある．

それらのうち，特に有名なものは $n=2$ のエタノールであり，日常生活で

はアルコールとよばれる．しかし，化学の分野ではアルコールはヒドロキシ基をもつアルカンの総称なので，正確ではない．すべてのアルコールの名前の末尾には"オール (ol)"がつく．他の同族体と同じように分子量が増えるにつれて，徐々に融点や沸点が上昇し，異性体の数も増える．簡単なアルコールの構造式と化合物名を図3・1に示す．その一般式は $C_nH_{2n+1}OH$ で，炭素を含まない $n=0$ の化合物はアルコールではない．しかし，その化合物が H_2O すなわち水であることは興味深い．アルコールはヒドロキシ基が置換したアルカンすなわちヒドロキシアルカンとも考えられるが，一般にはアルコールとよばれる．

メタノール　H-C(H)(H)-OH　　　エタノール　H-C(H)(H)-C(H)(H)-OH

プロパン-1-オール　H-C(H)(H)-C(H)(H)-C(H)(H)-OH　　　プロパン-2-オール　H-C(H)(H)-C(OH)(H)-C(H)(H)-H

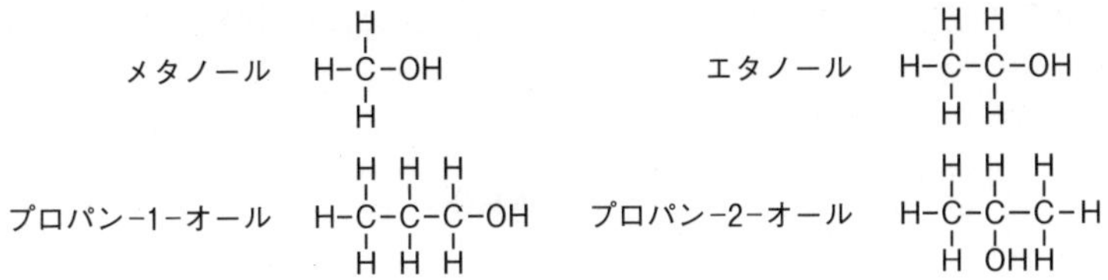

図3・1　簡単なアルコール

$n=1$: CH_3OH はメタノール（methanol）である．メタン（methane, CH_4）の一つの水素をヒドロキシ基 (ol) に置換していることから methanol と命名される．異性体は存在しない．

$n=2$: C_2H_5OH はエタノールである．日常生活ではアルコールとよぶが化学的には正確ではない．アルコール構造をもつ異性体は存在しない．

$n=3$: C_3H_7OH，プロパノールには二つのアルコールの異性体がある．プロパン-1-オールとプロパン-2-オールである．

メタノールとエタノールには異性体が存在しないが，C_3H_7OH には OH 基が置換可能な位置が二つあるので，$CH_3CH_2CH_2OH$ と $CH_3CH(OH)CH_3$ の二つの異性体が存在する．これらのアルコールは炭素鎖上の OH 基の置換している位置を明示して系統的に命名される．

$n=4$: C_4H_9OH はブタノールである．この場合には，五つのアルコール異性体（鏡像異性体も含む）が存在する．自分の手で構造式を書き命名してみよう．それらは同じ化学式（C_4H_9OH）をもちながら，構造は異なる（p.52, 図3・8参照）．

3・1・1 アルコールの性質

アルコールの性質は水の性質と類似している．特に溶媒としての性質とヒドロキシ基の化学反応性である．しかし，毒性においては水とアルコールでは大きく異なる．アルコールのなかではエタノールだけが少量で低濃度の場合は毒性がない．また，低分子量のアルコールにおいては**水素結合**の影響がその性質に現れる．一つのアルコールの O 原子と別のアルコールのヒドロキシ基の H 原子の間の結合である．その力はわずかであるが，両者をやや強く結びつけた状態に保つ．水素結合は O−H 間や C−O 間の共有結合ほど強くない．水素結合については第 8 章で詳しく学ぶ．ここでは図 3・2 の隣接する分子間の O と H の間に弱いながら働いている**水素結合**（点線で示した）を見てほしい．液体を気体にする際に，水素結合を切断する余分のエネ

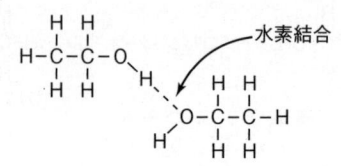

エタノール（分子量 46）の沸点：78 ℃

エタノールと水との間の水素結合

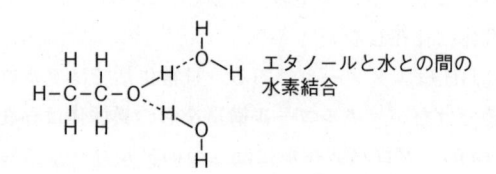

図 3・2　アルコールの水素結合

ルギーが必要となるから，水素結合の形成可能な化合物は沸点が高くなる．分子量の割にエタノールの沸点が高い（78 ℃）のは，隣接する分子間に水素結合が働いているからである．同じ分子量のジメチルエーテルは水素結合を形成できないので，沸点は −24 ℃ である．また，エタノールは水とも水素結合を形成するので，どのような割合でもお互いに溶け合うことができる．

3・2 一つのヒドロキシ基をもつ一価アルコール

> ある医学生がラベルに無水アルコールと書かれた液体を盗み,クリスマスパーティーで飲み物の中にこっそり加えた.それを飲んだ何人かが言った."ヒェーッ,これは強いウォッカだ！"しかしながら,その高濃度のアルコールは,飲んでしまった何人かののどや胃をすぐに脱水状態にしてしまい激痛をひき起こした.医療処置をしなかったら,多分死人も出ただろう.

3・2・1 アルコール

純粋のエタノール（C_2H_5OH）は無水アルコールとよばれ,医療においては,溶媒,標本の保管用液体や消毒剤として用いられる.エタノールは水と容易に溶け合い,簡単に希釈することができる.一般に,有機化合物は水に溶けないか,溶けにくいので,エタノールの性質は特異である.その溶けやすさの理由は,水の構造（H-OH）とエタノールの構造（C_2H_5OH）中に存在するOH部分が水素結合を形成するためである.植物エキスや医薬品のエタノール溶液はチンキ剤とよばれる.

果物の糖類が発酵するときにエタノールが生成することはよく知られている.エタノールは習慣性がある飲料である.長期にわたる飲用は体の器官,特に肝臓に損傷を与える.アルコール依存症の人は**ジスルフィラム**という薬を用いた治療を受けることができる[1].お酒を飲んだ後にこの薬を服用すると吐き気やむかつきを催し,依存症の人がアルコールをやめたくなると期待されている.体内でのアルコールの代謝経路は以下のとおりである.エタノール（C_2H_5OH）は酸化されてエタナールCH_3CHO（慣用名：アセトアルデヒド）となり,エタナールがさらに酸化され,エタン酸CH_3COOH（慣用名：酢酸）を経て,さらにCO_2とH_2Oになる.ジスルフィラムは体内でエタナールを分解する正常な過程を阻害し,その段階を妨げるか遅くする.エタナールが増えると吐き気をひき起こす.したがって,お酒を飲みたくなくなる.

3・2・2 発　酵

誰もが知っているように,スクロース（ショ糖）の溶液が酵母中の酵素により**発酵**してエタノールを生成する.酵母を用いる発酵によって果物に含ま

れる多糖が分解されてエタノールになる．

$$C_{12}H_{22}O_{11} + H_2O \longrightarrow 4\,C_2H_5OH + 4\,CO_2$$
　　スクロース（ショ糖）　　　　　エタノール

　シャンパンの気泡はこの反応で生成したCO_2である．糖によっては副反応により他の生成物を与えることがある．その副産物には弱い毒性があり，後遺症として頭痛がする．家庭で醸造したワインやビールにはしばしばこれらの望ましくない化合物が含まれる．ワイン醸造業者は木の樽に長い間貯蔵することによりこれらの望ましくない副産物を取除いている．木の樽が毒性の化合物を吸収するのである．

3・2・3　その他の一価アルコール

　メタノール（CH_3OH）は水に溶ける．変性アルコールはエタノールにメタノールを混合した工業用の溶媒である．変性アルコールには飲用する気を起こさせないようにするため，しばしば添加剤として紫色の染料が入っている．メタノールは有毒であり，薄められていないものならスプーン1杯で死に至る．メタノールは薄めたものを少量飲むとエタノールと同じく酔いの兆候が現れる．しかし，飲用者の視力を奪い，精神異常をひき起こすとともに，中毒患者にする危険性をもっている．

　炭素数が3以上のアルコールは嫌な臭いと味がして有毒なため，飲用されない．それらは塗料や染料をつくる際の工業用の溶媒として用いられる．アルコール類は医薬品，洗剤，染料，プラスチックなどを生産するための出発原料として広く工業的に用いられている．炭素数の少ないいくつかのアルコールのみ水に溶け，残りのアルコールは水に不溶である．炭素数の多いアルコールはろう状の物質である．

3・3　二価および三価アルコール

　分子内に1個のヒドロキシ基をもつアルコールは一価アルコールである．同様に2個のヒドロキシ基をもつものは二価アルコールとよばれる．代表的なものにエタン-1,2-ジオール（エチレングリコールともよばれる；図3・3）があり，それは自動車のエンジンを冷却する不凍液に用いられる化合物である．

3個のヒドロキシ基をもつ簡単な三価アルコールには，プロパン-1,2,3-トリオールがあり，グリセリンまたはグリセロールともよばれる（図3・3）．その誘導体は脂質の構造のなかに非常に多くみられる（脂質；§4・8参照）．

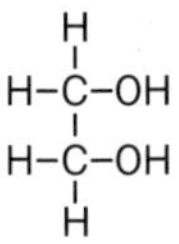

```
    H              H
    |              |
H-C-OH          H-C-OH
    |              |
H-C-OH          H-C-OH
    |              |
    H           H-C-OH
                   |
                   H
エタン-1,2-ジオール    プロパン-1,2,3-トリオール
（エチレングリコール）（グリセリンまたはグリセロール）
```

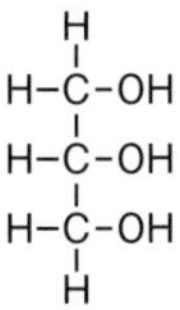

図3・3　二価および三価アルコール

"ありふれたアフリカの木がエイズ（AIDS，後天性免疫不全症候群）治療に希望を与えている"と新聞の見出しにあった．ヒドロキシ基をもつその化合物は現在市販されているどの抗真菌薬よりも活性が強いものである（図3・4）．木から抽出され，精製された後に，免疫力の弱ったエイズ患者の治療に用いられた[2]．同時に抽出されたその他の化合物も現在臨床試験中である．この活性化合物50gを得るために6本の木が必要であるので，合成による生産方法が研究されている（第1章で学んだアスピリンの合成の役割に類似している）．

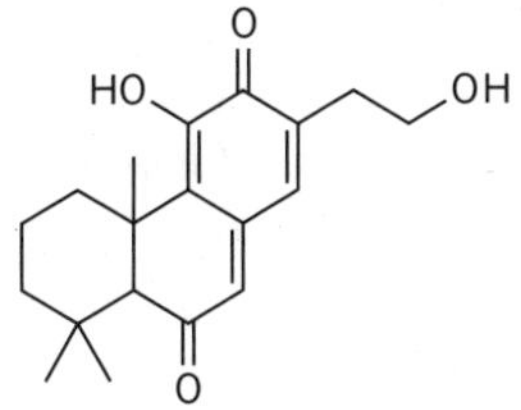

図3・4　エイズ治療に役立つ可能性をもつ化合物

3・4　芳香族ヒドロキシ化合物 —— フェノール

芳香族化合物は単結合と二重結合が交互に結合した正六角形の六員環をもつ化合物である．ベンゼンの分子式はC_6H_6である．

炭素原子から成るベンゼンの環構造を開裂することは困難であるが，環の炭素上の水素原子を置き換える（置換する）ことは比較的簡単である．もしも水素の一つをヒドロキシ基に置換するとC_6H_5OHとなる．この化合物は

フェノールとよばれ，一つのヒドロキシ基がベンゼン環の炭素に直接結合している．フェノールを水に溶かすと，一部の分子はO－HのH原子を水素イオン（H^+）として解離する（図3・5）．したがってフェノールは弱酸性を示

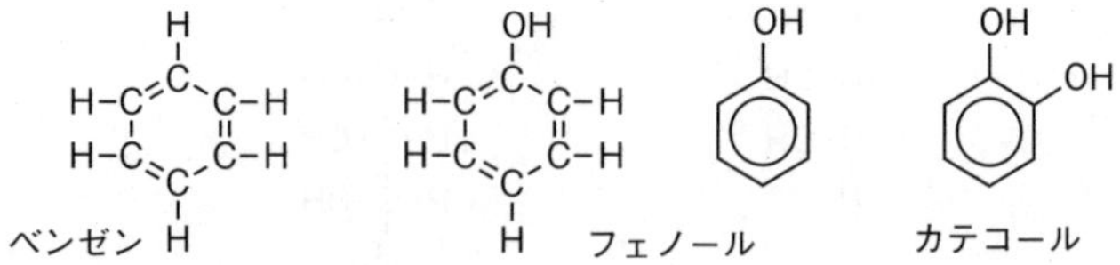

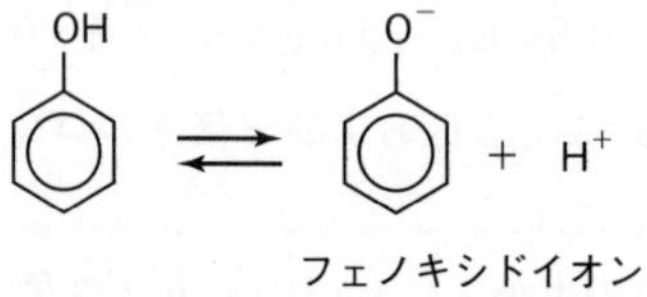

図3・5　フェノール

し，強い消毒作用をもつ．しかし，今では人体へ使用することはない．一方，ベンゼン環の炭素に直接結合している水素はイオン化することはできない．

芳香環に複数のヒドロキシ基をもつ化合物も存在する．たとえば，カテコールは体内で重要な働きをする物質や医薬品の構造中によくみられる．

フェノールの誘導体には数多くの有用なものがあり，それらにはアスピリンなどの医薬品やフェノール樹脂および接着剤などの工業製品がある．

> ジャックおじさんは第一次世界大戦のとき，フランス北部のソンム川の激戦で生き残ったが，病院のナイチンゲールのような献身的な看護婦から足の爪が内側に食い込む趾爪内生（巻爪）の治療を受けたときのフェノールによる消毒で死んだ．フェノールは1834年にその弱い酸性が消毒作用を示すことが見いだされ，希薄な5％水溶液は石炭酸とよばれ，抗菌に用いられた．第一次世界大戦中にその使いすぎで，皮膚や組織の焼きただれが元となり多くの兵士が亡くなった．現在ではそれに代わるもっと優れた消毒薬が用いられている．

3・4・1　環状アルコール

環状化合物であるシクロアルカンの炭素にヒドロキシ基が直接結合したア

ルコールを環状アルコールという．そのヒドロキシ基は酸性を示さず，直鎖のアルコールと類似の性質をもつ（図 3・6）．

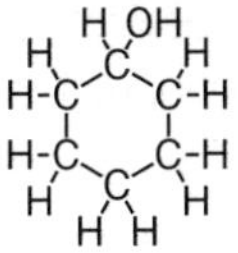

図 3・6　シクロヘキサノール

3・5　エーテル

エタノールは分子式 C_2H_6O，化学式は C_2H_5OH と表される．しかし同じ分子式をもちながら，分子中の原子の並びが異なる化合物がある（図 3・7）．それはジメチルエーテル CH_3OCH_3（正式な化合物名はメトキシメタン）である．同じ分子式をもつアルコールとエーテルは，官能基であるアルコールの OH とエーテルの −O− が異なるため，官能基異性体とよばれる．エーテルの酸素原子の両側にはそれぞれ炭素原子が結合している．

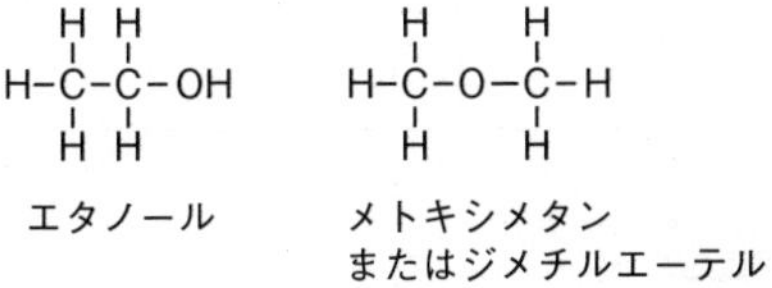

エタノール　　メトキシメタン
　　　　　　またはジメチルエーテル

図 3・7　分子式 C_2H_6O をもつ二つの異性体

エーテルにも同族体がある．一般的に"エーテル"とよばれ，よく使われる物質はジエチルエーテル（正式な化合物名はエトキシエタン）である．これは最も古い吸入麻酔剤の一つであり，甘くて吐き気を催す匂いをもつ．ジエチルエーテルは，アルコールのように水素結合を形成できないので沸点が低く（35 ℃），室温で簡単に蒸発する．もしもジエチルエーテルの瓶のふたを開けたままにしておくと，すぐに蒸発して空気より重い気体となる．ジエチルエーテルの気体は大変燃えやすく，火事や爆発が起こる可能性があるので，炎や電気の火花が発生する場所の近くに置かないように注意しなければならない．

ジエチルエーテル（$C_4H_{10}O$）の構造異性体および官能基異性体（アルコール）の構造を書いてみよう．

> あるロッククライマーが落石で腕を挟まれ身動きができなくなった．生きるために彼は麻酔なしでスイスアーミーナイフを用いて自分の腕を切断した．
> 　1846 年，歯科と外科の手術で麻酔薬としてエーテルを使用することができたと最初に記録したのは William Morton である．それまでのすべての外科手術は麻酔なしで行われていた．その後，クロロホルム（$CHCl_3$）が使用されるようになり，1853 年，ヴィクトリア女王は麻酔薬の作用を信じ，ほとんど痛みを伴うことなく赤ちゃんを出産した．
> 　最近の吸入麻酔薬にイソフルラン〔$CF_3CH(Cl)OCHF_2$〕がある．その構造式を書いてみよう．

診断テストの解答

1. エタノール [1点]
2. $n=1$: CH_3OH, メタノール　　$n=3$: C_3H_7OH, プロパノール [4点]
3. どちらもヒドロキシ基をもつ． [1点]
4. フェノール [1点]
5. プロパン-1,2,3-トリオールまたは 1,2,3-トリヒドロキシプロパン [1点]
6. CH_3CH_2OH, エタノール　　CH_3OCH_3, ジエチルエーテル [2点]

本文中の問題の解答

1. C_4H_9OH の五つのアルコール異性体（§3・1）：図 3・8 に示す．

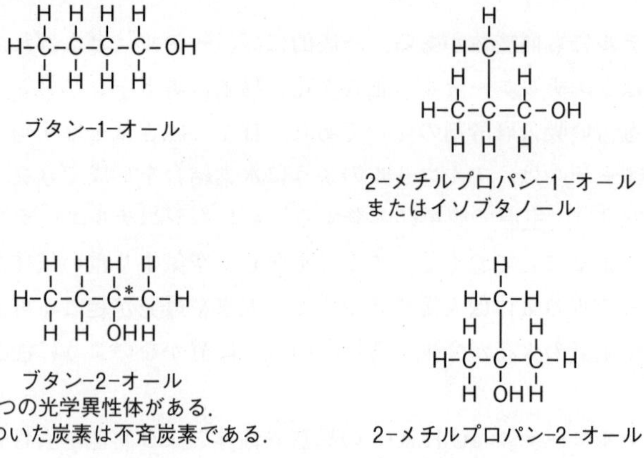

ブタン-1-オール

2-メチルプロパン-1-オール
またはイソブタノール

ブタン-2-オール
二つの光学異性体がある．
*印のついた炭素は不斉炭素である．

2-メチルプロパン-2-オール

図 3・8　ブタノールの五つのアルコール異性体

2. ジエチルエーテル（$C_4H_{10}O$）の構造異性体および官能基異性体（アルコール）の構造（§3・5）：アルコールの構造は上記 1. の解答と同じである．エーテルの異性体を図 3・9 に示す．

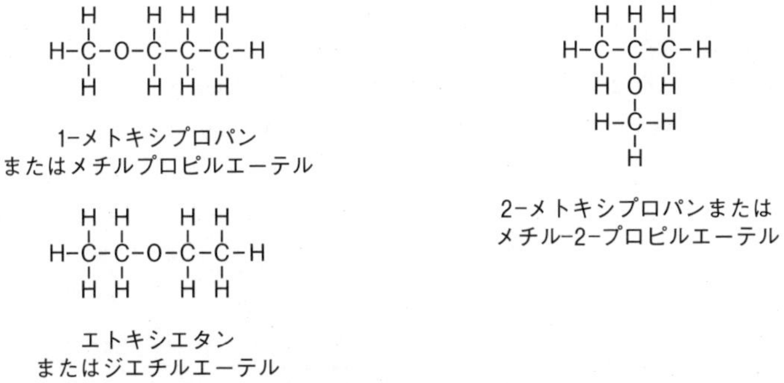

```
    H   H H H
    |   | | |
  H-C-O-C-C-C-H
    |   | | |
    H   H H H
```

1-メトキシプロパン
またはメチルプロピルエーテル

```
      H H H
      | | |
    H-C-C-C-H
      | | |
      H O H
        |
      H-C-H
        |
        H
```

2-メトキシプロパンまたは
メチル-2-プロピルエーテル

```
    H H   H H
    | |   | |
  H-C-C-O-C-C-H
    | |   | |
    H H   H H
```

エトキシエタン
またはジエチルエーテル

図 3・9　ジエチルエーテルのエーテル異性体

3. イソフルランの構造（§3・5）：図 3・10 に示す．

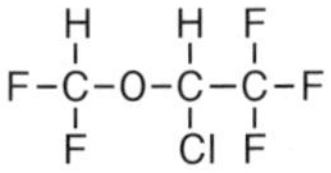

```
    H   H F
    |   | |
  F-C-O-C-C-F
    |   | |
    F   Cl F
```

図 3・10　イソフルラン

▶ **発展問題**

1. 異性体の異なるタイプについて（ⅰ）エタノールとジメチルエーテル，（ⅱ）ブタノールの五つの異性体を例に説明せよ（ヒント：どちらかには光学異性体がある）．
2. 水，メタノール，エタノールはどこが類似していて，どこが違うか説明せよ．
3. 諸君は化合物の分子量がほぼ同じであれば，沸点もほぼ同じと考えているかもしれないが，エタノール（C_2H_5OH：分子量 46）は沸点が 78 ℃であるのに対し，プロパン（C_3H_8：分子量 44）は何と -42 ℃である．理由を説明せよ．
4. アルコールの同族体で，つぎの記述に相当する最も炭素数の少ないものの分子式を書け．（ⅰ）光学異性体が存在する．（ⅱ）エーテルに官能基異性体が存在する．ⅲ）アルコールの構造異性体が存在する．
5. アルコール中毒患者が変性アルコール（meths）に手を出してしまうことは不幸なことである．変性アルコールとは何か，またその健康への影響を説明せよ．

6. つぎの記述に相当する例を一つあげ，その用途を説明せよ．（ⅰ）一価アルコール，（ⅱ）二価アルコール，（ⅲ）三価アルコール，（ⅳ）ヒドロキシ基を含む芳香族化合物，（ⅴ）エーテル．

参考文献

1. S. Cotton. Antabuse. *Education in Chemistry* **41**(1), 2004, 8.
2. Barking up the right tree. *Chemistry in Britain* 2000, 18.

4

カルボニル化合物——C=O 基をもつ化合物

到達目標

- カルボニル基（C=O 基）をもつ簡単な化合物の化学的性質について概説できる．
- 糖，脂肪のカルボニル基を示し，その化学的性質を概説できる．

診断テスト

この小テストを解いてみてください．もし，80％以上の点がとれた場合はこの章を知識の復習に用いてください．80％以下の場合はこの章を十分学習して，最後に，もう一度同じテストを解いてください．それでも80％に満たなかったら，数日後，本章をもう一度読み直してください．

1. エタナールは腐りかけたリンゴの匂いがする．もし人の息にその匂いがあった場合，どのような病気が考えられるか． [1点]
2. アセトン（CH_3COCH_3）はよく知られたケトンである．正式な化合物名は何か． [1点]
3. 酢（CH_3COOH）の化合物名は何か． [1点]
4. シンナー吸引をする若者が乱用する接着剤（有機溶剤）に含まれるエステル溶媒は何か． [1点]
5. 糖にはアルデヒド基を含むものが多い．$C_6H_{12}O_6$ の分子式をもつ有名な糖は何か． [1点]
6. 二つの単糖が結合している化合物の一般名は何か． [1点]
7. 急な痛みや頭痛に用いられる抗炎症薬として有名なエステル化合物は何か． [1点]

Chemistry: An Introduction for Medical and Health Sciences, A. Jones
© 2005 John Wiley & Sons, Ltd

8. グルコースは体内で酸化されエネルギーを産生する．この化学反応の生成物は何か． [2点]
9. 脂肪や脂質は2種類の化合物が結合してできている．この二つの化合物の一般名は何か． [2点]

全部で11点（80％＝8点）．解答は章末にある．

"気がついたときには，この医院の診療室に横になっていたのだから，私は町の中を買い物していたときに気を失ったにちがいない"とグレースは話した．介護にあたったベテランの看護師がグレースの息の匂いがアルコールではなく，むっとするリンゴの腐敗臭（エタナール，アセトアルデヒドともいう）であることに気づいたのだ．これは糖尿病の初期症状の兆候である．その後の検査でそれが事実だと判明し，ただちに適切な処置を受けることができた．

4・1 簡単なアルデヒド，ケトン，カルボン酸，エステル

カルボニル化合物はすべて分子中にC＝O基（**カルボニル基**）を含む．カルボニル基をもつ化合物には，少なくとも四つの種類，すなわち，アルデヒ

表4・1 カルボニル化合物 一般式は $\begin{smallmatrix}R\\R'\end{smallmatrix}\!\!>\!\!C\!=\!O$ で表される．RとR'としていろいろな原子団がある．

アルデヒド R＝H，R'＝炭素原子団（置換基）	ケトン R, R'＝炭素原子団	カルボン酸 R＝OH，R'＝水素または炭素原子団	エステル R＝OR（Rは炭素原子団），R'＝水素または炭素原子団
$\begin{smallmatrix}H\\H\end{smallmatrix}\!\!>\!\!C\!=\!O$ メタナール，慣用名 ホルムアルデヒド	$\begin{smallmatrix}CH_3\\CH_3\end{smallmatrix}\!\!>\!\!C\!=\!O$ プロパノン，慣用名 アセトン 優れた溶媒で，マニキュアの除光液にも用いられる．	$\begin{smallmatrix}HO\\H\end{smallmatrix}\!\!>\!\!C\!=\!O$ メタン酸，慣用名 ギ酸	$\begin{smallmatrix}CH_3O\\H\end{smallmatrix}\!\!>\!\!C\!=\!O$ メタン酸メチル，慣用名 ギ酸メチル
$\begin{smallmatrix}H\\CH_3\end{smallmatrix}\!\!>\!\!C\!=\!O$ エタナール，慣用名 アセトアルデヒド		$\begin{smallmatrix}HO\\CH_3\end{smallmatrix}\!\!>\!\!C\!=\!O$ エタン酸，慣用名 酢酸，食酢に含まれる．	$\begin{smallmatrix}C_2H_5O\\CH_3\end{smallmatrix}\!\!>\!\!C\!=\!O$ エタン酸エチル，慣用名 酢酸エチル，接着剤の溶媒

ド，ケトン，カルボン酸，エステルがある．また，カルボニル基は，体内で大切な役割を担う炭水化物（糖），タンパク質，脂質など比較的大きな分子の部分構造としても存在する．これら生体分子は私たちの体の中で新細胞の生成，エネルギーの産生などに利用される多くの化合物を対象としている．それゆえ，その構造とC=O基の性質を理解することはとても重要である．

表4・1からつぎのことがわかる．

- HC=O基を含む化合物は**アルデヒド**とよばれ，化学名は相当する（HC=O基の炭素も含めた数の）アルカンの語尾のeをとりalをつける（カタカナ表記では"ン"をとり"ナール"をつける）．
  例：C_2H_6；エタン（ethane）→ CH_3CHO；エタナール（ethanal）
- 二つの炭素置換基が結合しているC=O基をもつ化合物は**ケトン**とよばれ，アルカンの語尾のeをとりoneをつけて命名する（カタカナ表記では"ン"をとり"ノン"をつける）．
  例：C_3H_8；プロパン（propane）→ CH_3COCH_3；プロパノン（propanone）
- C=O基に一つのOH基が結合している化合物は**カルボン酸**で，相当する（COOHの炭素も含めた数の）アルカンの語尾のeをとりoic acidをつける（日本語ではアルカンの名前の後ろに"酸"をつける）．
  例：C_4H_{10}；ブタン（butane）→ C_3H_7COOH；ブタン酸（butanoic acid）
- C=O基に一つのOR基が結合している化合物は**エステル**で，Rに相当するアルキル基名に続き，酸の語尾のoic acidをoateに変える（日本語では酸の名前の後ろにRに相当するアルキル基名をつける）．
  例：$CH_3COOC_2H_5$；エタン酸エチル（ethyl ethanoate）

よく知られたカルボニル化合物について以下に示す．

- 人の呼気からエタナール（アセトアルデヒド）が匂ったら，それは糖尿病の初期兆候である．
- メタン酸（ギ酸）は赤蟻やある種のイラクサに毒として存在する．したがって，それらに傷つけられたときには，炭酸水素ナトリウム（重曹）の軟膏のような弱いアルカリで処置するとよい．
- 弱酸のエタン酸（食酢中の酢酸）は料理のときやフィッシュ・アンド・チップスにふりかけるのに使われている．

- エタン酸エチル（酢酸エチル）は甘い果物の香りがする．シンナーの溶媒の一つとして使用され，シンナー吸引をする人に乱用される．それは麻酔薬のように作用するが，脳の知覚細胞を溶かしてしまい，恒久的に脳細胞を損傷する．
- カルボニル基は糖，タンパク質，脂質のようなもっと大きな分子や複雑な構造をもつ化合物にも存在し，代謝や食物連鎖にかかわっている．

この章の目的は，アルデヒドやケトンの数多くの反応を学ぶためでなく，よく知られた生体分子中のカルボニル基について理解することにある．

4・2　炭水化物，単糖（アルドースとケトース）

> 糖は緑色植物の光合成により二酸化炭素（CO_2）と水（H_2O）からつくられる．毎年，約2000億トンの二酸化炭素が大気中から植物によって取入れられ，光合成によって約1400億トンもの酸素が約1300億トンの糖とともに生産されている．

糖はつぎのように分類される．**単糖**は一般式 $C_x(H_2O)_y$ の同族体で，よく知られた単糖は x と y が 5 または 6 である．$C_5H_{10}O_5$ はペントース（五炭糖，pentose），一方，$C_6H_{12}O_6$ はヘキソース（六炭糖，hexose）とよばれる．糖の英語名ではすべて語尾に ose がつく．古くから糖のことを**炭水化物**とよぶのは，その一般式 $C_x(H_2O)_y$ が炭素と水から成り立っているためである．

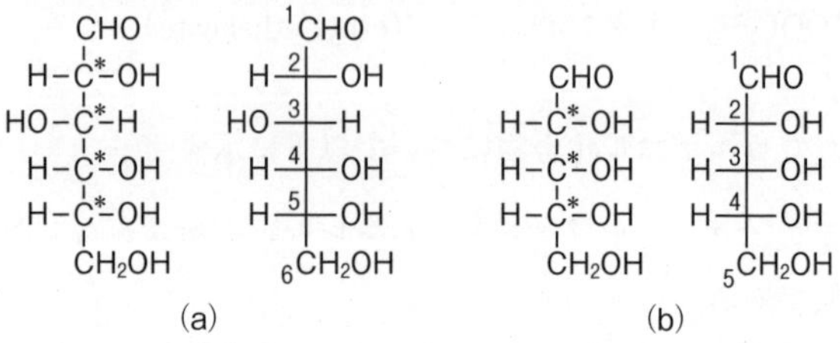

図 4・1　(a) D-グルコース，(b) D-リボース　訳注：立体構造を平面に書く方法の一つにフィッシャーの投影式があり，アルデヒド基から最も遠い位置の不斉炭素原子（グルコースでは5位，リボースでは4位）のヒドロキシ基が右にあるものが D 体，左にあるものが L 体と決められている．この D，L は糖とアミノ酸にだけ用いる表示法で旋光度とは関係ない．糖やアミノ酸の名前の前につけその絶対位置を示すもので，第2章に出てきた d（右旋性），l（左旋性）とは異なる目的の表示法である．

4・2 炭水化物，単糖（アルドースとケトース）

いくつかの糖にはアルデヒド基（CHO 基）が存在する．したがって一般名をアルドース（aldose：aldehyde-ose を短縮）といい，最もよく知られている糖であるグルコース（図 4・1）やリボースなどがこれに属する．アルデヒド基は還元性をもつので，それらの糖は**還元糖**とよばれる．還元と酸化については第 10 章で学習する．一般に還元性のある化合物は他の分子から酸素を取去り，その酸素を自分の構造に取込む．CHO 基は酸素を受け取り，COOH基に変化する．

糖分子は多くの不斉炭素原子をもつ．アルデヒドをもつヘキソースには四つの不斉炭素があるので，$2^4=16$ 個の立体異性体が存在し，それぞれが光学活性である．16 個の立体異性体は光学異性体（鏡像異性体）である 8 組の D 体と L 体から成る．私たちの生命活動にとって大変重要な糖もあれば，それほどでもないものもある．そのなかで，グルコースは最も有用なヘキソースである．私たちの体は化学物質に対して選択的であり，有用なものを受け入れ，不適切な物質を排除する．

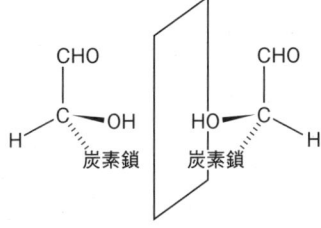

図 4・2　グ ル コ ー ス

グルコースを例に，D 体と L 体がお互いに鏡像の関係にあることに注目してみよう．グルコースには四つの不斉炭素があるが，図 4・2 の構造式の上か

ら三つの炭素部分構造を三次元モデルで描くと，D-グルコースとL-グルコースでは2位の不斉炭素に関して鏡像関係であることがわかる．D-グルコースとL-グルコースでは残りの不斉炭素についても鏡像関係にあり，したがって，分子全体でも鏡像の関係となる．私たちの体は選択性が高く一方の鏡像体（D-グルコース）のみを選択的に利用し，他方（L-グルコース）は利用しない．

グルコースや他の糖の構造には直線構造（図4・2）と環状構造（図4・3）の両方がある．結晶中では環状構造であり，溶液中では両方の構造で存在する．

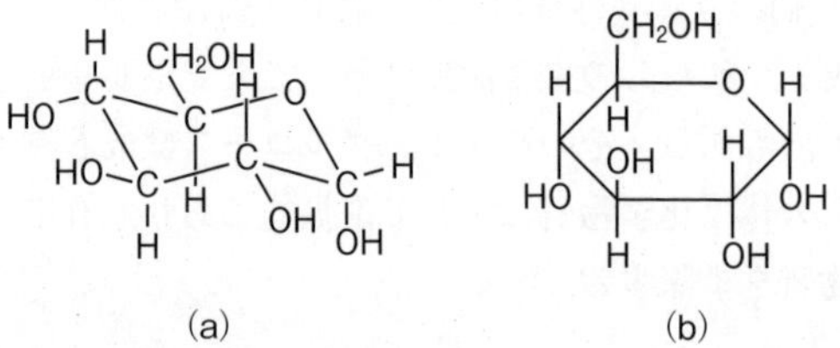

図4・3　(a) 結合角を正確に表したD-グルコースの環状構造．(b) よく用いられるD-グルコースの簡略化した環状構造．

4・2・1　ケトース

カルボニル基（C=O基）はケトンにも存在する．ケトンではC=O基のC原子に二つの炭素置換基が結合している．ケトンはケトースとよばれるある種の糖にも存在する．代表的なものがD-フルクトースである（図4・4）．ア

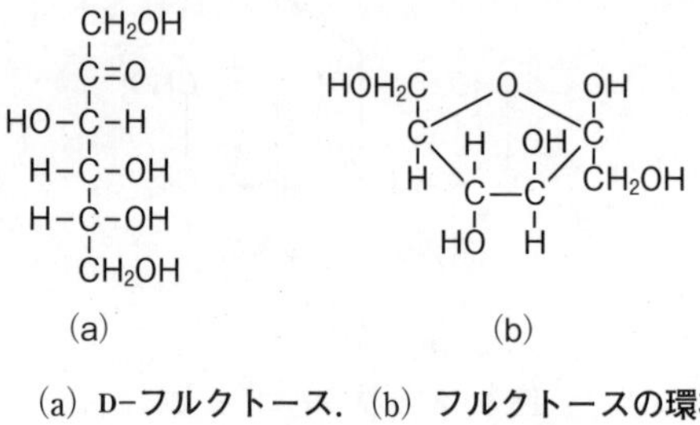

図4・4　(a) D-フルクトース．(b) フルクトースの環状構造．

ルドースとケトースは同じ分子式をもつ異性体である．D-フルクトースもまた環状構造としても存在する．これらの単糖にも驚くべき数のさまざまな

組合わせの異性体が存在するが，私たちの体は選択的に必要な糖を選び細胞の構築に用いている．これらの簡単な分子を考えても，その構造の特徴により，いろいろな糖が細胞内の生体活動に多様性をもたらし重要な貢献をしていることがわかるだろう．

4・3 二　糖

　糖には，二つの単糖が結合した**二糖**があり，よく知られたものにスクロース（ショ糖，$C_{12}H_{22}O_{11}$）がある．スクロースは一つのD-グルコースと一つのD-フルクトースが脱水によって結合したものである（図4・5）．酵素の存在下，スクロースは水により分解し，二つの単糖になる．コーヒーを飲むときに砂糖（スクロース）を入れるが，体の中の細胞はこの大きな分子を吸収することができない．そこで，私たちの消化器官は酵素による加水分解でスクロースを吸収できる大きさのグルコースとフルクトースに切断する．

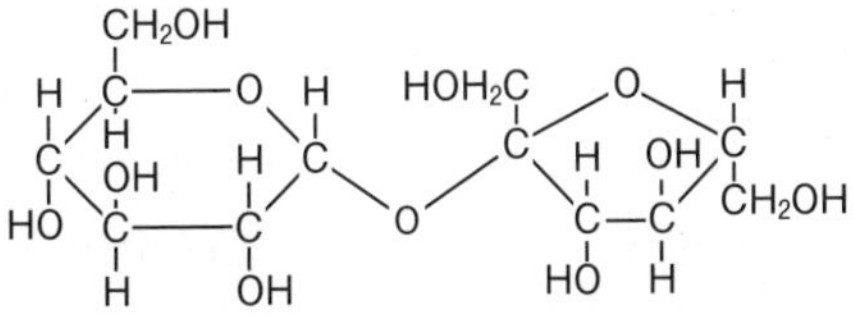

図4・5　スクロース

　二糖の端にさらに糖が結合した複雑な分子がある．何百もの糖が結合した化合物を**多糖**とよび，デンプンやセルロースがその例である．

4・4 糖の代謝

　巨大分子である多糖（デンプン，セルロース）は食物のなかにあるが，あまりにも大きすぎて私たちの体は吸収できない．デンプンは，複数の酵素の作用により段階的に加水分解され，小さな分子であるグルコースへと変えられる．一方，セルロースはデンプンとは違う結合様式でグルコースが連なっている長い糖鎖であり，これを分解する酵素は私たちの消化器官にはない．草食動物がセルロースを分解できるのは，消化器官にセルロースを分解する

酵素をもつ微生物が繁殖しているからである．
　グルコースは小腸粘膜の絨毛から吸収され，血液によって肝臓に運ばれる．グルコースは肝臓から血管系に入り，体内を循環し，エネルギーの放出が必要な細胞（たとえば筋肉）で容易に利用される．

　1）運動するときのように体がすぐにエネルギーを必要とする際には，グルコースは酸素と共に血液から細胞に供給され，ただちに酸化されエネルギーを放出する（§4・9参照）．

$$C_6H_{12}O_6 + 6\,O_2 \longrightarrow 6\,CO_2 + 6\,H_2O + エネルギー$$

細胞における呼吸の過程で1gのグルコースは17kJのエネルギーを生み出す．二酸化炭素は筋肉から血液中に入ることで取除かれ，肺に運ばれ吐き出される．

　2）すぐにはエネルギーが必要でないときには，グルコースはグリコーゲンとよばれる長鎖の分子になり，肝臓や筋肉に蓄えられる．このグリコーゲン合成は膵臓から分泌されるインスリンによって促進される．肝臓の中のグリコーゲンが使用され，その量が減少すると，私たちは空腹を感じ食事をする．しかし，私たちが食べることをしないと，細胞で体脂肪やタンパク質が分解する異化作用（§4・10・1）が始まる．私たちが食を断つか，低炭水化物の食事をとると，この異化作用が始まり体に害を及ぼす．ある種のダイエットプランはこの方法を取入れたものであるが，体にとって取返しのつかない損傷を避けるために，注意深い管理が必須である．長距離マラソンの選手はレース前の1～2日間に高炭水化物の食事をとる．これにより十分なエネルギーを補給し，体のタンパク質の分解を避けることができる．

　3）グルコースは細胞でアミノ酸合成にも用いられる．アミノ酸は結合してタンパク質となり貯蔵される．

　4）グルコースの貯蔵場所がどこもいっぱいになったら，グルコースは脂肪の合成に使われ，脂肪が体のあちこちに蓄えられる．このため甘いものを食べすぎると太ってしまう．

　5）グルコースをとりすぎると，尿中に排泄されることがある．糖尿病の人も血液中のグルコース値が高く，しばしば過剰のグルコースを尿の中に排泄する．呼気の腐敗したリンゴ臭と共に，尿検査が糖尿病を判断する最初の診断に用いられ，その後，さらに正確で最適な検査が行われ診断がなされる．

4・5 その他の糖 —— リボースとデオキシリボース

炭水化物は一般式 $C_x(H_2O)_y$ で表されるが,それではその構造や存在する官能基がはっきりしない.炭水化物にはカルボニル基とヒドロキシ基が存在する.最も小さい単糖は $x=3$ であるが,最もよく知られたものは $x=5$ と 6 の化合物である.$x=5$ の糖はペントースとよばれ,その代表的なものが D-リボースである(図 4・6).D-リボースは巨大分子 RNA(リボ核酸,ribonucleic acid)のきわめて重要な部分構造である.D-デオキシリボースもまた DNA(デオキシリボ核酸,deoxyribonucleic acid)の重要な部分構造である.デオキシは酸素が取除かれたという意味である.

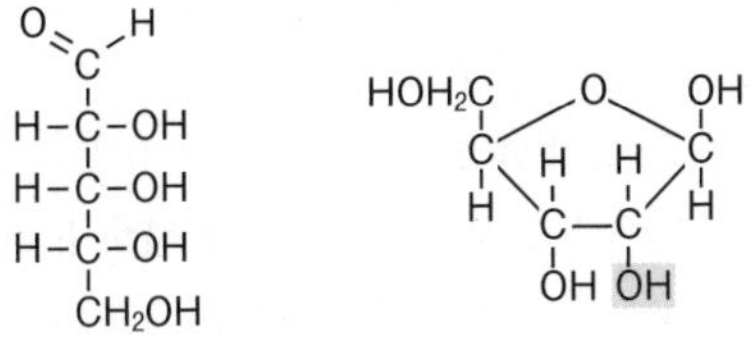

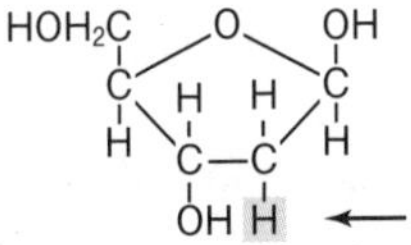

図 4・6 (a) D-リボースの二つの形の構造式.(b) D-デオキシリボース.

4・6 カルボン酸 —— COOH 基を含む化合物

カルボン酸の一般式は $C_nH_{2n+1}COOH$ である.それらの命名はアルカン名に"酸"をつける.英語では語尾を oic acid とする.カルボン酸は一般式の $n=0$ から存在する(図 4・7a).炭素が一つ(COOH の炭素のみ)であるの

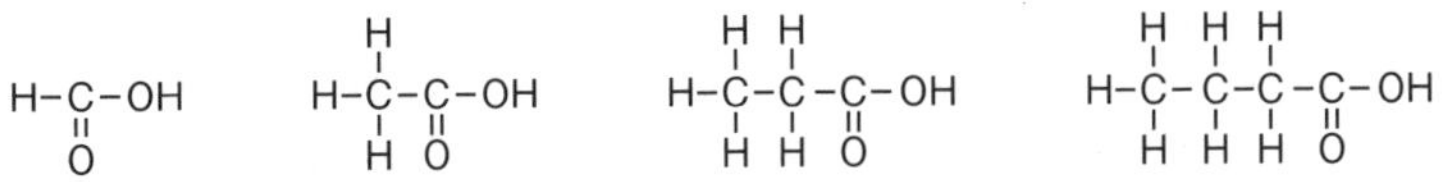

図 4・7 (a) メタン酸(ギ酸).(b) エタン酸(酢酸).(c) プロパン酸(プロピオン酸).(d) ブタン酸(酪酸).

で，メタン酸とよばれ，慣用名はギ酸である．エタン酸（$n=1$）は食酢の成分としておなじみの香りがあり，慣用名は酢酸である．ブタン酸（$n=3$）はバターが腐ったような匂いがする．慣用名は酪酸である．

炭素数が10〜20の直鎖のカルボン酸は**脂肪酸**とよばれる．それらは脂肪のなかにグリセリン（グリセロール）とのエステルの酸部分として存在する．ステアリン酸〔$CH_3(CH_2)_{16}COOH$〕は動物や植物の油脂に含まれる．ピーナッツ油に含まれるアラキドン酸（$C_{19}H_{31}COOH$）は四つの二重結合をもつ不飽和脂肪酸であり，生体内で重要な役割をもつ各種プロスタグランジン類合成の前駆体である．

4・7　カルボン酸塩およびエステル

塩酸や硫酸と同じように，カルボン酸もアルカリと反応して塩を生成する．エタン酸は水酸化ナトリウムと反応し，エタン酸ナトリウム（酢酸ナトリウムともいう）と水を生成する．英語では，語頭に金属の名前をつけ，語尾を酸の oic を oate に変える（sodium ethanoate）．

$$CH_3COOH + NaOH \longrightarrow CH_3COONa + H_2O$$

カルボン酸とアルコールから脱水反応で生成する化合物を**エステル**という．

酸	+	アルコール	⟶	エステル	+	水
CH_3COOH	+	C_2H_5OH	⟶	$CH_3COOC_2H_5$	+	H_2O
エタン酸 （酢　酸）	+	エタノール	⟶	エタン酸エチル （酢酸エチル）	+	水

いくつかのエステルは特徴的な果物の香りがする．また，一般的には優れた工業用溶媒として利用されている．酢酸エチルとして知られているエタン酸エチルは接着剤の溶剤として用いられる．シンナー吸引をする若者が嗅ぐ物質の一つである．残念なことに，彼らは酢酸エチルが中枢神経系に影響を与え，多量に吸い込むと，結果的に死に至ることをわかっていない．

エステルによっては，果実の香りをもつため食品や香料の添加物として用いられる．魅惑的な香水にはしばしばいろいろなエステルが巧みに混ぜられている．

頭痛ですか？アスピリンを2錠お飲みください．
心臓がお悪いのですか？アスピリンを1日半錠お飲みください．
関節炎ですか？アスピリンをお飲みください．抗炎症剤です．
のどが痛いのですね？アスピリンの水溶液（水薬）でうがいしてください．
私たちはいろいろなときにアスピリンをよく使っている．2400年も前に，古代人が痛み止めにヤナギの木の皮を用いていたと記録がある．

英国では，昔，ある種の病気や痛みのことを"おこり"とよんだ．湿地帯での病気はおそらくマラリアだったと考えられる．その症状はヤナギの木の皮をかむことで和らいだ．のちに，それが現代のアスピリンに似た化学物質を含んでいることが明らかになった．1890年代になり，アスピリンが初めて人工的に合成された．現在，アスピリンは鎮痛剤としてだけでなく，心臓の病気の発生を抑える（血栓形成を抑制する）薬としても使用されている．多くの医薬品の起源は植物成分である（第1章を参照）．

アスピリンはサリチル酸のフェノール性ヒドロキシ基とエタン酸のエステルである．鎮痛作用をもつアセトアミノフェンとイブプロフェンもまたC=O基をもつ化合物である（図4・8）．

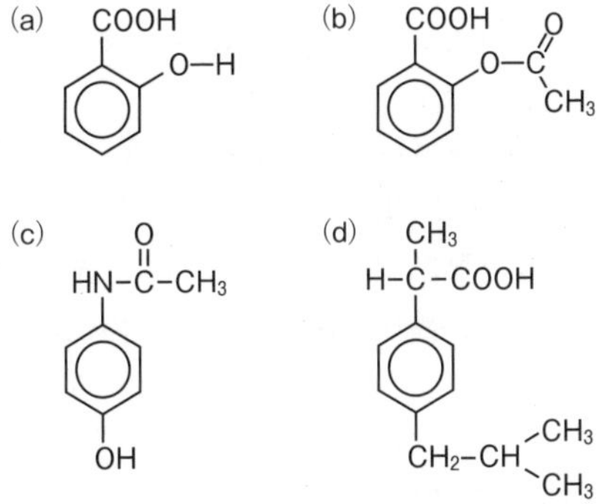

図4・8 (a) サリチル酸（2-ヒドロキシ安息香酸）．(b) アスピリン（アセチルサリチル酸）．(c) アセトアミノフェン．(d) イブプロフェン．

4・8 脂質と脂肪

脂質は生物体内に存在する水に不溶，有機溶媒に可溶の有機化合物の総称で，3種類の脂質があるが，本書ではそれぞれ後に述べる脂肪，リン脂質およ

びコレステロールに限定して説明する．**脂肪**は三価アルコールであるグリセリン1分子に，脂肪酸とよばれるいろいろな長鎖カルボン酸3分子がエステル結合したトリ脂肪酸エステルである（図4・9）．

リン脂質は脂肪の構造に似ている．しかし，三つの酸部分のうち，二つが脂肪酸で残りの一つはリン酸基を結合している．リン脂質は細胞膜を構成する分子の大部分を占めている．リン脂質は巧妙に配列して膜を構成しており，独特の性質をもっているため，いろいろな分子が膜を通過できるようになる．栄養分は細胞内に入り，老廃物は細胞外に出る．これはリン脂質の構造と機能によって制御されている．

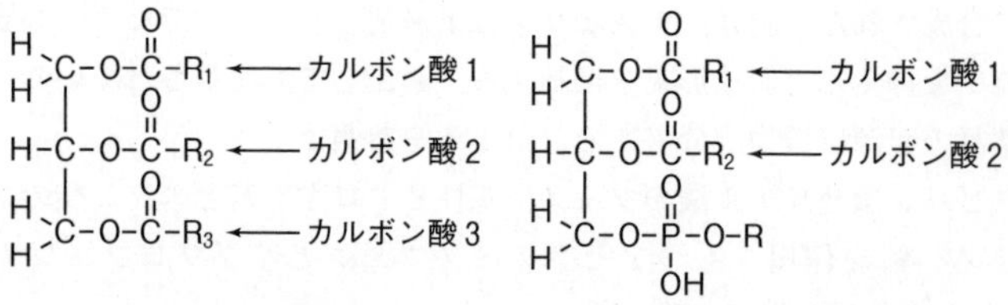

一般的な脂質の構造 ── カルボン酸1，カルボン酸2，カルボン酸3

一般的なリン脂質の構造 ── カルボン酸1，カルボン酸2

図4・9　グリセリンのエステル構造 ── 脂質とリン脂質

体脂肪は体のエネルギーのおもな貯蔵庫である．脂肪1gを燃焼すると，38 kJのエネルギーが放出される．脂肪分の多い肉のような食品には脂肪が含まれている．脂肪は皮下脂肪組織に蓄えられる．脂肪組織はエネルギーの供給源としてのみでなく，保護層や断熱材としての役割ももっている．脂肪は体内ではおもに炭水化物に富む食品からつくられる．脂肪はまた，脂溶性のビタミンAやビタミンDを溶かす性質をもつ．

一般式 $CH_3(CH_2)_n COOH$ で表される飽和のカルボン酸で，炭素数が2〜20の脂肪酸が天然の食品中に存在する．また，一般に炭素数が11以上のものを高級脂肪酸とよぶ．不飽和脂肪酸は少なくとも一つの二重結合を含む．それらの一例が，オリーブ油や豚脂に入っているオレイン酸である．

$$CH_3(CH_2)_7 CH = CH(CH_2)_7 COOH \xrightarrow[\text{触媒}]{H_2} CH_3(CH_2)_{16} COOH$$

オレイン酸　　　　　　　　　　　ステアリン酸

不飽和脂肪酸を金属ニッケル触媒下，加熱しながら水素ガスと反応させると

水素が付加して飽和の脂肪酸となる．興味あることに，生成した飽和の長鎖脂肪酸は固体となる．マーガリンは二重結合が多い不飽和脂肪酸からつくるが，その際に不飽和度を少なくするように処理すると固まりやすくなり，バターのように見える．ソフトマーガリンは固形のマーガリンに比べ，脂肪酸中の二重結合の数がより多い．バター中の飽和脂肪酸に比べ，二重結合をもつ脂肪酸はより健康によいと考えられている．

サンドラが言うには，"私，体重を落とすためにダイエット中なの．お金がかかるのよ"
ジョセフが答えて言う．"俺は体重を減らすためにスポーツクラブに通っているが，費用はそれほどでもないぜ"
スリムなマリーが答える．"私は，朝食は少なめ，昼食もサラダで軽く，1日1回だけ夕食にしっかりした食事をとるのよ．それから会社までの通勤は徒歩なの．全然お金はかからないわ"

4・9　細胞中の化学エネルギー

すべての食物は化学物質を含んでおり，それらがエネルギーの源である．エネルギーはいくつかの方法で放出される．ATP（アデノシン三リン酸）の中の化学結合は**高エネルギー結合**とよばれる．ATPの結合の形成や切断が行われる細胞中の代謝過程には酸化や還元の過程が関与している．

酸化とは分子から電子を失うか，酸素を取込むか，あるいは水素を取除くかの過程である．一方，還元は酸化と逆の過程である．何かが酸化されると

きには，酸化をした方の物質は還元されている（詳しくは第10章を参照）．細胞内の二つの化合物，乳酸とピルビン酸がこの酸化・還元の過程のよい例である．二つの化合物は酸化と還元で相互変換する（図4・10）．これに限らず，体内の多くの酸化反応で放出されたエネルギーが，リン酸存在下，低自由エネルギーのADP（アデノシン二リン酸）を高自由エネルギーのATPに変える．ATPは高エネルギーのリン酸エステル結合をもつ．ATPに蓄えられたエネルギーは同化作用で必要とされるときに他の分子に渡される．

$$\begin{array}{c}COOH\\|\\CHOH\\|\\CH_3\end{array} \underset{\text{還元(2Hの付加)}}{\overset{\text{酸化(2Hの脱離)}}{\rightleftarrows}} \begin{array}{c}COOH\\|\\C=O\\|\\CH_3\end{array}$$

乳　酸　　　　　　　　ピルビン酸

図4・10　乳酸/ピルビン酸の相互変換

　細胞内でエネルギーの放出と受入れを行うATPとADP間の効率的な相互変換は他の化学反応と共役して起こる．これらがエネルギーを利用する基本的な組合わせである．ATPとADP間の反応は細胞内ではスムーズに効率的に起こるが，実験室の試験管内では進行が困難である．いかに細胞内での反応の過程が巧妙に設計されているかがわかる（図4・11）．生命活動や生体での化学反応に関して，クエン酸回路とよばれる広汎かつきわめて精巧なサイクルがある．

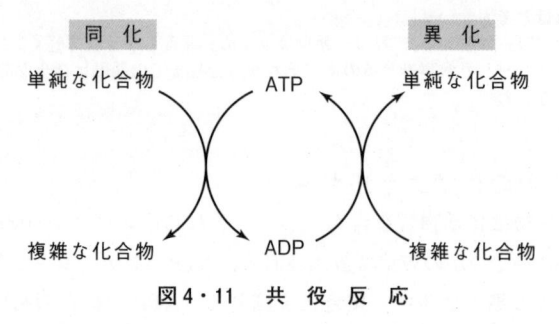

図4・11　共役反応

4・10　同化と異化

　すべての動物にとって，エネルギーを効率的に生産するために食物をとる

ことは必須である．ヒトは植物と違い，太陽エネルギーを利用して空気中の二酸化炭素を糖に変換することはできない．私たちは食物として，植物そのもの，または植物を食べている動物の肉を利用している．健康的な生活のために必要な食物はほとんどが炭素化合物すなわち炭水化物，タンパク質，脂肪である．それ以外に，少量のミネラルとビタミン，および水も必要である．これらの物質は体全体の代謝に組込まれた化学反応で効果的に利用されている．そして体温保持のためのエネルギーの供給や，成長や細胞の新陳代謝などすべての生命活動に連動している．

4・10・1 同化作用および異化作用と食物

細胞内で簡単な物質を組合わせて複雑な大きな分子にする化学反応を**同化作用**とよぶ．これらの反応には，反応の進行を促進するためにエネルギー（熱）が必要であり，また，しばしば脱水反応（水分子の脱離）が関与する．脱水反応を伴う同化反応には，小さなアミノ酸分子からの大きなタンパク質の合成がある．アミノ酸は，食物中のタンパク質の分解によって生成する．この食物成分を分解する化学反応は**異化作用**とよばれる．異化作用は加水分解（水による分解反応）であり，エネルギーを放出する．

食物をとり分解してエネルギーを放出する化学反応と，成長や細胞の生成過程に必要なエネルギーを吸収する化学反応との精密なバランスが，脳の視床下部から分泌される代謝を調節するホルモンによって保たれている．ATPはこれらの異化および同化作用の間でエネルギー交換の仲介を行う物質としてかかわっている（図4・11）．生産されたエネルギーのほとんどは熱として体外へ失われ，ほんの一部が細胞の構築に利用される．したがって，規則正しい食事が大切なのである．

4・11 セッケンと洗剤

私の祖母はとても貧しかった．第一次世界大戦中，石けんは乏しく高価なものであった．そこで，彼女はよく手作りの石けんを作り，近所に売っていたものだ．彼女は近所を回っては，料理に使う肉から不要な脂の部分を分けてもらい，それを集めて大きな鍋に入れ，苛性ソーダ（水酸化ナトリウム）と共に煮た．鍋の中は沸騰し，グツグツ，パチパチ，飛沫も飛び散っていたこ

とを今でも覚えている．2～3時間後，冷えた鍋の中に食塩水を入れてよくかき混ぜると，厚い膜ができた．これが石けんだ．これを切取り，型にぎゅうぎゅうに詰め込んで固まったらできあがり．それは洗濯石けんとして絶品だった．彼女はまた，家計をやりくりするために近所の洗濯も引き受けるようになった．彼女は化学がちっともわからなかったが，成功する秘訣は知っていたのだ．

脂肪や油から取出されることから，長鎖のカルボン酸を脂肪酸とよぶ．脂肪を水酸化ナトリウム水溶液で加熱すると分解される．生成した脂肪酸のナトリウム塩は肌にやさしく水の中で泡立つ．これがセッケンである．脂肪酸エステルを分解しセッケンにすることから，この加水分解の過程は**けん化**ともよばれる．セッケンの成分の一般式は RCOONa で表され，R が $CH_3(CH_2)_{16}$ の場合がステアリン酸ナトリウムである．セッケンにはパルミチン酸やオレイン酸などの長鎖脂肪酸も混じっており，それらがヤシ (palm) やオリーブ (olive) から得られることから，パルモリブ (Palmolive) とよばれるセッケンもある．

セッケンはよい洗浄剤である．セッケン分子には，油成分と溶け合う（疎水性の）炭素鎖の長いしっぽと，さらに水に溶ける（親水性の）COONa 部分が末端にあるため，水中でミセルとよばれる集合体を形成する（図 4・12）．

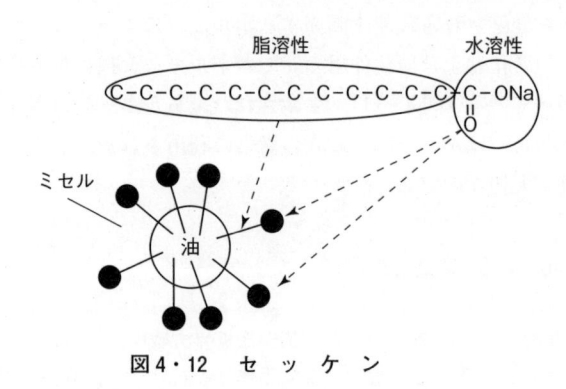

図 4・12　セッケン

したがって，ミセルの疎水性部に疎水性の油を包み込んで分散させ乳化させるので，油汚れを洗い去ることができる（§8・7参照）．

セッケンは表面をぬれやすくする性質をもつため，よい界面活性剤や湿潤

剤となる．セッケンの大きな問題は，硬水中のようにカルシウムイオンが存在するとセッケンかすをつくってしまうことである．それはカルシウム塩が水に溶けないことによるもので，洗濯した衣服の黄ばみの原因となる．そこで合成洗剤が開発された．それらは洗濯水の中に浮遊する乳化物として汚れを保持し，水と共に洗い流すことができる．合成洗剤とセッケンの洗浄機構は類似しており，いずれもその構造中に $COONa$ や SO_3Na のような親水性の基と疎水性の長い炭素鎖をもつ．

診断テストの解答

1. 糖尿病
2. プロパノン
3. エタン酸（酢酸）
4. エタン酸エチル（酢酸エチル）
5. グルコース
6. 二 糖
7. アスピリン
8. 二酸化炭素と水
9. カルボン酸とアルコール

[1～7は1点，8,9は2点]

発展問題

1. カルボン酸はアルコールと反応してエステルを生成する．エタン酸とメタノールからエステルが生成する反応式を書け．生成するエステルの官能基異性体であるカルボン酸の化合物名と構造を書け．
2. 体の細胞が代謝や生命維持に必要な化学エネルギーを得る方法を一つ説明せよ．
3. 不飽和脂肪酸とは何か．また，それらを含む食品の方が飽和脂肪酸を含むのに比べ，より健康的な理由を説明せよ．
4. つぎの化合物のよく知られた利用方法について説明せよ．
   (ⅰ) メタナール（ホルムアルデヒド），水溶液はホルマリンとよばれる．
   (ⅱ) エタン酸（酢酸）
   (ⅲ) エタン酸エチル（酢酸エチル）
   (ⅳ) プロパノン（アセトン）
   (ⅴ) グルコース
   (ⅵ) ステアリン酸ナトリウム

5. カルボニル化合物 C_3H_6O (A) は還元性をもたない．つめのマニキュアの除光液や工業用溶媒として使用される．その化合物には異性体(B)があり，それは還元性をもち，酸化されるとカルボン酸になる．この記述に当てはまる化合物 (A，B) の化合物名と化学式を書け．
6. 洗濯の際，セッケンや洗剤はどのようにして布から汚れを取除くか，説明せよ．
7. 同化作用と異化作用の違いを述べよ．
8. 二糖であるスクロースはどのようにして二つの単糖に変換されるか説明せよ．
9. 細胞内でのエネルギーの放出における ATP と ADP の役割を説明せよ．
10. ペニシリンとアセトアミノフェンの発見について，エンカルタ（Encarta）などのオンライン百科事典を利用して調べよ．

5

窒素を含む有機化合物

到達目標

- 窒素原子を含む有機化合物（たとえばアミン）の化学的性質について概説できる．
- アミノ酸およびタンパク質の化学構造とその性質を概説できる．
- DNA および RNA の三つの構成単位の名称を列挙することができる．

診断テスト

この小テストを解いてみてください．もし，80％以上の点がとれた場合はこの章を知識の復習に用いてください．80％以下の場合はこの章を十分学習して，最後に，もう一度同じテストを解いてください．それでも80％に満たなかったら，数日後，本章をもう一度読み直してください．

1. アンモニアの化学式は NH_3 である．H の一つを CH_3 に置換した化合物（A）の化学式と化合物名を書け． [2点]
2. 化合物（A）は第一級アミンである．A の炭素上の一つの水素をカルボキシ基（COOH）に置き換えた化合物の一般名を書け． [1点]
3. グリシンは化学式 NH_2CH_2COOH で表されるアミノ酸である．グリシンが（ⅰ）酸である HCl，および（ⅱ）アルカリである NaOH と反応するときの反応式をそれぞれ書け． [2+2点]
4. 二つのグリシン分子が脱水してジペプチドを生成するときの反応式を書け． [2点]
5. タンパク質は多くのアミノ酸が結合して生成する．タンパク質が加水分解を受けるとき，切断される結合は何か． [1点]

全部で10点（80％ = 8点）．解答は章末にある．

Chemistry: An Introduction for Medical and Health Sciences, A. Jones
© 2005 John Wiley & Sons, Ltd

窒素化合物であるトリメチルアミンは腐った魚の臭いがする魚臭症候群とよばれる疾患の際に生成され，汗や呼気，尿から臭う．原因は肝臓の代謝機能不全であり，トリメチルアミンが代謝されずに消化器官などの内臓に放出されるためである．薬と食事療法で治療することができる．

シェイクスピア作"テンペスト"第2幕，第2場，トリンキューロのせりふ：なんだ，こりゃあ？ 人間か魚か？ 死んでいるのか，生きているのか？ 魚だな，魚の臭いがする．大昔にとれた魚みたいな臭いだ．貧しい奴らの口にするものだろうが，どう見ても新しくはない．

5・1 アミンとアミノ酸

アミンは炭素，水素，窒素から成る化合物である．また，アミンは生命活動にかかわる重要なタンパク質分子の構成単位である．アミンはアンモニアに類似しているが，アンモニアの水素原子の一つあるいはそれ以上がアルキル基（たとえば CH_3 基）やフェニル基で置換された化合物である．一つの水素が置換したものは第一級アミンとよばれる．第一級アミンはアミノ酸とよばれる一連の重要な化合物の基本構造である．同様に二つまたは三つの水素が置換された場合は，それぞれ第二級アミン，第三級アミンとよばれる．それらの例を以下に示す．

- NH_3：アンモニア．炭素を含まないのでアミンではないが，その構造や性質はアミンに類似している．
- 第一級アミン
  CH_3NH_2：メチルアミン（アミノメタンともいう）
  $CH_3CH_2NH_2$：エチルアミン（アミノエタンともいう）
- 第二級アミン
  $(CH_3)_2NH$：ジメチルアミン
  $CH_3NHCH_2CH_3$：N-メチルエチルアミン
  $(CH_3CH_2)_2NH$：ジエチルアミン
- 第三級アミン
  $(CH_3)_3N$：トリメチルアミン（魚の臭いがする）
  $(CH_3CH_2)_3N$：トリエチルアミン

アンモニアと同じように，アミンの水溶液はアルカリ性で高いpH値をもつ（図5・1）．第三級アミンがアルカリ性が最も強く，第一級アミンが最も弱

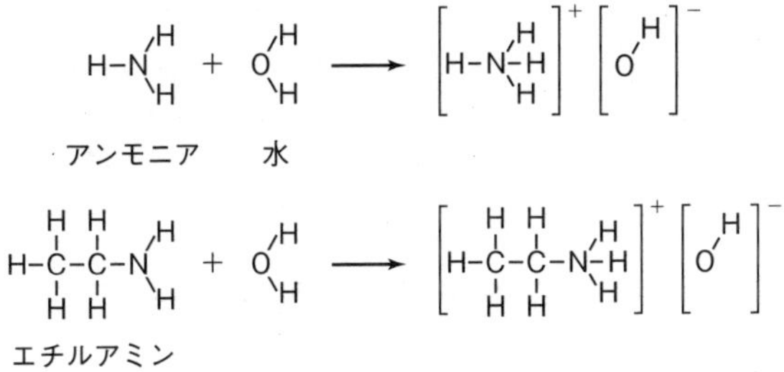

図5・1　アミンは水溶液中でアルカリ性を示す

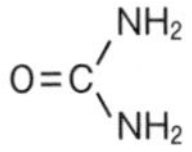

い．低分子のアミンはアンモニアに似た魚臭がする．体内でタンパク質やアミノ酸が分解すると，最終的に窒素化合物である尿素〔$CO(NH_2)_2$〕となり尿から排泄される（図5・2）．

図5・2　尿　　素

5・2 アミノ酸

メチルアミン（NH_2CH_3）の炭素上の一つの水素をカルボキシ基（COOH）で置き換えると，最も単純なアミノ酸であるグリシン（NH_2CH_2COOH）となる．一つの分子中にアミノ基とカルボン酸部分が存在するので，**アミノ酸**とよばれる．タンパク質をつくっているアミノ酸は20種類あり，そのほとんどがグリシンの炭素上の水素がいろいろな炭素置換基に置き換わったものである．

この特異な構造をもつアミノ酸類はすべての生物にとって必須のものである．1分子中に塩基性置換基（NH_2）と酸性置換基（COOH）をもつ両性物質であるので，周りの液性によって，塩基としてあるいは酸として働くことができる．この酸性度に左右されやすいアミノ酸分子の性質こそが私たちの細胞にとって不可欠なのである．

水溶液の酸性度はpH値で定量的に表すことができる．pH値は水素イオン濃度を1～14の間で表す．pH1～6の水溶液は酸性，pH7は中性，pH8～14は塩基性である．その値が小さいほど酸性は強く，逆に，大きいほど塩基性が強い．

$NH_3^+CH_2COOH$
（酸性水溶液中）

OH^- ⇅ H^+

$NH_3^+CH_2COO^-$
（双性イオン）

OH^- ⇅ H^+

$NH_2CH_2COO^-$
（アルカリ性水溶液中）

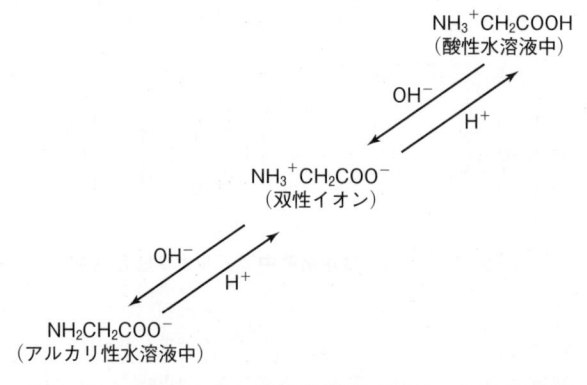

図5・3　酸溶液，アルカリ溶液中のグリシンの化学構造

アミノ酸はその溶液のpH値が変わると，以下のようにその構造が変わる．強い酸性中ではアミノ酸は陽イオン$NH_3^+CH_2COOH$として存在する．その溶液にOH^-イオンを加え，アルカリ性溶液に変えていくと，1分子中に正と負の両方の電荷が存在する**双性イオン**$NH_3^+CH_2COO^-$が生成する．さらにア

ルカリ性になると，NH_3^+ 基からプロトン（H^+）が引抜かれて，陰イオン $NH_2CH_2COO^-$ となる．$NH_2CH_2COO^-$ に酸（H^+）を加えていくと，逆の流れで反応が起こる（図5・3）．この一連の変化が，タンパク質やアミノ酸からできている体細胞の最適な pH 値の維持に役立っている．

上記の変化を反応式で示す．

$$NH_3^+CH_2COOH + OH^- \longrightarrow NH_3^+CH_2COO^- + H_2O$$
$$NH_3^+CH_2COO^- + OH^- \longrightarrow NH_2CH_2COO^- + H_2O$$
$$NH_2CH_2COO^- + H^+ \longrightarrow NH_3^+CH_2COO^-$$
$$NH_3^+CH_2COO^- + H^+ \longrightarrow NH_3^+CH_2COOH$$

電荷をもつアミノ酸分子は過剰な酸やアルカリを中和することができるので，細胞内や胃液など体液中の酸性度を調整する優れた性質をもつ．胃の内膜を覆っているタンパク質の構造によって，胃の中の酸性度が保たれ pH 値が調節される．その pH 値はしばしば暴飲暴食で変動する．このように pH 値を安定に保つものを**緩衝液**とよぶが，詳しくは第9章で学習する．

5・3 ペプチド結合の生成とタンパク質の生成

二つあるいはそれ以上のアミノ酸が縮合して，**ペプチド**が生成する．脱水することにより分子が結合することを縮合という（図5・4）．この反応は，試

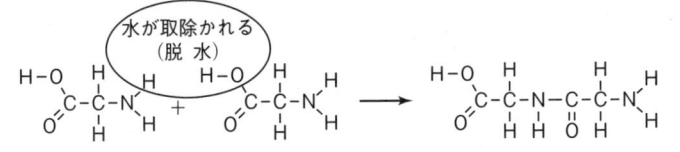

図5・4 ペプチド結合 二つのアミノ酸の縮合によりペプチド結合が生成する．

験管内でも達成できるが，つねに私たちを含む生命体の細胞内で行われている．

$$H_2NCH_2COOH + H_2NCH_2COOH \longrightarrow H_2O + H_2NCH_2\mathbf{CONH}CH_2COOH$$

このようにして生成した CONH 結合はアミド結合またはペプチド結合とよばれる．多くのアミノ酸がこのペプチド結合でつながれて生成する大きな化

合物を**ポリペプチド**または**タンパク質**とよぶ．一般にアミノ酸50個以下のアミノ酸重合体をポリペプチドといい，50個以上のものをタンパク質とよぶ．

　私たちの体が必要とするタンパク質は，遺伝子によってあらかじめ決められたとおりの順番でアミノ酸が結合して正確に生成される．したがってアミノ酸はきわめて重要な物質である．タンパク質によっては何百というアミノ酸単位が鎖となっている．細胞内には，必要とされる機能をもつタンパク質を小さなアミノ酸単位から合成する場所がある．

5・4　ペプチドの加水分解

　前節でペプチドの生成について学んだが，異なる環境においてはその逆の反応が起こる．すなわち水分子によってタンパク質のペプチド結合が開裂する反応で，多くの場合，酵素触媒の存在下や酸性溶液中で起こる．このようにタンパク質が水により切断される反応を**加水分解**という（図5・5）．

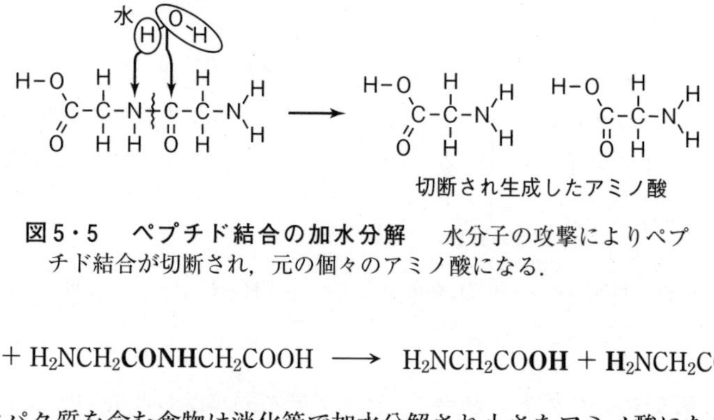

図5・5　ペプチド結合の加水分解　水分子の攻撃によりペプチド結合が切断され，元の個々のアミノ酸になる．

$$H_2O + H_2NCH_2CONHCH_2COOH \longrightarrow H_2NCH_2COOH + H_2NCH_2COOH$$

　タンパク質を含む食物は消化管で加水分解され小さなアミノ酸になる．生成したアミノ酸は血中を通り細胞に運ばれる．この小さなアミノ酸単位はネックレスをつくる際のビーズにたとえられる．いろいろなビーズを順番につないでデザインしたとおりのネックレスをつくるように，細胞内ではいろいろなアミノ酸を決められた順番で連続的につなぎ必要なタンパク質をつくる．アミノ酸はそのために出番を待っている小さなビーズのようなものである．細胞内で製造されるタンパク質は食物から取入れたタンパク質とは異なるものである．これこそ，食品中のタンパク質が一度小さなアミノ酸単位に

切断される理由である．ばらばらにされたアミノ酸は再配列され，細胞が必要とする特異的なタンパク質につくり変えられる．

さまざまなタンパク質の鎖を形成するアミノ酸は基本的には20種類ある．2000ものアミノ酸単位の組合わせから成るタンパク質もある．どのタンパク質も長い鎖状，らせん状，球状など固有の特徴ある形をしている．それらの形状が個々のタンパク質の特異性や固有の性質に影響を及ぼしている．

5・5 アミノ酸のその他の性質

どのタンパク質にもそれらが酵素や受容体などとして働く最適なpH値と温度がある．pH値や温度があまりにも変化すると，そのタンパク質の固有の形状が保てなくなったり，場合によっては，ペプチド結合が切断されてしまう．これをタンパク質の**変性**という．卵の白身は透明で流動性があるが，フライパンで熱すると固まり，弾性が出てくる．それは卵のタンパク質が変性したからである．

"ワンダーパワー"という酵素を加えたユニークな洗剤がある．酵素によって汚れの分子を壊すという．テレビコマーシャルでは，エプロン姿の美人が"ワンダーパワーを使うとき，お湯は絶対だめ，酵素がこわれちゃう"と呼びかける．

水の中では酵素が働き，タンパク質や体の垢などの汚れを壊して布から取除く．なぜお湯の中ではだめかって？それは，酵素はタンパク質なので熱によって変性し，不活性化されてしまうからである．

5・6 タンパク質の代謝

食物中のタンパク質はそのままでは大きすぎて細胞膜を通過できないので，消化によって小さなアミノ酸単位まで切断される．胃の中に存在する強酸である塩酸により，タンパク質は変性し，これによって酵素の加水分解を受けやすくなり分解される．小さなアミノ酸は小腸の絨毛から吸収され，血液に入り，肝臓に運ばれる．アミノ酸は将来必要になるときのために蓄えられるのではなく，生成されるとただちに細胞に必要なペプチドやタンパク質をつくるのに使われる．

タンパク質の合成過程は成長ホルモンまたはインスリンによって促進され

る．多くの種類のタンパク質があるが，それぞれ異なる役割をもっている．酵素として体液や細胞中の化学反応を触媒するタンパク質や，骨髄の中でヘモグロビンに合成される．また，他のタンパク質は筋肉や，ホルモン，コラーゲン，エラスチンなどの物質をつくるのに使われる．

　タンパク質は貴重なものであるから，健常人からはふつう排泄されない．しかし，グルコース合成において糖に変換されたり，脂質合成で脂質に変換される．利用されなかったタンパク質は壊されて小さなアミノ酸単位に戻され，新しいタンパク質をつくるのに再利用される．私たちが生活のなかで古着をリサイクルするように，生体も使われていないタンパク質をアミノ酸に戻して必要なタンパク質合成に再利用するすばらしい仕組みをもっている．再利用されないアミノ酸はふつう尿素に変えられ尿中へ排泄される．

　私たちの体をつくるタンパク質を構成しているアミノ酸は20種類である．そのうち，10のアミノ酸は体内でつくることができず，食物から摂取せざるをえないので，**必須アミノ酸**とよばれる．それ以外の10のアミノ酸は重要であるが，タンパク質からつくられる．細胞内で起こるその過程はアミノ基転移反応とよばれ，体は不要となったタンパク質の加水分解により生成したアミノ酸のアミノ基を使って必要なアミノ酸をつくる．

5・7　核酸 —— DNA と RNA

　核酸は三つの構成単位から成るユニットが連なった大きな重合体（ポリマー）である．三つの構成単位とは，核酸塩基，糖，リン酸である．核酸はすべての生物に存在し，タンパク質の合成と遺伝的な性質の決定に必須である．核酸は個々の遺伝子コードをもっていて，タンパク質を合成する際に固有のアミノ酸配列の順序を指令する．

　デオキシリボ核酸（deoxyribonucleic acid：**DNA**）とリボ核酸（ribonucleic acid：**RNA**）は全生物の細胞核中にあり，どのような生体物質をつくるのか，あるいは壊すのか，いつそれらを開始するのかを細胞に伝達する．塩基部分は，DNAではアデニン（A），チミン（T），グアニン（G），およびシトシン（C）の四つの含窒素化合物である．RNAではチミン（T）の代わりに，ウラシル（U）が含まれている（図5・6）．四つの塩基はDNAではデオキシリボース，RNAではリボースの1位ヒドロキシ基と置換して結合している．リン酸基も糖をつないで長鎖重合体を構築しているので，核酸の構造にとって必

5・7 核酸──DNAとRNA

図5・6 核酸塩基 糖と塩基が結合したものをヌクレオシドとよぶ．

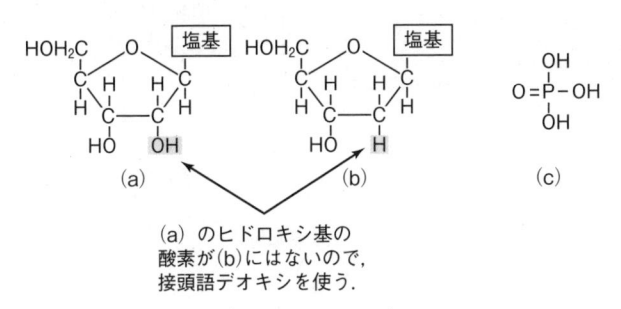

図5・7 (a)**リボヌクレオシド** (b)**デオキシリボヌクレオシド** (c)**リン酸**
ヌクレオシドにリン酸が結合したものをヌクレオチドという．

須の構成単位である（図5・7）．三つの化合物から成るユニット（ヌクレオチドとよぶ：図5・8）が重合してつながり，非常に長いらせん状にねじれた鎖が形成される．DNAは2本の鎖が対をなし，二重らせん構造で存在する（図5・9）．RNAは一本鎖である．

DNAとRNAの詳しい説明は本書では省略するが，DNAの正確な三次元構造はCrick, Watson, WilkinsとRosalind Franklinによって明らかにされた．DNA構造の発見については魅力的な文献がある．それに関する詳細で面白い記述が，DNA構造の発見50周年を記念して2003年3月15日発行のNew Scientistの特別号に掲載された[1]．[訳注：ほかにもWatsonの書いた"二重らせん"（講談社文庫）がおすすめ]

図5・8　(a) RNA の部分構造　(b) DNA の部分構造

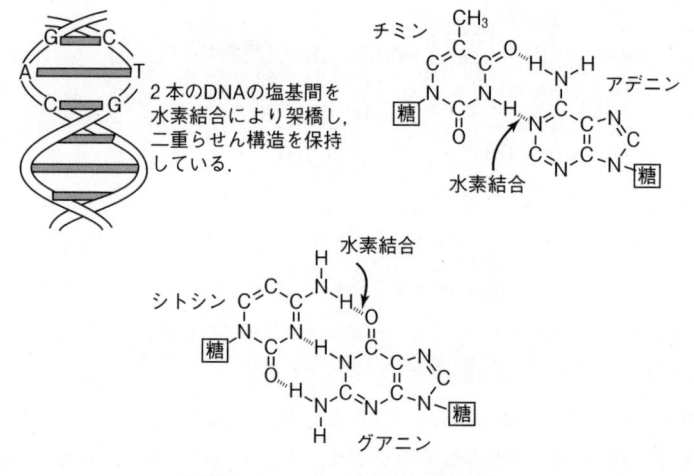

図5・9　DNA 中の水素結合

　全細胞からすべての DNA を取出し，端と端をつなぎ合わせたとすると，その長さは地球と太陽の間を 600 回往復するほどになることを知っているだろうか？　私たちの細胞はおおよそ 60 兆個あり，それぞれに何千という DNA 分子がある．細胞内のそれらの分子は，つねに化学的なあるいは自然環境からのさまざまな攻撃にさらされている．したがって体内ではそれに応じるために，それらの構造を再構築する修復作業がなされている．体内

の細胞は化学物質やフリーラジカルによる酸化,紫外線,タバコの煙などの有害な攻撃を毎日約 10^{20} 回受けている.迅速に修復されなければ,細胞が変形したり,分子の損傷により癌などの病気になる.それゆえバランスのよい食事を規則的にとることが健康的な生活に必須である.スナック食品ややせるための健康食品では,必須なタンパク質やミネラルが不足することがある.

"昨夜,キャンパス内でマスクをした男による強姦未遂があったことをあなたは知っている? フレッドも他の男子学生と同じように,警察から DNA 鑑定のために髪の毛か皮膚のサンプルを提供するように求められたようよ.警察で何がわかるのかしら?"

DNA 鎖のある部分の配列はそれぞれ個人特有のもので,他人の DNA にはそれと同じ配列はありえない.したがって,DNA 鑑定は個人を特定する手段に用いられる.わずかな体毛や,皮膚の小片,あるいはほんの一滴の体液があれば,分析によりその部分の DNA の塩基配列を明らかにすることができる.

DNA の二重らせんは**水素結合**によってその構造が保持されている(図 5・9).塩基であるグアニンとシトシン,アデニンとチミンの間の点線で水素結合が示されている.水素結合の働きと機構については第 8 章で詳しく学ぶ.ここでは O と H,N と H の原子間に水素結合が存在している例が示されている.これらの水素結合がなければ,らせん構造はほどけてしまい,私たちは生きていられない.だから,今生きてここを読んでいる諸君は,自分の DNA がらせん状により合わされていると確信できるだろう.

5・7・1 最近の発見

ボルチモアの 2 人の研究者が HIF(低酸素誘導因子)というタンパク質を発見した.HIF は赤血球細胞の中で血液の新生と酸素レベルを調節する働きをしているので,腫瘍や癌の治療および心筋梗塞からの回復促進に必須なタンパク質である[2].

> **診断テストの解答**
>
> 1. CH_3NH_2, メチルアミンまたはアミノメタン　　　　　　　　[2点]
> 2. アミノ酸　　　　　　　　　　　　　　　　　　　　　　　　[1点]
> 3. （i）$NH_2CH_2COOH + HCl \longrightarrow (NH_3^+CH_2COOH)\,Cl^-$　　[2点]
>   （ii）$NH_2CH_2COOH + NaOH \longrightarrow NH_2CH_2COO^-\,Na^+ + H_2O$　[2点]
> 4. $NH_2CH_2COOH + NH_2CH_2COOH \longrightarrow$
>   　　　　　　　　　　　　　$NH_2CH_2CONHCH_2COOH + H_2O$　[2点]
> 5. CONH 結合（アミド結合またはペプチド結合）　　　　　　　[1点]

発展問題

1. アンモニアとアミンの相違点と類似点を書け．
2. アミンとアミノ酸はどこが類似しているか説明せよ．
3. グリシン（NH_2CH_2COOH）を用いて，それが酸性溶液とアルカリ性溶液中で生成する異なる形の塩を書け．アミノ酸のように分子中に酸と塩基の両方が存在する化合物を何とよぶか．アミノ酸がpH値を制御する緩衝液として働く機構を説明せよ．
4. 3分子のグリシンから成るトリペプチドの構造を書け．
5. DNA および RNA を形成している基本的な構成単位の名前は何か．
6. DNA の二重らせんには水素結合が存在する．水素結合にかかわっている原子の名前は何か．DNA の構造中で水素結合はどのような役割をしているか．
7. どのような場合にタンパク質が活性を失い変性するのか列挙せよ．

参考文献

1. The special issue of *New Scientist* of 15 March 2003 to mark the 50 years since the discovery of the structure of DNA.
2. The master protein. *Education in Chemistry*, 2002, **39**（6, Infochem), 2〜3.

6

ビタミン，ステロイド，ステロイドホルモン，酵素

到達目標

この章では，これまで学んできた基本的な化学を振返りながら，いくつかの重要な生体分子について学習する．

- 代表的なビタミン，ステロイド，ステロイドホルモン，および酵素を列挙できる．
- 代表的なビタミン，ステロイド，ステロイドホルモン，および酵素の生体内での役割を説明できる．
- 化学的知識を用いて，健康な生活におけるバランスのよい食事の大切さを説明できる．

診断テスト

この小テストを解いてみてください．もし，80％以上の点がとれた場合はこの章を知識の復習に用いてください．80％以下の場合はこの章を十分学習して，最後に，もう一度同じテストを解いてください．それでも80％に満たなかったら，数日後，本章をもう一度読み直してください．

1. ビタミンとは何か． [1点]
2. ビタミンCはどのような食物に含まれているか． [1点]
3. コレステロールの一般的によく知られる働きは何か． [1点]
4. 生体内の化学反応における酵素の役割は何か． [1点]
5. テストステロンは筋肉の成長速度を制御しているが，それはどの器官から分泌されるか． [1点]

全部で5点（80％＝4点）．解答は章末にある．

Chemistry: An Introduction for Medical and Health Sciences, A. Jones
© 2005 John Wiley & Sons, Ltd

6. ビタミン，ステロイド，ステロイドホルモン，酵素

> 私の姉は妊娠している．医師は彼女にビタミンである葉酸を処方している．私の祖母は84歳で物忘れがひどい．医師は祖母にも葉酸の錠剤を処方している．もちろん，祖母は妊娠していない．私の父は最近軽い心筋梗塞を起こし，やはり医師から葉酸を処方された．なぜ医師は3人に葉酸が必要と考えたのだろうか．[訳注：わが国では後の二つの使用法は保険適応になっていない．]

6・1 ビタミン

> 'I take my vitamins and train in gym,　Don't eat junk food and drink no gin.
> Keep off fats and eat my greens,　When outside put on sun screens.
> Do my exercises and run quite stealthy　I do all this because I want to die healthy.'
> [訳：私はビタミンをとり，ジムで鍛える．スナック菓子は食べず，ジンも飲まない．脂肪は控え，野菜を食べる．外出するときには日焼け止めを塗る．運動を続け，こっそりとランニングまでしている．なぜって，健康なまま死にたいからだよ．]

　最近，ビタミン剤をとる必要があるかどうかの議論があった．**ビタミン**(vitamin)の語源は vital amine（生命を保つのに必要なアミン）である．ビタミンは私たちの体にとって不可欠な化学物質の一群である．

　ビタミンの名前の後ろにはアルファベットがつけられているが，その順番は発見された順であって，その化学構造とは関係なく，また重要性の順でもない．最初，ビタミンはたった一つ"Bビタミン"だけだと考えられていた．ところが分析の結果，それはいくつかの化合物の複雑な混合物だということが判明した．したがって，Bビタミンはいろいろなアルファベットをもつ別々のビタミンに分けられた．さらに，分けられていたビタミンのいくつかは，精緻な分析によりすでにアルファベットが与えられていた他のビタミンと同じであることが明らかになった．それら（ビタミンFとG）に二つの名前は必要ないので取除かれた．

　ビタミンは私たちの体の中で非常に少量が使われ，健康な生活に必要な他の物質をつくることを助ける．ビタミンは2種類に分けられる．

- 油に溶けて水に溶けないビタミン: ビタミン A, D, E, K
- 水溶性ビタミン: ビタミン B, C

　脂溶性ビタミンは体内の脂肪に溶け，その中に蓄えられる．それらがあまりにも高濃度になると，ビタミン過剰症という病気になる．たとえばアザラシの肝臓は特にビタミン E に富んでおり，多くの人にとってそのとりすぎは有害である．ただ，それを食べている北米のイヌイットの人たちの場合は，代謝がうまく機能し有害とはならない．

　水溶性ビタミンは構造中に親水性の極性置換基（たとえばヒドロキシ基）をもつ．水溶性ビタミンは長い時間体内に留まることなく排泄される．したがって果物や新鮮な野菜をつねに食べることで体内に取入れなくてはならない．

6・1・1　ビタミン A（レチノール）

　ビタミン A（レチノール）は乳製品や卵，魚油，野菜（特にニンジン）に含まれる（図 6・1）．それは正常な成長を促進し，視力の保持に必要である．したがってビタミン A の欠乏は発育阻害や夜盲症の原因となり，極端な場合には失明する．角膜の乾燥によるドライアイはビタミン A 不足からひき起こされる．眼の視覚色素であるロドプシンの重要な部分であるレチナールはビタミン A から生体内でつくられる．

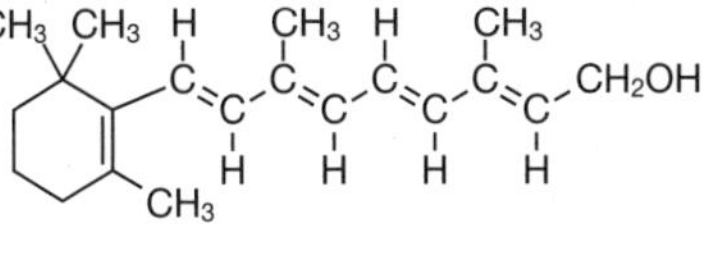

図 6・1　ビタミン A（レチノール）

　ビタミン A の化学構造には多くの二重結合があり，また，一つのヒドロキシ基（OH 基）がある．ビタミン A は脂溶性であり，そのとりすぎは先天異常と関係があるので，妊娠初期はビタミン A のサプリメントを避けるように注意すべきである．

　タラの肝油はビタミン A を含んでいるので，小児の食事によく加えられた．それは第二次世界大戦中，食料が乏しかった英国で実際にあった話であ

る．その臭くてまずい飲み物を飲むためにいつも何かごほうびを要求したことを今でもよく覚えている．私はこのことを書きながら，そのときのことを思い出すだけで今でもぞっとする．タラの肝油は今では関節炎に悩む人に勧められている．ビタミンAが軟骨細胞に取込まれ，その破壊を妨げることに役立つからである[1]．この効果はビタミンA中の脂肪酸部分の方によっている．

6・1・2 ビタミンB群

ビタミンB群には，Bの後に番号がつく多くのビタミンがある．いずれも水溶性なので，バランスのよい食事からつねに摂取するように心がけねばならない．それらの化学構造には共通性はまったくない．おのおのの役割は少しだけ違うが，いずれも皮膚や筋肉および体全体の健康維持のために，食物からエネルギーを取出す際の制御や促進にかかわる補酵素の役割をする[2]．

ビタミンB_1（チアミン）は炭水化物がエネルギーを生み出すことを補助し，また，神経反射を制御する物質をつくる役割をもつ（図6・2）．ビタミンB_1のおもな欠乏症は脚気である．脚気は足がしびれたりむくんだりする病気で，心臓も弱くなる．ビタミンB_1は多くの食物，特に肝臓（レバー），腎臓，豚肉，酵母，卵黄，穀物に多く含まれる．朝食にとるシリアルのような食品には，1日に必要な量のチアミンが加えられている．

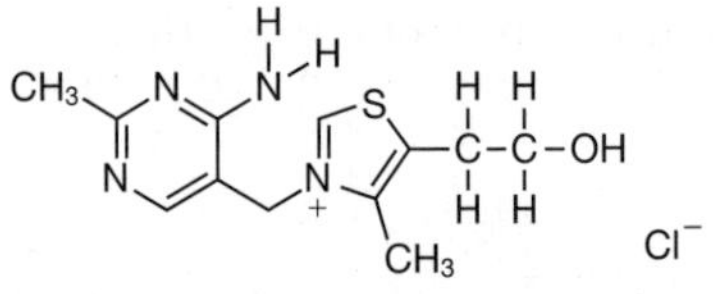

図6・2 ビタミンB_1（チアミン）

ビタミンB_2（リボフラビン）は細胞呼吸における脂肪，炭水化物，タンパク質の代謝を助ける補酵素である（図6・3）．また，必須の粘液物質の生成にも補酵素として役立つ．欠乏すると唇のひび割れ（口唇炎）になる．ビタミンB_2は肉類，魚，卵黄，肝臓，全粒粉や濃緑色野菜に含まれる．

余談だが，漫画のポパイを知っているだろうか．ポパイのようにホウレン

ソウを食べて強くなろう．ポパイは口唇炎にはならなかったのでは．しかしブルートはポパイにノックアウトされたときには唇が切れただろう．なぜなら，ブルートはホウレンソウを食べずに，オリーブオイルばかり見つめていたから．そうオリーブオイルはポパイのガールフレンドだ．

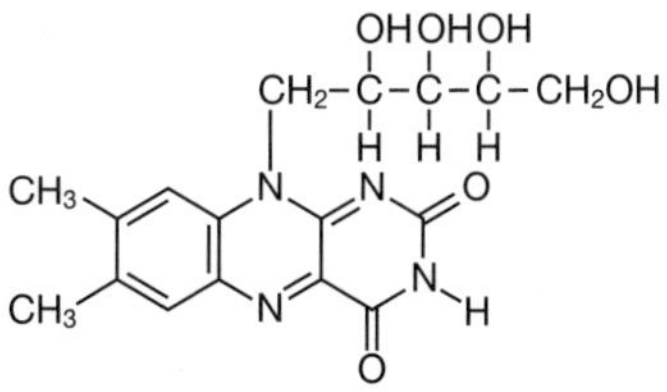

図6・3　ビタミン B_2（リボフラビン）

　ビタミン B_3（**ナイアシン**）はニコチン酸とニコチン酸アミドの総称であり，食物からのエネルギーの放出にかかわる（図6・4）．欠乏するとペラグラになる．日光の当たる部分に炎症が起こる皮膚疾患である．極端な場合，中枢神経に影響が及び，うつ病や精神錯乱が起こる．ナイアシンを含むものには，肉類や肝臓，ナッツ類，緑黄色野菜，全粒粉，サケやマグロがある．適度に摂取すると血液中のコレステロールを減少させるが，とりすぎると肝臓や胃腸などに障害を与えるので注意しなければならない．

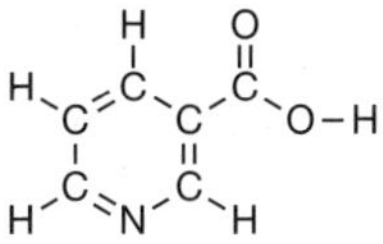

図6・4　ニコチン酸

　ビタミン B_5（**パントテン酸**，$C_9H_{17}NO_5$）は脂肪や脂肪酸の代謝にかかわるビタミンである．体内の腸内細菌によってつくられ，その欠乏による体への影響はよく知られていない．

　ビタミン B_6 はピリドキシン（$C_8H_{11}NO_3$），ピリドキサール，ピリドキサミンなどの総称であり，アミノ酸と脂肪の吸収と代謝および赤血球細胞の生成に必要なビタミンである．肉類，果物，全粒粉のバランスのよい食事により，健康な生活に十分なビタミン B_6 をとることができる．欠乏すると口の端の

ひび割れなどの口角炎,めまい,吐き気,貧血や腎結石の症状が出る.

ビタミン B_{12}(コバラミン,狭義にはシアノコバラミン,$C_{63}H_{88}CoN_{14}O_{14}P$)は最も複雑な構造をもつビタミンである.一つのコバルト原子が分子中に含まれ,それが名前の由来である.微量ではあるが,それがないとタンパク質や赤血球の生産に影響が出る.肝臓,卵,肉類,魚,牛乳に含まれており,欠乏すると悪性貧血になる.菜食主義者はサプリメントとしてビタミン B_{12} を摂取するよう注意されている.

そのほか,**葉酸**($C_{19}H_{19}N_7O_6$)もビタミンBの一種で,ビタミン B_9 ともよばれる(図6・5).葉酸はヘモグロビンの生成に必要とされる.それはバラ

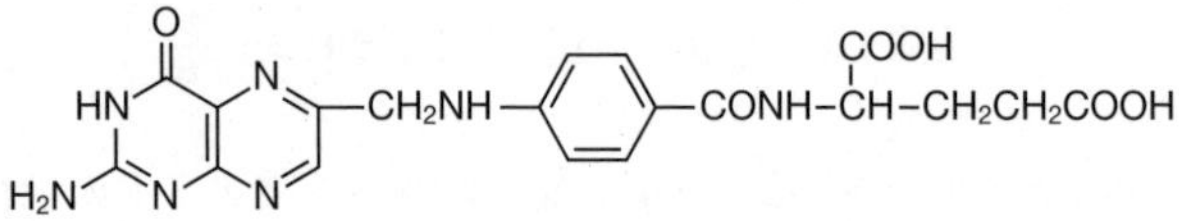

$$\text{図の構造式:} \quad \text{プテリジン環}-CH_2NH-\text{C}_6H_4-CONH-CH(COOH)-CH_2CH_2COOH$$

図6・5 葉 酸

ンスのよい食事をとれば問題ないが,長い間保存された食品や冷凍食品では失われるので,新鮮な食物の摂取がより好ましい.水溶性ビタミンなので,つねに摂取する必要がある.それは酸の状態で,あるいは塩として濃緑色野菜,新鮮な果物や肝臓のほか,酵母や全粒粉にも含まれる.最近になって,葉酸の存否が何に影響を与えるかが明らかになってきた.その欠乏が正常なDNA合成を妨げ,癌細胞の生成を含む各種細胞の異常を導く.

妊婦は自分自身と胎児のヘモグロビン生成のために,サプリメントとして葉酸をとることを勧められる.また,出生児の神経管閉鎖不全などの発症リスクを低減できる.神経管閉鎖不全は脳や脊髄や脊椎の不完全な発達によりひき起こされ,無脳症や二分脊椎が障害として現れる.二分脊椎は神経管閉鎖不全の一つであり,妊娠初期に神経管が閉鎖されないことにより起こる.出生児1000人に1人の割合で発生している.いまや,妊婦だけでなく,妊娠を希望している女性も,当たり前のように葉酸をサプリメントとしてとる時代である.しかしながら妊娠の50%は期待されたものでなく,また計画的なものでない.したがってそれらの場合,妊娠する前に葉酸を飲むことは不可能であり,また妊娠1カ月後の服用では神経管閉鎖不全を防ぐのには遅すぎるのである.日頃からバランスのよい食事をとる必要がある.

最近の注目すべき研究に、葉酸の摂取が中高年の卒中の発作や心臓病の発生を減少させるという報告がある。葉酸がホモシステインというアミノ酸の血中濃度を低下させる。ホモシステインが高レベルに存在すると有害な遊離基（フリーラジカル、たんにラジカルともいう）を発生させ、冠状動脈に損傷を与えると考えられている。遊離基は細胞膜を傷つけ、動脈内に沈着物をつけ、血小板凝集を促進し血栓症をもたらす。

高齢者、特にアルツハイマー病患者では、血中の葉酸値が低くホモシステイン値が高いことがわかっている。それゆえ、生涯を通じて果物や野菜を加えた健康的なバランスのよい食事をとらなければならない。そのほかにもビタミンB類には微量に存在するものがあるが、その正確な役割は十分には解明されていない。

6・1・3 ビタミンC

ビタミンC（アスコルビン酸）は水溶性の分子である（図6・6）。ビタミンCの欠乏により壊血病になる。帆船による大航海時代、英国の船乗りはこのことを知っており、オーストラリアへのような長旅の場合、果物、特にレモンやライムを積み込んだものである。そのようなわけで、英国の船乗りたちはオーストラリア人から"ライミーズ"の愛称で呼ばれていた。

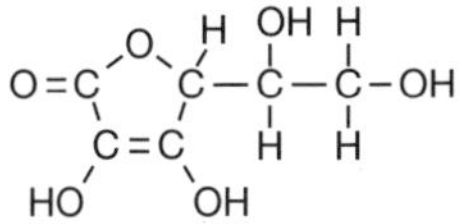

$$\begin{array}{c}\text{O=C}-\text{O}\\|\quad\quad\;\;\text{H OH H}\\\text{C}-\text{C}-\text{C}-\text{C}-\text{OH}\\\|\quad\quad\;\;\text{H H}\\\text{C=C}\\|\quad\;\;|\\\text{HO}\;\;\text{OH}\end{array}$$

図6・6　ビタミンC（アスコルビン酸）

ビタミンCを毎日とりつづけることは皮膚を健康に保つために必須であり、また健康な日常生活にもつながる。"1日1個のリンゴは医者いらず"という言い伝えがあるが、ビタミンCのことを考えると意味がある。

ビタミンCは柑橘類を含む全部の果物、緑色野菜、トマト、トウガラシ、芽キャベツ、ブロッコリーなどに含まれる。水溶性ビタミンであり、体から容易に排泄されるので、新鮮な野菜や果物をつねにとり入れなければならない。バランスのよい食生活をしていれば、サプリメントとしての過度のビタ

ミンは必要ない.

ビタミンCは,体内に長く留まると細胞の腫瘍化をもたらすニトロソアミン類の生成を妨げる効果をもつことが明らかにされた.1999年,アメリカ化学会年会で,"ビタミンCの大量摂取がストレスを取除く効果的な方法になるかもしれない"と発表された.その研究はネズミの個体群で行われたが,ヒトへの応用を視野に入れて研究が続けられている.

6・1・4 ビタミンD群

ビタミンD(カルシフェロール)には密接な関連をもつ二つのタイプ,ビタミンD_2とビタミンD_3がある.両方とも脂溶性であるので,体内に蓄えられる.ビタミンD_2(エルゴカルシフェロール)は野菜や乳製品を含むバランスのよい食事からとることができる.ビタミンD_3(コレカルシフェロール)は日光を浴びることにより皮膚中で反応が起こり,生成される(図6・7).

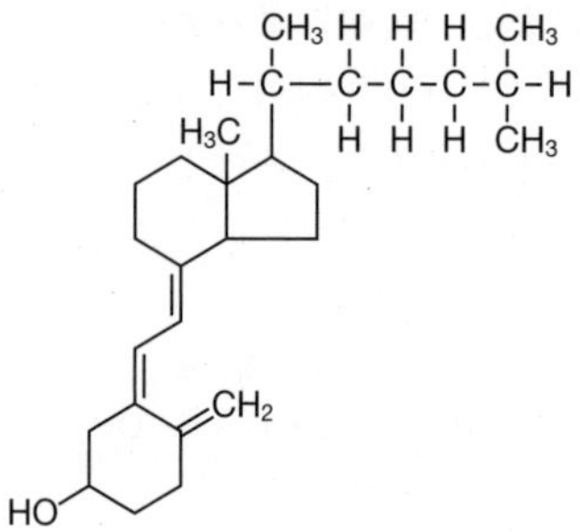

図6・7　ビタミンD_3(コレカルシフェロール)

太陽の光が皮膚中でプロビタミンD(またはビタミンD前駆体)を使用に適したビタミンDへ代謝するのに役立つ.日照の少ない英国で冬を過ごすには,十分なビタミンD生成のために日光を浴びることが必要である.北欧ではさらに深刻である.ビタミンDの体内での濃度が低いと,骨量の減少や骨粗しょう症,くる病などの骨の病気になる.英国の公共医療サービスのガイドラインによれば,1日のビタミンDの必要量は約10 μgである.特に室内にいる時間が長く,また,衣服で体を覆い日光を浴びない高齢者たちには

サプリメントとしてビタミンDをとるように勧めている．少しの太陽光線でも有益だが，効果的であるためには，光を浴びる時間や光量が十分でなくてはならない．熱帯では，太陽の光は薄い衣服を通しても十分に吸収される．北の国々の気候では，直接光を浴びることが最善である．近年，英国の北部に，カリブやアジアのような太陽がいっぱいの地域からの居住者が増えてきている．もともと強い陽射しから体を守るようにできている皮膚の色のせいで，彼らは十分な量のビタミンDを体内で効果的につくるのに必要十分な太陽光線を吸収することができない．一部の人はビタミンD不足のために皮膚が退色するので，サプリメントとしてビタミンDをとることが勧められる．

ある地域社会において，腰骨の変形はビタミンD不足によるものと考えることができる．現在，英国に住むアジア系老婦人たちの歩行や動作にみられる顕著な横揺れが骨の変形によるものだと注目されている．

ビタミンDは体内でカルシウムとリンを効果的に代謝するのに必要である．太陽光線はビタミンDの生成に大切だが，紫外線を過剰に受けると皮膚細胞の異常な細胞分裂，ひいては皮膚癌の可能性も誘発するので十分注意しなければならない．

6・1・5 他のビタミン類

以下に述べるその他のビタミンは少量必要だが，いずれもバランスのよい食事により十分な量を摂取できる．

- ビタミンE（トコフェロール，$C_{29}H_{50}O_2$）：細胞膜の脂質を遊離基（フリーラジカル）による酸化から防ぐ抗酸化剤として働く（図6・8）．植物油中に十分な量のビタミンEが存在する．

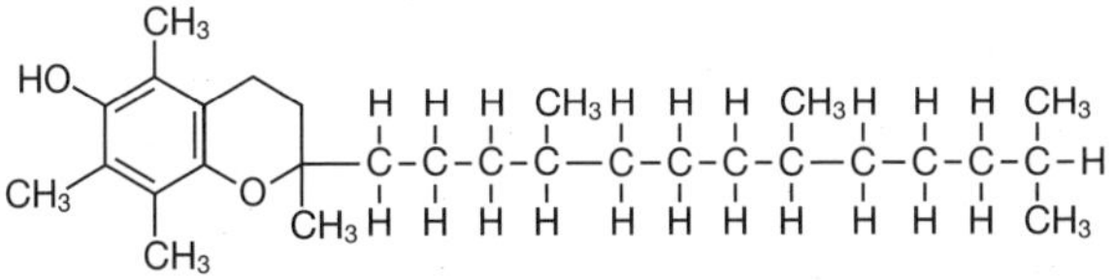

図6・8　ビタミンE（α-トコフェロール）

- ビタミン H (**ビオチン**, $C_{10}H_{16}N_2O_3S$)：ほとんどの食物がビオチンを含んでいるので，このビタミンの欠乏はまれである（図6・9）．

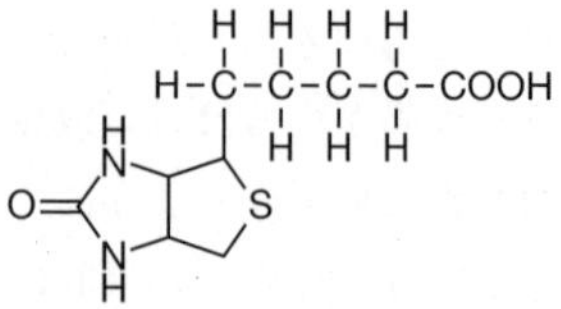

図6・9　ビオチン

- ビタミン K：ビタミン K には化学構造が少しだけ異なるいくつかの種類があるが，その基本構造は同じである（図6・10）．それらは血液凝固作用をもつ．ビタミン K_1 はホウレンソウやキャベツをはじめ多くの野菜に含まれる．ビタミン K_2 はおもに微生物によってつくられ，発酵食品である納豆に多く含まれる．抗凝血剤として用いられているワルファリンはビタミン K の活性を遮断することにより作用する．したがってワルファリンを使用中は納豆を食べないようにした方がよい．

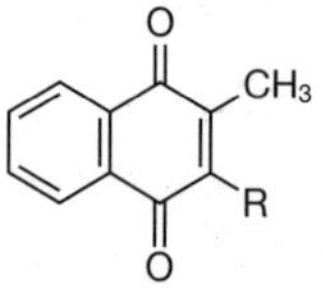

図6・10　ビタミン K

　これらのビタミン欠乏のほとんどは十分にバランスのとれた食事によって克服できることがわかっただろう．若者のなかには肉や野菜にこだわって偏食するものもいるが，将来の健康な生活を奪うことになる．諸君が何を食べたらよいかを理解し，患者や若者に十分なアドバイスができるようになることを期待している．

6・2　ステロイドとステロイドホルモン

　1988年のソウルオリンピックでカナダの選手 Ben Johnson は禁止薬物であるタンパク同化作用をもつステロイドを使用したために，金メダルと最速

ランナーの称号を剥奪された．ステロイドとは何だろうか．なぜスポーツ競技において使用が禁止されているのだろうか．

　100 m 走欧州記録保持者であった英国の Dwain Chambers は，2004 年 2 月にデザイナーステロイドとよばれる合成ステロイド THG（テトラヒドロゲストリノン）を服用したことで罪に問われ，2 年間競技への出場を禁止された．彼は THG が化学的には禁止薬物と関係があるが，THG 自身はドーピング違反に制定されていないことを根拠に訴えた．

　すべての**ステロイド**は図 6・11 に示される基本骨格をもっている．それらは四環性の構造であり，四つの環のうち三つは六員環，残りの一つは五員環である．ステロイドは脂溶性の化合物である．

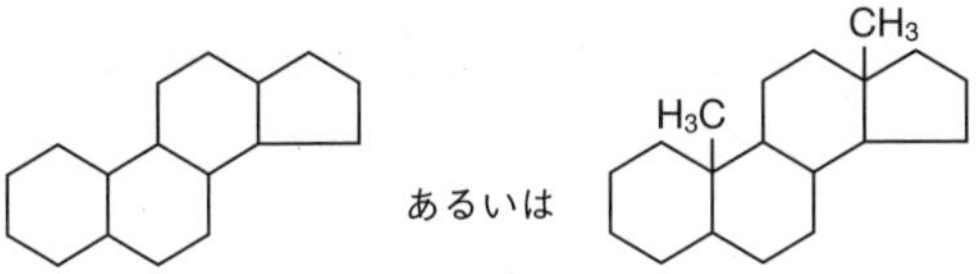

図 6・11　ステロイドの基本骨格

　ステロイドにはコレステロールや性ホルモンであるプロゲステロンやテストステロンなど，重要な化合物が含まれる．ステロイド骨格をもつ化合物のほかの例としては，ホルモンの一つであるヒドロコルチゾンやジギタリスの成分であるジギトキシンがある．ジギトキシンは強心剤として用いられる．心臓病の治療に関する民間療法で，ジギタリスがその地方のほかの野草と共によく用いられている．

　コレステロールは私たちの体にとって必須の多くの興味ある化合物群を生成する出発物質である[3]（図 6・12）．それらの化合物には，摂取した食物中の脂肪の可溶化に役立つ胆汁酸や，ステロイドホルモンおよびビタミン D が

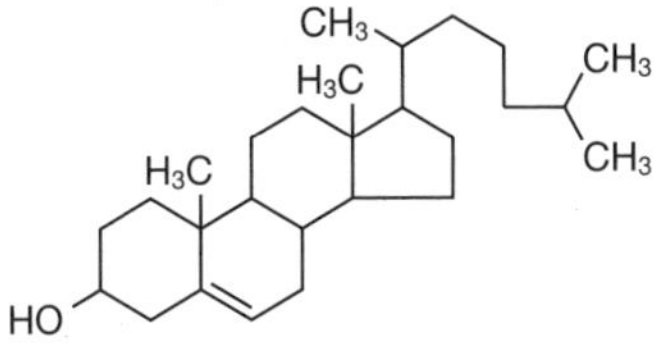

図 6・12　コレステロール

あり，いずれも構造的によく似ている．

コレステロールは細胞膜の重要な構成物質であり，種々のステロイド類合成の出発物質である．一方，血管中を輸送されるコレステロールが動脈（特に心臓の動脈）を塞ぐことがあり，心筋梗塞がひき起こされる．それを防ぎ，かつ，他の代謝経路に影響を与えない化合物の探索研究が行われている．それを可能とする一連の化合物にスタチンがある（例：フルバスタチン）．スタチン系の薬は肝臓におけるコレステロールの生成に関与する酵素の働きを阻害する．肝臓は必要なコレステロールを血管から吸収するので，スタチンにより血管中のコレステロールの値が低くなる．コレステロールの入っていないあるいは低コレステロールの食事をとったとしても，体は毎日約 800 mg のコレステロールを生産する．コレステロールは生命を保つのに必須な物質をつくるのに必要とされる．

テストステロンは生殖器官や体毛，筋肉の成長を調節する化合物である（図 6・13 a）．それは男性の変声期とも関係がある．

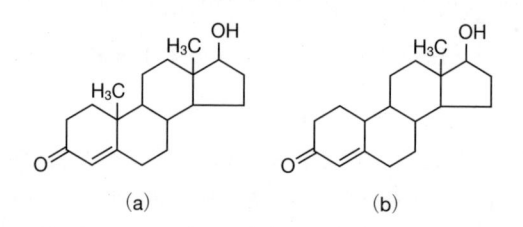

図 6・13　テストステロン (a) とナンドロロン (b)

いくつかのステロイドは思春期に筋肉の成長を増強し運動能力を高める．これらはタンパク同化ステロイドとよばれ，筋肉を増強させるので，スポーツ選手には禁止薬物である．また，ステロイドは痛めた筋肉をより速く回復させる．1988 年ソウルオリンピックで，Ben Johnson は 100 m を 9.79 秒で走り，金メダルを勝ち取ったが，不法にタンパク同化ステロイドを使ったことが見つかった．その物質がスポーツ選手にとって禁止薬物であったために金メダルを剥奪された．

ステロイドに類似の薬物のナンドロロン（図 6・13 b）が何人かの男子および女子選手から異常に大量に検出され，彼らはそのスポーツへの出場禁止となった．現在，テストステロンやその関連物質からナンドロロンが体内で自

然に生成されるかどうかが議論されている．英国のプロテニス選手 Greg Rusedski は 2004 年 1 月に，2003 年に採取された検査試料から許容レベルを超えたナンドロロンが検出されたとの理由で訴えられた．彼はいかなる違法なものも摂取していないと断言し，その検出結果に意義を申し立てた．その結果，彼は調査の後にプロテニス選手の元の順位（ランク）に復帰することができた．

ステロイドはスポーツ能力を高めることができるが，長期にわたり肝臓障害，肝炎をひき起こし癌となる可能性もある[3]．

プロゲステロン（図 6・14）やその類似化合物であるエストロゲンは女性ホルモンである．それらは子宮や卵巣における月経周期に変化をひき起こす．プロゲステロンが高いレベルにあると，妊娠を維持し排卵を妨げる．避妊用ピルはこの性質を利用している．

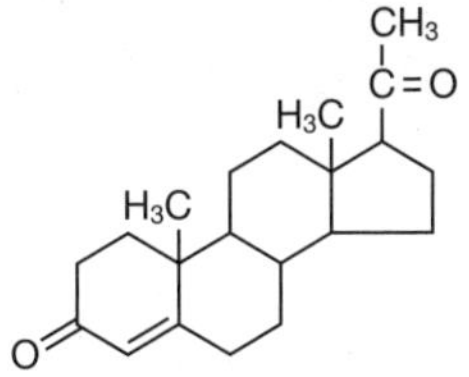

図 6・14　プロゲステロン

薬草医は書物やよく知られた民間療法を元に，古くから効能があるとされている処方をしばしば用いる．そのような植物に 4 種類のイソフラボンを含むムラサキツメクサがある．ムラサキツメクサの抽出物を摂取すると，イソフラボンが女性の体内で代謝され，女性ホルモン様化合物を生成し，種々の更年期症状を和らげることができる．ムラサキツメクサの抽出物が，副作用もあるとされている HRT（ホルモン補充療法）に代わりうるかどうかについて研究が取組まれている．日本などではマメ科植物（大豆，もやし，レンズ豆，ピーナッツ）が食物として消費され，更年期障害が他国に比べ相対的に少ないとの報告がある．これはそれらの食品中に含まれる植物エストロゲンや植物ホルモンによるものと考えられている[4]．

6・3　酵　素

酵素は通常大きなタンパク質から成る分子であり，生体内における化学反

応の触媒として働く。触媒は化学反応の速度を上げるが、それ自体は反応の終了時においても変化していない物質である。触媒や酵素は反応物に対して非常に少量でも効果的に働く。しかし、それらは反応条件が変化したり、適切でなかったり、あるいは不純物が含まれると活性がなくなる。タンパク質である酵素は一定の狭い温度範囲において機能する。適切な温度より高くなると変性し不活性となる。

酵素は通常の条件では起こりにくい反応の反応速度を上げる。酵素分子の特徴の一つにその独特な形がある。酵素反応では、反応の基質と酵素が組合うためには、両者が相補的な形をもっていなければならない。それゆえに一つの酵素は決まった反応以外の反応には効果がない。すなわち、酵素は通常一つの反応に特異的である。

カタラーゼは血流中に微量存在する生命活動に必須の酵素の一つである。グルコースが酸化されるとき偶然に生成するスーパーオキシドや過酸化水素などの活性酸素は、細胞のDNAを破壊するなど生体系の広範囲に大きな害を及ぼす。カタラーゼにより過酸化水素は無害な水と酸素に分解される。

$$2\,H_2O_2 \longrightarrow 2\,H_2O + O_2$$

他の有用な酵素として、唾液や小腸に存在するアミラーゼがある。アミラーゼは消化に役立つ酵素で、食物中のデンプン（炭水化物）をマルトースに加水分解する。続いて、マルトースは別の酵素であるマルターゼによりさらに加水分解されグルコースになる。ヒトはジャガイモ中のデンプンを消化できるが、それらの消化酵素ではデンプンと化学的に類似しているセルロースを分解しグルコースに変えることはできない。それゆえ、ヒトは草のなかのセルロースを消化できないが、牛や羊の場合には、消化器内の腸内細菌の酵素によりセルロースを加水分解することができる。

ヒトの胃や小腸にはタンパク質を加水分解する酵素も存在する。まず、ペプシンやトリプシンの働きでタンパク質を短い鎖のペプチドにまで分解する。続いて、それらのペプチドはペプチダーゼにより個々のアミノ酸にまで加水分解される。食物中の脂肪もまた胃の中でリパーゼにより加水分解され脂肪酸（カルボン酸）に変えられる。

食物成分の分解は酵素の働きにより、大幅に速度を上げることができる。

それにより細胞内へ輸送できるほどの小さな単位のグルコースやアミノ酸,脂肪酸となり,それらが使われて体を構築する物質が合成される.

6・3・1 酵素の働く仕組み

酵素はきわめて少量で反応を促進する.酵素によっては反応速度が10〜20,000倍に速くなる.したがって,その働きは興味深く,正確な機構については多くの説があるが,その一つを以下に説明する.

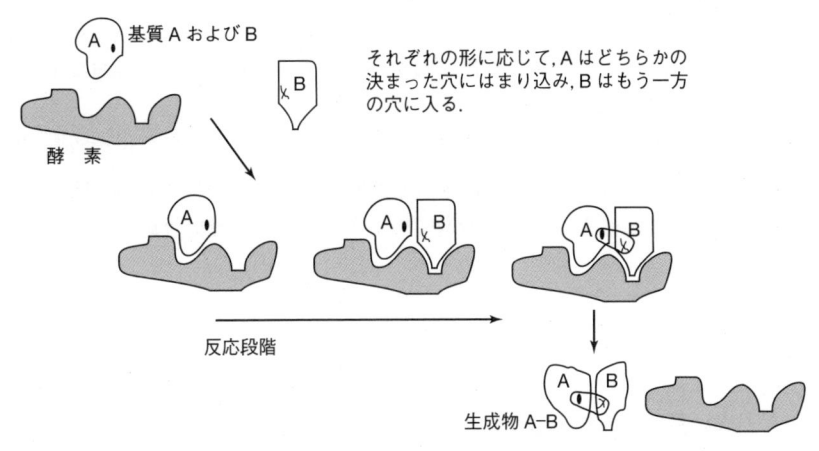

図6・15 酵素の働く機構

酵素の存在しない通常の反応では,反応が起こるためには二つの反応物が何度もお互いに衝突せねばならない.また,二つの分子が反応するためには衝突の際にお互いが正確な方向で衝突しなければならない.反応物の動きはでたらめなので,結果として反応はときどきしか起こらない.酵素が存在すると,基質(A)が酵素の活性部位に正確かつ特異的な方向からぴったり適合する.その酵素・基質複合体にもう一方の基質(B)が近づき,両者はただちに反応可能な位置に正確な向きで並ぶ.両者が反応し,目的の化合物(A-B)が生成すると,酵素から離れ,結果として酵素は再利用が可能となる.二つの反応物は正確に並ぶので,分子間でのランダムな衝突のための無駄な時間を必要としない.この機構が鍵と鍵穴モデルとしてしばしば引用されている(図6・15).

6・3・2 さまざまな酵素反応

- 酵素は他の小さな分子や金属イオンの助けを必要としたり，その存在により活性が高められる場合がある．それらの物質は**補酵素**とよばれる．補酵素の働く仕組みについては本書では深く述べない．
- 酵素は私たちの体の中で生体反応の速度を上げるために使われているだけでなく，市販されている酵素もある．その一つの例は，酵素が加えられた洗剤であり，汚れを分解する働きをもつ．
- 化学工業においてもいろいろな酵素が巧みに利用されている．たとえば表面を少し固くゆでたお菓子の中心に酵素を少量入れておくと，反応がゆっくり起こり，その中心から外側に向かってお菓子を軟らかくし，お菓子の中心が適度に軟らかく噛みごたえがよくなる．
- 酵母の中にある酵素は砂糖を発酵しアルコール（エタノール）にする．
- 酵素はその活性部位が不純物によって塞がれると活性が失われる．酵素活性をなくすことにより，細菌の増殖のような望ましくない反応を防ぐことができる．
- 酵素の欠損により起こる病気もある．先天的な病気であるフェニルケトン尿症はフェニルアラニンヒドロキシラーゼという酵素が欠損しているためにフェニルアラニンが通常の代謝を受けずいろいろな化合物となり，それらが脳に損傷を与え，知能発達障害をひき起こす．その症状はフェニルアラニンの含有量を少なくした食事により軽減させることができる．この病気は遺伝的な突然変異によるものである．
- 色素欠乏症もチロシナーゼという酵素の遺伝的欠損によるものである．
- 心筋梗塞は多くの場合，冠状動脈内の血液凝固によってひき起こされる．最近，ストレプトキナーゼという酵素が凝固した血液を溶かす効果をもつことがわかった．それは凝固箇所にできるだけ近い場所に注入される．
- 切り傷を負った場合，血液凝固が必要となり，それにも酵素が関与する．トロンビンという酵素が血液中の水溶性タンパク質であるフィブリノーゲンを不溶性のフィブリンに変え，血液を凝固させて傷を修復する．
- 唾液や小腸にあるアミラーゼはデンプンをマルトースに変える反応の酵素である．さらに，マルトースは小腸でマルターゼによりグルコースに変えられる．グルコースはエネルギーの放出に用いられたり，必要なときのためにグリコーゲンとして貯蔵される．

- ペプシンやトリプシンのような消化酵素は食物中のタンパク質を小さなペプチド分子にし,さらにペプチダーゼによりそれらをアミノ酸に変換する.
- 小腸にはリパーゼが存在し,脂肪を脂肪酸に分解する.
- 哺乳類の母乳にのみみられる二糖のラクトース(乳糖)は酵素ラクターゼの存在下加水分解し,単糖であるグルコースとガラクトースを生成する.この酵素は小腸に存在する.東洋やアフリカにはラクターゼが欠損する人たちがいて,牛乳を摂取しても分解できず,下痢になる.この理由で多くのアフリカや中国の料理に牛乳が用いられない.
- ジスルフィラムはアルコール依存症の人にアルコールをやめさせるのに用いられる.ジスルフィラムをとった後,アルコールを飲むと吐き気がする.アルコールの酸化生成物であるエタナール(アセトアルデヒド)をさらに酸化するのに必要な酵素をジスルフィラムが阻害するからである.エタナールが蓄積するとその人は吐き気を催す.その効果はだんだんなくなっていくが,吐き気の記憶は残る[5].
- 遊離基(フリーラジカル)が高濃度存在すると,細胞のDNAは電子を遊離基によって奪われ損傷を受けると,長い間考えられていた.しかし,どの器官もその損傷を修復する酵素をもっていることがつい最近わかってきた.長い分子構造をもつDNAの傷ついた場所を,酵素がどのようにして正確に探し求めて修復するかという謎の解明が期待されている[6].

診断テストの解答

1. 生体反応に必須の化学物質
2. 果物や野菜
3. 動脈を詰まらせ,心臓発作をひき起こす
4. 化学反応の速度を上げる
5. 精　巣

[各1点,全部で5点]

発展問題

1. 酵素を添加した洗剤の使用説明書に,"頑固な汚れの場合はぬるま湯に洗剤を入れ1時間以上つけ置きして下さい"と記載されている.(ⅰ)なぜしばらくぬるま湯に浸すことが必要か説明せよ.(ⅱ)なぜ洗濯物を煮沸してはならないのか.(ⅲ)酵素入り洗剤でも落ちない汚れはあるのだろうか.

2. 体内における酵素の重要な働きを三つ列挙せよ．また，市販されている酵素の利用法を三つ列挙せよ．
3. つぎの人たちが健康に生活するうえで，ビタミンに関してどのように助言したらよいか．（ⅰ）高齢者（ⅱ）妊婦（ⅲ）菜食主義者（ⅳ）授乳婦（母乳を与える女性）（ⅴ）体重を気にしている十代の少女
4. 世間では"コレステロールは悪玉"といわれる．この言葉に関する不安を取除くためにどのような助言したらよいか．また，体内でのコレステロールの役割についてどのようにわかりやすく説明せよ．
5. 若者たちにバランスのとれた食事をすることを奨励する必要性を概説せよ．

参考文献

1. B. Caterson. Fishing for arthritis drugs. *Chemistry in Britain*. April 2000, 20 (summary of *Journal of Biological Chemistry*, 2000, **275**, 721).
2. R. Kingston. Supplementary benefits. Chemistry in Britain, July 1999, 29〜32；*Chemistry in Britain*, November 1996, 38.
3. S. Cotton. Steroid abuse. *Education in Chemistry*, May 2002, **39**(3), 62.
4. Reported in *Country Life*, May 2000, 134ff.
5. S. Cotton. Antabuse. *Education in Chemistry*, January 2004 **41**(1), 8.
6. A. Ananthaswamy. Enzymes scan DNA using electric pulse. *New Scientist*, 18 October 2003, 10.

7

イオン, 電解質, 金属, イオン結合

> **到達目標**
> - イオンとイオン結合の原理を概説できる.
> - 体内におけるアニオンとカチオンの重要な働きを説明できる.
> - 体のさまざまな代謝過程における, 元素やイオンの多様な役割を説明できる.

> **診断テスト**
>
> この小テストを解いてみてください. もし, 80％以上の点がとれた場合はこの章を知識の復習に用いてください. 80％以下の場合はこの章を十分学習して, 最後に, もう一度同じテストを解いてください. それでも80％に満たなかったら, 数日後, 本章をもう一度読み直してください.
>
> 1. 周期表の1族に属する元素は, 最外殻に何個の電子をもつか. ［1点］
> 2. ナトリウム原子が塩素原子と反応して塩化ナトリウムを生成するとき, ナトリウムの電子はどうなるか. ［1点］
> 3. 電気を通す溶液がある. その溶液は, 共有結合化合物を含むか, あるいはイオン化合物を含むか. ［1点］
> 4. イオン化合物の融点は高いか, 低いか. ［1点］
> 5. 溶媒に溶かすとイオンに解離し, 電気を通す物質は □ とよばれる. ［1点］
> 6. 人体で, 最も多量に鉄が含まれるのはどこか. ［1点］
> 7. 甲状腺が正常に働くためには, どのようなイオンがたえず供給されなければならないか. ［1点］
> 8. 私たちの体内で, リンの約85％が存在するのはどこか. ［1点］

Chemistry: An Introduction for Medical and Health Sciences, A. Jones
© 2005 John Wiley & Sons, Ltd

9. 私たちの体内の細胞壁を，互いに反対側からたえず通り抜けている二つのイオンは何か． [2点]

全部で10点（80% = 8点）．解答は章末にある．

"ジムには金メダルなし"という大きな見出しが新聞に載った．ジムはオリンピックマラソンの残り約10マイル（16 km）の間，先頭に立って走っていた．ジムが競技場に入ってくると，拍手喝采が耳をつんざくばかりであった．しかし，あと1周を残すところで脚力が落ち，ふらつき始め，残り100ヤード（91 m）でついに這い始めてしまった．体の機能が協調を失いつつあったのだ．その間，次のランナーが競技場に入り，そしてその次のランナーも入ってきた．観衆は前に進むよう激励したが，効果はなかった．そしてとうとう医師が入ってきて，手当てしなければならなかった．その行為は即時の失格を意味した．ジムはある飲み物を飲み，体液中の電解質が元に戻った後，回復した．ジムは大喝采を受けたが，オリンピックメダルをもらえなかった．

細胞膜を横切ってナトリウムイオンとカリウムイオンが行ったり来たり動くことで，体内で電気的刺激が発生し，情報が伝達される．これらの現象は脱水状態がひどくなると中断されてしまう．

食べ物や体液など水に溶ける物質には，正に荷電したイオンと負に荷電したイオンが含まれている．私たちの体の細胞に入ったり出たりするこれらイオンの濃度を調節することで，多くの細胞の働きが制御されている．イオン濃度のバランスが崩れると，体の中の情報伝達が混乱し，意識障害が起こり，細胞の安定性が妨げられることになる．

7・1 イオン結合の基本

これまでの章で，つぎのことをすでに理解していることだろう：原子が化合物を形成する際には，原子は安定性を得るため，電子を与えたり受け取ったりして，その電子構造を"不活性ガス（閉殻の最外殻電子構造をもつ）"のようにする．分子を形成する原子には，共有結合の場合のように電子を共有することで，閉殻を達成するものもある．最外殻電子の安定性を達成する他の方法もある．これは，他の原子に電子を与えるか，あるいは他の原子から電子を受け取って閉殻を達成する方法である．その電子の受け渡しにより，正イオンや負イオンが生成する．これら反対の電荷をもつ二つのイオンは互いに引きつけ合い，お互いをしっかりと捕まえている．これらの荷電粒子を結びつけている結合は**イオン結合**とよばれる．イオンを含む物質の典型的な例は塩化ナトリウム（NaCl）である．

- ナトリウム原子（Na）は図7・1に示すように，内側の軌道から順に2個，8個，1個の電子をもつ．ここではこれを2・8・1と表す．
- 塩素原子（Cl）は2・8・7の電子構造をもつ．

化合物である塩化ナトリウムでは，ナトリウム原子と塩素原子がそれぞれ電子を与えかつ受け取ることで，それぞれの原子が閉殻の最外殻電子構造をもつことにより安定となる．負イオン（Cl$^-$）は**アニオン**（陰イオン）とよばれ，正イオン（Na$^+$）は**カチオン**（陽イオン）とよばれる．

塩化ナトリウムすなわち食塩は，他のほとんどのイオン化合物と同じように水に溶ける．その溶液は，荷電した一対のイオンを含むため電気を通す．このように，溶媒に溶かしたときイオンに解離して電気伝導性を示す物質を

電解質といい，その溶液は電解質溶液とよばれる．電解質溶液は，自由に動き回ることができるイオンを含む溶液である．イオンは反対の電荷が存在する領域，または反対の電荷をもつ電極に引きつけられる．また，イオンは同じ電荷が存在する領域から反発を受ける．イオンが自由に動き回るため，その溶液は電気を通すことになる．

ナトリウム 2・8・1

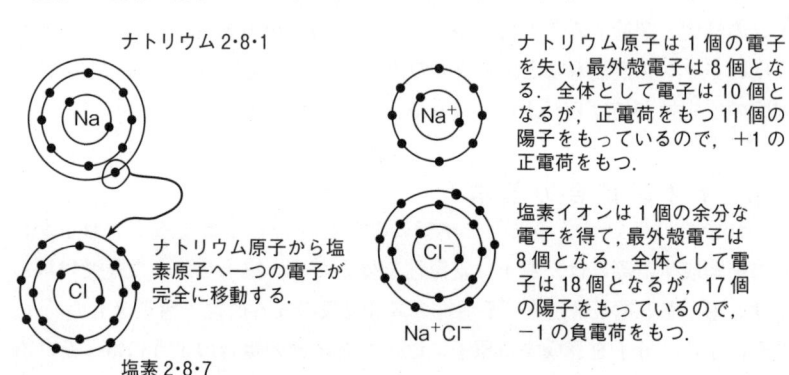

塩素 2・8・7

ナトリウム原子から塩素原子へ一つの電子が完全に移動する．

Na^+Cl^-

ナトリウム原子は1個の電子を失い，最外殻電子は8個となる．全体として電子は10個となるが，正電荷をもつ11個の陽子をもっているので，+1の正電荷をもつ．

塩素イオンは1個の余分な電子を得て，最外殻電子は8個となる．全体として電子は18個となるが，17個の陽子をもっているので，−1の負電荷をもつ．

図7・1 塩化ナトリウムの構造

7・2 イオンとイオン結合の一般的な性質

- イオンはイオン化合物の構成要素であり，閉殻の最外殻電子構造をもつ安定な構造をしている．金属イオンはすべて正に帯電している．金属イオンの電荷数は，それが属する周期表の族によって決まる．たとえば，ナトリウムは1族なので，そのイオンの電荷は+1 (Na^+)，カルシウムは2族なので Ca^{2+} である．負イオンは，一般に非金属原子あるいは非金属原子が互いに結合した原子団から成る．非金属イオンには，塩化物イオン Cl^-，臭化物イオン Br^-，硫酸イオン SO_4^{2-}，炭酸イオン CO_3^{2-}，硝酸イオン NO_3^-，リン酸イオン PO_4^{3-} などがある．

- 水は固体のイオン化合物を溶解する．水が，引き離されたイオンを安定にすることができるからである．イオン化合物のなかにも，水に溶けやすいものと溶けにくいものがある．

- 直流電源につないだ正と負の電極をイオン化合物の水溶液中に入れると（図7・2），正の金属イオンであるカチオンはゆっくりと陰極（カソード）に移動し，負イオンであるアニオンは陽極（アノード）に移動する．

7・2 イオンとイオン結合の一般的な性質

- 固体状態では，イオン化合物は正電荷と負電荷によって強く結合している．したがって，イオン化合物の融点と沸点は高い．NaCl はちょうど 800 ℃ で融解する．

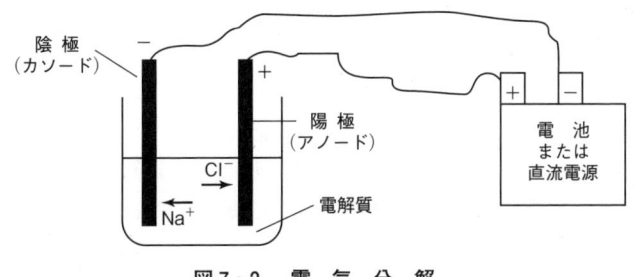

図7・2 電気分解

- 多数のイオンが互いに結合することによって，イオン化合物は巨大構造になる．しかし，正イオンと負イオンの比はつねに同じである．たとえば，一つの Cl^- に一つの Na^+ が対応している（図7・3）．

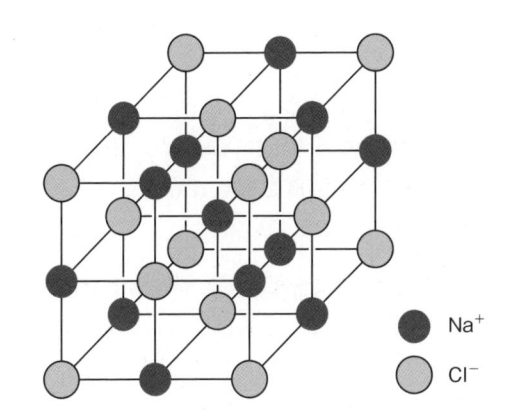

図7・3 塩化ナトリウムの結晶 直線は，ある原子と他の原子との位置関係を示すためだけに描かれており，イオン化合物の結合が，方向性をもったり，あるいは棒状であるということを意味しているわけではない．

- イオン化合物には匂いがない．荷電粒子が強く結合しており，粒子が蒸気として大気中に発散しないからである（共有結合化合物とは異なる．共有結合化合物では分子間力が弱く，分子が蒸気として発散して匂いを発するものもある）．

- イオン化合物では，カチオンとアニオンがお互いに相互作用するよう交互に周りを取囲まれている（図7・3）．したがって，イオン化合物には，特徴的な結合角がない（一方，共有結合化合物では特有の結合角がある）．イオン結晶とは，特徴的な結晶形をつくるように多数のイオンが規則正しく配列して結合した大きな集まりである．塩化ナトリウムは立方体の結晶構造をしている．個々のイオンの大きさにより，たとえばピラミッドや歪んだ立方体のような結晶構造をもつ化合物もある．
- 溶液中で，異なるイオンは異なる性質を示す．水素イオン H^+ は酸性をもたらす要因であり，水酸化物イオン OH^- は塩基性すなわちアルカリ性の要因である．
- H^+，Na^+，K^+ のように，小さなイオンはイオンチャネルとよばれる特定の通路を通って細胞膜を通り抜けることができる．
- 体液の多くは1種類のイオンから成る単純な溶液ではなく，その体液がどこに流れていき，どこから流れてくるかにより，組成を変化させる複雑な混合物である．

7・3 体の中の電解質やイオン

電解質とは，溶媒に溶かしたとき正に荷電したイオンと負に荷電したイオンに解離する物質であり，その溶液を電解質溶液という．私たちの体内で，電解質はさまざまな異なる働きをしている．

- 電解質は，いろいろな体液中に含まれ，電解質溶液や体のあちこちで必須イオンの保持や輸送に関与している．電解質は，脈管内（たとえば血液，リンパ液）や細胞間の体液（間質液）や細胞内に存在する．
- 電解質溶液は，必要とされるところに必須ミネラル類を運ぶ．
- 溶液中の電解質濃度によって，いろいろな細胞や器官の内部の浸透圧が調節される．
- 小さなナトリウムイオンやカリウムイオンが細胞膜を通り抜けることによって，体が活動を起こしたり，停止したり，また，情報を伝えたり，伝えなかったりする．
- 電解質はpHを一定に保つ働きをもつ．アミノ酸やタンパク質分子，あるいはそれらの双性イオンが"緩衝剤"としてpH制御に効果的に働いてい

る.

- Na^+ や K^+ はニューロン（神経細胞）での電気的変化の発生に重要な役割を果たしている．Na^+ イオンがニューロンに流れ込み，K^+ イオンがニューロンから流れ出すことによって，ニューロンの情報が伝えられる．これにより細胞膜だけで約 100 mV の電位差を与える．この電位差がニューロンに沿って，約 120 m/s で伝わっていく．

どの体液もその組成が異なる．たとえば赤血球は，その細胞内液（intracellular fluid：ICF）に多くのタンパク質イオンを含んでいる（アミノ酸とタンパク質は，イオンや双性イオンをつくることができる）．一方，細胞間の液体（細胞間液）はタンパク質イオンをあまり含まない．赤血球は血管内をあちこち移動する．タンパク質分子は血管壁を通過するには大きすぎるので間質液に移動できない．

筋肉細胞や神経細胞などすべての細胞の内部には細胞内液が存在する．細胞内液は，高濃度のカリウムイオン K^+，リン酸イオン PO_4^{3-}，タンパク質，そして少量のナトリウムイオン Na^+ と塩化物イオン Cl^- を含んでいる．細胞の外にある細胞外液（extracellular fluid：ECF）では，ナトリウムイオン Na^+，塩化物イオン Cl^-，炭酸水素イオン HCO_3^- が大半を占める．しかし，細胞外液にはタンパク質はほとんどない．またカリウムイオン濃度も低い．このように細胞内外でイオン濃度に差があるため，細胞膜の内側は外側に比べ負の電位をもつ．刺激を受けるとイオンの汲上げ作用が起こり，細胞の内側と外側へのナトリウムイオンとカリウムイオンの流れのバランスを保とうとする．私たちの体内にある最もよく知られたイオンの存在する場所とそれらの役割を表 7・1 に示す．

7・4 体内のおもなカチオン ――
ナトリウムイオン，カリウムイオン，カルシウムイオン

細胞膜は，タンパク質やリン脂質とよばれる脂肪から構成されており，細孔，イオンチャネルが配列されている．これらのイオンチャネルは，いくつかのイオンを選択的に通過させることができる．Na^+ を通過させるチャネルはナトリウムチャネルとよばれている．K^+，Ca^{2+} を選択的に通過させるチャネルもある．これらのチャネルは，電気信号や情報を神経細胞に沿って伝導

し，また神経細胞間で伝達する際に用いられる．したがって，鎮痛のメカニズムの理解や医薬品の設計に重要である．

7・5 体液間のバランス

細胞内液と間質液（細胞間の液体）との間には，両者がつり合いのとれた浸透圧をもつように，あるバランスが存在することが不可欠である．水分過剰や水分不足になると，細胞内液と間質液との間でイオンが異常に移動することにより，重篤な身体の異常や神経の異常が起こる．

2003年，二人の化学者，Peter AgreとRoderick MacKinnon[3)]は，細胞と生体組織におけるイオンチャネルに関する研究で，ノーベル化学賞を受賞した．細胞膜に存在するイオンチャネルの助けでK^+イオンとNa^+イオンは選択的に膜を透過できる．これらイオンの輸送が一方向へのみ段階的に行われると，筋肉が収縮し，涙が出たり，脳細胞の機能不全を起こし，細胞相互の交

表7・1 体内にあるおもなイオンの存在場所と役割

ナトリウムイオン Na^+	カリウムイオン K^+	カルシウムイオン Ca^{2+}
・Na^+の90％が細胞外液中に存在する． ・細胞内液にもNa^+が少量存在する． ・神経と筋肉における電気信号の伝達に不可欠である． ・細胞外液と細胞内液との間の浸透圧の平衡を保つために重要である． ・Na^+濃度は抗利尿ホルモン（ADH: antidiuretic hormone）で制御されている． ・過度の発汗，下痢，嘔吐によってNa^+が減少すると，衰弱，めまい，頭痛など（低ナトリウム血症）になる． ・正常よりNa^+濃度が高い高ナトリウム血症では，体細胞の外へ水が移動するようになる．そして強いのどの乾き，倦怠感，興奮を生じる．極端な場合は昏睡状態になる．	・K^+は細胞内液に最も豊富に存在する． ・血漿にも少量存在する． ・神経と筋肉の応答のバランスを保つ鍵となる役割を果たしている． ・K^+の細胞内外への移動では，H^+イオンが反対側へ移動することで平衡が保たれる．したがってK^+の移動はpH調節として働く． ・K^+濃度が低いと（低カリウム血症），下痢，嘔吐による痙攣，精神錯乱，めまいなどを生じる． ・K^+濃度は心電図のデータで確認できる． ・高K^+濃度（高カリウム血症）では心臓の細動で死に至る． ・Na^+/K^+のバランスが重要である．	・Ca^{2+}の98％は骨の成分であり，体内に最も豊富なイオンである． ・細胞外液にもまた存在する． ・Ca^{2+}を含む食品の摂取が必要である．血液中のCa^{2+}が低下するとテタニーとよばれる手足の筋肉の硬直や痙攣が起こる．また骨の強度が減少する． ・Ca^{2+}は細胞内の情報伝達系に不可欠である． ・過剰量のCa^{2+}は組織の石灰化，白内障，腎臓結石，胆石の原因となる．

7・5 体液間のバランス

表7・2 体液中に存在するその他のカチオン 以下の元素は体内に微量存在し,しばしば微量元素とよばれる.体重の 0.01 % 以下存在する.

アルミニウムイオン Al^{3+}	過剰濃度では不都合な作用を示すと考えられている.古い研究ではアルツハイマー病に関係していると考えられた;これは現在あまり明確ではなく,この研究は継続して行われている.
カドミウムイオン Cd^{2+}	少量のカドミウム金属やカドミウムイオンを摂取すると,癌,特に肺癌の危険性が増加する.喫煙すると,カドミウムの吸収量は普段の2倍になる[1].
クロムイオン Cr^{3+}	微量存在するが,糖の代謝や血液の制御に不可欠である.酵母,ワイン,ビール,バランスのとれた食事中に含まれる.
コバルトイオン Co^{2+}	ビタミン B_{12} の生成や赤血球の合成に不可欠である.不足すると悪性貧血になる.野菜には含まれないが,牛乳,卵,チーズ,肉,レバーに存在する.菜食主義者はコバルト不足が起こりうることに注意し,これを補給しなければならない.
銅イオン Cu^{2+}	約 0.9 mg の銅が毎日必要である.少量が肝臓に蓄えられており,ヘモグロビンの合成やメラニン色素の生成に必要である.卵,全粒粉,豆,肉,レバー,魚などバランスのとれた食事が不可欠である.銅はまた,脳や眼にも見いだされる.銅化合物は酵素作用にも関係する.また,コラーゲンの生成や体の免疫系を保つのに必要とされる.遺伝性代謝疾患であるウィルソン病では,眼の角膜に褐色あるいは緑色の輪が現れる症状を示す.ウィルソン病は組織に多量の銅が蓄積されてひき起こされるが,治療できる.
鉄イオン Fe^{2+}, Fe^{3+}	人体には約 5~7 g 見いだされ,その 2/3 は血液ヘモグロビン中の鉄として存在する.残りの 1/3 は,肝臓,骨(特に骨髄),筋肉などに存在する.赤身の肉,緑色野菜,根菜類は,卵,豆,ドライフルーツとともに,鉄に富んでいる.摂取された鉄は骨髄に取込まれ,そこで初めてヘモグロビン合成のために使われる.鉄は,肺や血液系でヘモグロビンに酸素を結合させるためにきわめて重要である.赤血球の平均寿命は 120 日であり,毎日 25~30 mg の鉄が体内から失われている.したがって,生命維持に必要な鉄イオンを補充するために,バランスのとれた食事を持続してとることが必要である.特に女性では貧血を防ぐため鉄イオンの補給が必要である.鉄含有酵素であるチロシンヒドロキシラーゼは,L-ドーパ生成の触媒である.その反応段階は,神経伝達物質ドーパミンの生合成における律速段階である.ドーパミン生成の不足はパーキンソン病と関連する.
マグネシウムイオン Mg^{2+}	神経や筋肉の機能を正常に保ったり,骨の形成に必要である.不足すると糖尿病,血圧にかかわる問題に関係する.穀類,緑色野菜,魚介類を含むバランスのとれた食事で十分供給される.クロロフィルは,分子の中にマグネシウムを含んでいるので,緑色野菜を食べればマグネシウムを摂取していることになる.ATP を加水分解してエネルギーを発生する酵素にとって,Mg^{2+}-ATP の結合が不可欠な補助因子である.

表7・2（つづき）

マンガンイオン Mn^{2+}	ある種の酵素に存在し，血液ヘモグロビン合成，尿素生成，およびインスリンの生成・再生産過程・放出を活性化する．マンガンイオンはまた，脳における酵素の調節に関与する．
亜鉛イオン Zn^{2+}	少量の亜鉛イオンによって，組織で生じた二酸化炭素を炭酸水素イオンとする反応が促進される．亜鉛は外傷の治癒，発育，男性の正常な精子数の維持に必要である．ある種の酵素に存在し，タンパク質の分解を促進する．欠乏は子供の精神遅滞につながる．亜鉛イオンはまた，脳における酵素作用を維持するために不可欠である．欠乏すると味覚の低下につながる．過剰の場合，コレステロールが増加する．多くの食品中に少量含まれるので，バランスのとれた食事をとればよい．

表7・3　体液中に存在するアニオン

塩化物イオン Cl^- イオンチャネルとよばれる特定の通路を通って細胞膜を通り抜けることができる小さなイオン	・主要な細胞外アニオンであるが，容易に細胞内に移動することができる． ・浸透圧の平衡を保つために重要である． ・胃の中では，H^+イオンと結合し，食物の消化に不可欠な塩酸を生成する．
リン酸イオン $H_2PO_4^-$，HPO_4^{2-}，PO_4^{3-}	・リン酸塩の約85％は骨に存在する．残りはADPやATPの構成成分として存在する． ・pH値を一定に保つ，体の緩衝液に必須の成分である．
炭酸イオン CO_3^{2-} 炭酸水素イオン HCO_3^-	・体の緩衝液に存在する． ・HCO_3^-は，細胞内のpH制御を維持するのに役立つ弱酸である． ・代謝で生成したCO_2は血液に取込まれ静脈を通って肺に運ばれ，呼気として排出される．この過程にHCO_3^-が関与している．これらのイオンはまた，細胞内のpHや特定の場所，たとえば筋肉のpHを調節するために用いられる．

信能力が停止する．その結果，心血管障害，肝不全，脱水症，その他の疾患を起こすことになる．

　細胞内外のイオンの濃度差によって，細胞の内と外にわずかな電位差が生じる．それは非常にわずかで，約100 mVである．しかし，イオン濃度が変化するとこの値が変化する．したがって，細胞の物質と電荷が膜を横切って流れるよう，イオン濃度と電荷が同調して働かねばならない．心臓の細胞におけるこのサイクルによって，心臓の鼓動の規則的なパターンが生じる．一方，電気的活動の不均衡やイオンの不均衡によって心不全が起こる．した

表 7・4 体液中に存在するその他のイオンや元素

	所在と性質
炭　素 炭素は有機化合物としてのみ存在し，単一の炭素イオンとしては存在しない．	炭素は炭水化物・タンパク質・脂質などの構成元素として，すべての生き物の細胞中に存在する．炭素なしには，私たちは存在しなかったであろう．二酸化炭素はすべての動物によって呼気として吐き出され，緑色植物による炭水化物の合成に利用される．このように生態系では炭素のたえまない循環が起こっている．
水素イオン H^+	水素イオンは体内のいたるところでイオンとして少量存在する．水や水溶性液体中には多量に存在する．水溶液や体液中にも存在する．溶液中で H^+ のバランスが適切に保たれると，体の機能が正常に働く pH 値が維持される．タンパク質によって緩衝され，pH は最適な値を保つ．水は液体として，また野菜や果物などを食べることによって摂取される．水は H^+ 濃度を維持するために不可欠である．
臭化物イオン Br^- (塩化物イオンについては表 7・3 参照)	体内に少量存在し，臭化物イオンは塩化物イオンに置き換わって働き，眠気を起こしたり，性衝動などの活力の減退をひき起こす鎮静効果をもつ．したがっていわゆる "bromide pill" として，第二次世界大戦の間，軍隊の食堂でお茶に加えられたといわれている ―― だが，これはたぶん噂話にすぎない．
フッ化物イオン F^-	歯の表面物質であるエナメル質を強くするため，食べ物，飲料水，練り歯磨きに使われる．その効果についてはいまだに論争がある．
ヨウ化物イオン I^-	代謝速度を調節する甲状腺ホルモンの合成を維持し，健康を保つため少量の摂取が不可欠である．ヨウ化物イオンとして土壌や食用の植物，特に海産物に存在する．
酸　素 過酸化物イオン O_2^{2-}	酸素ガスはすべての生命に必須である．酸素と結合したヘモグロビンは，血流に乗って酸素を体のいたるところに運搬する．ときには少量の過酸化物イオン O_2^{2-} が生成する．血液中の酵素であるペルオキシダーゼとカタラーゼは，すべての生体組織にとって有害な過酸化物を分解する．
セレン Se	微量存在する．抗酸化剤であり，染色体の分解の防止に役立つ．欠乏すると心筋症を起こす．バランスのとれた食事での多くの食品，また穀類，キノコ，ニンニク，肉，魚介類中に含まれる．ふけ防止用シャンプーの成分の一つである．
硫黄化合物，おもに硫酸イオン SO_4^{2-} として	体内には少量の硫黄が存在する．おもに，硫黄を含むアミノ酸を構成成分とするタンパク質中に存在する．一部の硫黄は髪のタンパク質中に存在する．体から排出されるガスは，これら硫黄化合物の分解生成物である硫化水素を含んでおり，腐った卵の臭いがする．

がって，この仕組みに障害があるときは，心臓が必要とする電気的インパルスを保つため人工的なペースメーカーが用いられる．

医学では，心臓の電気的活動を観察するため心電図を用いる．リズミカルで規則的な鼓動は，右心房の洞結節で始まる一連の放電（電気刺激）によって保たれている．一般的には，電極を胸につなぐことによって，わずかな電流を検出できる．この電流の強さのパターンを時間に沿って記録計に表したグラフが，心電図とよばれる．そのグラフの形とパターンを分析することにより，心臓の動きが正常か異常かを判断できる．図7・4のリズミカルなパターンは，心臓のポンプ機能が心筋内の秩序だったイオンと電気的な流れによって保たれていることを示している．

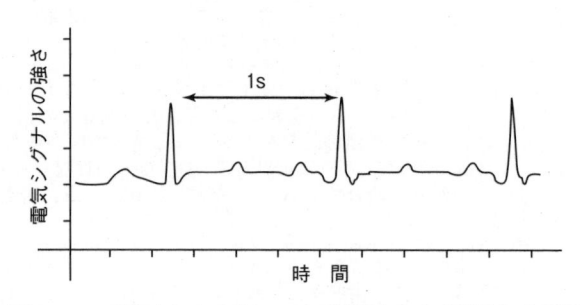

図7・4　電極をヒトの胸につけて測定された典型的な心電図

7・6　少量存在する必須元素 —— 微量栄養素とミネラル

一般にホルモンが，ビタミン，ミネラル，酵素，そしてイオンなどと協調して体の代謝を制御している．**ミネラル**とは無機化合物（すなわち炭素以外の元素からつくられた化合物）あるいはそれらのイオンである．ミネラルは体重の3〜4％を占めており，おもに骨格と体液中に見いだされる．

分析化学の精度の向上に伴い，最近になって，体内に微量存在する元素が明らかになり，生命活動にかかわる重要な役割を果たしていることがわかった．微量のマンガンイオンがヘモグロビンの合成や，骨の形成，また健康的な性生活にとって重要であると，これまで誰が考えたことがあるだろうか．モリブデンは最近体液中に検出され，酵素にかかわるある種の役割をもつことが明らかになったが，その正確な仕組みはまだわかっていない．微量に存在する元素の多くは，体の機能を調節する目的をもっている．"金属亜

鉛の棒をなめるとあなたの性生活が改善される"というほど,元素の役割は単純ではない.実際,多量では有毒な元素もあれば,特定のイオンの形に変化してから利用している元素もある.表7・5に,健康な人にはふつう存在せず,環境,食物からの摂取,あるいは毒として直接体に入ってくる元素やイオンの例をあげた.

表7・5 有毒な金属イオン

鉛イオン Pb^{2+}	現在は禁止されている加鉛ガソリンを用いた自動車からの排気ガスで汚染された空気を呼吸することによって,鉛イオンと鉛金属が体内に取入れられていた.これらは容易に代謝されないため,長期間体内に存在しつづける.その結果,論理的思考が鈍くなることが明らかにされている.多量の鉛を摂取すると死に至る.加鉛ガソリンと鉛系塗料を禁止したことで,これらの発生が減少している.
タリウム Tl	タリウムはその毒性でよく知られており,原因不明の死やアガサクリスティー風の推理小説のなかに殺人方法として登場する[2].タリウム化合物は,国によっては安価な殺虫剤,特にネズミやゴキブリの駆除剤として使われていた.この元素を摂取すると,胃の痛み,嘔吐,吐き気,足の裏や手のひらの痛み,脚力の低下,複視,眼球の固視微動,幻覚,脱毛,爪の白線などの症状がみられる.これらの症状はしばしばほかの病気として誤診される.治療には化学物質であるプルシアンブルーが用いられる.
水 銀 Hg	水銀塩が私たちの食物連鎖に取入れられると,吐き気,頭痛,めまいを起こす.多量では,重篤な疾患や死の原因となる.日本では,有機水銀化合物を含む工場の排水が不法に廃棄され,その海で育った魚介類を食べた人に水銀中毒の事件が起こった.これら有機水銀化合物は,魚そして最終的には人間の体内の脂質化合物に容易に溶解する.水銀の合金(水銀,錫,銀の混合物)は歯科で安全に使われている.温度計に使われる金属水銀は,温度計の球を壊してうっかり飲み込んでしまったとしても,ふつうは重篤な害を起こさずに体を通り過ぎ排泄される.

7・7 金属化合物を使った癌の治療

遺伝子の損傷により生成する癌細胞は,正常な細胞メカニズムの制御が妨げられている.癌細胞が増殖すると,その異常な性質により腫瘍の生成が速やかにひき起こされる.腫瘍が検出されたときには,外科的除去から,患部で特定の化学物質を使う方法まで,多くの治療法がある.的確な放射線照射で腫瘍を消滅させることができる.ここでは,化学物質の使用すなわち化学

療法についてだけ述べる．

化学療法薬の探索では，天然にある植物，微生物，カビを利用する方法に目が向けられている．しかし，最近特殊な薬が化学的に合成された[4]．白金化合物の一つであるシスプラチン（図7・5a）は精巣癌，卵巣癌，膀胱癌，頸部癌の治療に幅広く使われている．シスプラチンはDNAに結合することにより細胞の増殖を妨げる．シスプラチンは癌細胞以外の細胞にも影響を及ぼし，重大な副作用を生じる．

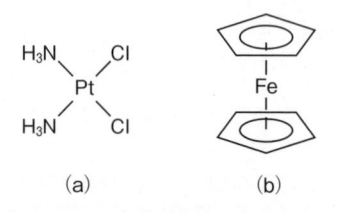

図7・5　(a) シスプラチン　(b) フェロセン

毒性が少なく水溶性で，癌の種類に対してもっと特異性のある医薬の探索の結果，平面構造の間に金属を挟むサンドイッチ化合物であるフェロセン（図7・5b）の誘導体が候補化合物として発見された．サンドイッチ化合物はDNAに結合することにより癌細胞の成長を阻害するが，癌の種類によってその効果は異なる．"カクテル"のように適切な医薬を組合わせる方法は有効であり，"併用療法"とよばれている[5]．詳しくは§14・2を参照されたい．

活性な抗癌剤化合物が，髪の毛のように速く成長する細胞を殺すのを避けるため，シスプラチンのような活性な薬を癌の患部に正確にピンポイントで放出するような方法が開発されつつある．一つの方法は，シスプラチンをほかの化合物に結合させ，その新しい化合物が正常な細胞に無害となるようにすることである．特定の癌細胞の位置をピンポイントで定め，その領域に光を当てることで，結合した化合物からシスプラチンを放出させることも可能となる[6]．光だけでなく，pHすなわち酸性度の変化でシスプラチンを放出する化合物も考えられる．

活発な研究が続いているが，発見の瞬間からヒト患者への適用までには何年もかかる．研究されている一つの方法に，癌細胞だけへの血液の供給を遮断する物質の開発がある．これによって癌細胞を餓死させ，成長を防ぐこと

になる.

その他の金属化合物の化学療法の例として，関節リウマチの治療に用いられているオーラノフィンなどの金化合物をあげることができる．

診断テストの解答

1. 1 個
2. ナトリウムの電子は塩素原子に完全に移動する
3. イオン化合物
4. 高 い
5. 電解質
6. 血 液
7. ヨウ化物イオン
8. 骨
9. ナトリウムイオンとカリウムイオン

[9のみ2点，ほかは各1点]

発展問題

1. 健康な生活のために，必須元素とイオンを摂取するには，バランスのとれた食事が重要であることを説明せよ．
2. "細胞内液と細胞外液で，Na^+とK^+の間のバランスを保つことが不可欠である."これについて論じよ．
3. イオンはいろいろな体液中に溶けて存在している．いくつかのイオンは微量存在している．人間の代謝にとって少量の亜鉛，マンガン，コバルト，鉄の各イオンが重要であることを論じよ．
4. 生体プロセスに必要とされる電解質の役割について説明せよ．
5. "細胞と体液中に多くの金属イオンが存在するというのは驚くべきことである."この記述について意見を出し合い，またこれらの金属イオンが使われている場所の例を示せ．
6. 私たちの体の細胞の内液と外液のおもな違いは何か．それらの組成がどのように体の機能に影響を及ぼすのか．細胞膜を横切るイオンの移動が重要であることを示す例について論じよ．
7. 土壌から元素とイオンを得る根菜類が，バランスのとれた食事と健康的な生活にとって不可欠である根拠は何か．これら微量必須元素を十分な量とらなかったら何が起こるか．三つのイオンを例として論じよ．
8. 生体プロセスにおける亜鉛イオンと臭化物イオンの作用についての情報をふまえて，臭化亜鉛（もちろんそれは毒性があるかもしれない）の作用から予想される場面をイラストで描け．

参考文献

1. D. Derbyshire. Cadmium linked to breast cancer. *Daily Telegraph*, 14 July 2003, 6.
2. G. Rayner-Canham and S. Avery. Thallium – a poisoner's favourite. *Education in Chemistry*, September 2003, **40**(5), 132.
3. D. Bradley. Chemical channels win 2003 Nobel prize. *Education in Chemistry*, January 2004, **41**(1), 6.
4. G. Cragg and D. Newman. Nature's bounty. *Chemistry in Britain*, January 2001, 22ff.
5. P. McGowan. Cancer chemotherapy gets heavy. *Education in Chemistry*, September 2001, **38**(5), 134.
6. 'Perspectives'. Attacking cancer with a light sabre. *Chemistry in Britain*, July 1999, 17.

8

水

> **到達目標**

- 水の特異性を示している化学現象を列挙できる.
- 水蒸気と湯気の性質を説明できる.
- 氷の利用法を概説できる.

> **診断テスト**
>
> この小テストを解いてみてください. もし, 80％以上の点がとれた場合はこの章を知識の復習に用いてください. 80％以下の場合はこの章を十分学習して, 最後に, もう一度同じテストを解いてください. それでも80％に満たなかったら, 数日後, 本章をもう一度読み直してください.
>
> 1. 水の化学式を書け. [1点]
> 2. つぎの式を完成せよ. $2H_2 + O_2 \longrightarrow$ [1点]
> 3. 言葉によるつぎの式を完成せよ. 溶質 + 溶媒 $\longrightarrow$ [1点]
> 4. 水から生成する二つのイオンは何か. [1点]
> 5. 水のような溶媒だけが半透膜を通り抜けることができる現象は何とよばれるか. [1点]
> 6. 水や小さな分子・イオンが膜を通り抜けることができる現象は何とよばれるか. [1点]
> 7. セッケンや洗剤の分子がもつ特徴は何か. [2点]
> 8. 水は小さな分子であり, 低い温度で沸騰すると予想されるのに, なぜ100℃という高温で沸騰するのか. [2点]
>
> 全部で10点 (80％ = 8点). 解答は章末にある.

Chemistry：An Introduction for Medical and Health Sciences, A. Jones
© 2005 John Wiley & Sons, Ltd

"水のボトルとのバトル"とはある新聞の見出しである[1]．そのページには，英国の俳優 Anthony Andrews が声帯を潤しておこうとして，あまりにも多量の水を飲んだために起こった問題についての長い記事が掲載されていた．彼は水によって危うく殺されるところであった．水はおそらく宇宙で最も重要な化学物質であり，また私たちの体液としても，数千という代謝過程においても重要である．

医薬品の活性成分が必要とされる部位へ送られる際，医薬品の水あるいは油に対する溶解度が重要な役割を果たしている．薬が経口でとられるとき，薬の水への溶解度はとても大切である．たとえばアスピリンを飲んだときには，吸収されて必要とされる体の部位に輸送される前に，まず胃液に溶けなければならないからである．薬のなかには，その部位に届いてから細胞液に溶解し，病気の治療のため利用されるものもある．

器官あるいは細胞の pH 値も，薬の溶解度に影響を与える．このことを，最も必要とされている部位に薬を送り届けるために利用することができる．水による加水分解で，ゆっくり分解されるよう意図的に設計されている薬もある．歯科で使われる局所麻酔剤であるリドカインは，水でゆっくりと分解し代謝される（図 8・1）．このためこの局所麻酔では素早く効果が現れるが，必要以上に持続効果をもたないようになる．

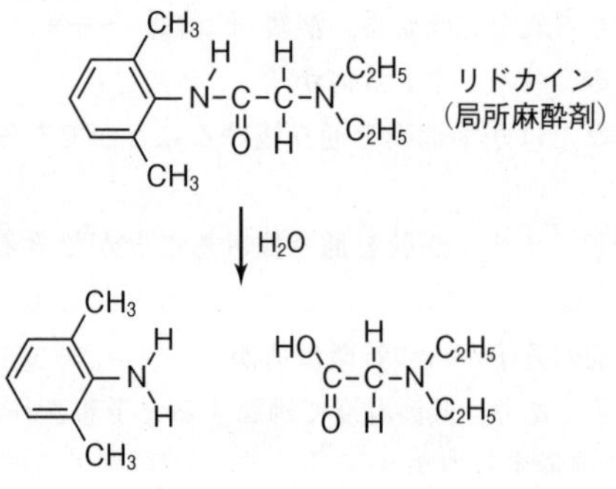

図 8・1 リドカインの加水分解

8・1 はじめに —— どうして水はそんなに特異なのか

私たちは飲み物として水を飲み，お風呂で水を浴び，水で体を洗ってきれいにし，氷として水を食べ，そして，蒸気として水を吸い込んでいる．空気

8·1 はじめに —— どうして水はそんなに特異なのか

の一部と,海のほとんどと極地のかなりの部分が水で成り立っている.水は地球表面の約 3/4 を覆っている.水は雨,霧,雪,あられ,そしてひょうとして地上に降ってくる.私たちの体重の約 60 % は水であり,体のすべての化学反応は水に依存している.水がないと私たちは死んでしまうだろう.水が多量にあるとおぼれてしまうが.

私たちの体は,炭水化物を酸化してエネルギーをつくり出すとき水を生成し,その水を使って生きている.この反応で生成した水は水蒸気として呼気より吐き出される.私たちは 1 年間に何百リットルもの水をつくっている.

$$C_6H_{12}O_6 + 6\,O_2 \longrightarrow 6\,CO_2 + 6\,H_2O$$

生まれる前,私たちは子宮という水の入った袋の中でおぼれることなく生きていた.しかし生まれた後には,水の中で呼吸をするには特別な装置が必要である.魚は呼吸をするために水から十分な空気をうまく抽出している.

砂漠には十分な水がないが，モンスーンはたくさん水を運んでくる．英国の休日の行楽客は雨を嫌うが，サハラの住人は水を待ち焦がれている．スキーヤーは雪が好きだが，高速道路のドライバーは雨を嫌がる．

水は0℃で凍り，100℃で沸騰する特異な性質をもつ．水は非常に重要な溶媒であるが，すべてのものが水に溶けるわけでない．幸運なことに，私たちの皮膚は水に溶けない．

私たちは水のおかげで，滝や雪景色，そして雲の形のようないろいろな景色の美しさを楽しめる．

水の中での水泳，水の上でのヨットや氷の上でのスケート，雪の丘を滑り降りるスキーなど，水とかかわってオリンピックのメダルを取ることもできる．休日の行楽地のウォーターパークはたくさんの楽しみと興奮に満ちている．

私たちの生活は，水，氷，湯気，水蒸気と深くかかわっている．

8・1・1　水は特別 —— そして，水は特異なのだろうか

それで水とはいったい何なのだろう．どうして水はそんなに特別なのだろうか．

$$O_2 + 2H_2 \longrightarrow 2H_2O + 熱$$

水は酸素ガスと水素ガスとの反応で生成する化合物であるから，私たちは実験室で水をつくることができる．反応を始めるには，この気体混合物に火花を散らしたり炎を近づけなければならない．その化学反応が始まると発熱する（熱を放出する）．生成した水は蒸気であるが，ただちに凝結し室温で透明な液体となる．

私たちの体内では，水は酸素による炭水化物の酸化反応の副生成物として，細胞でつくられている．その反応で熱が放出され，私たちを暖めるために使われている．

水は水素と酸素が共有結合で結合したユニークな化合物である．水と水の分子間でも，その水素原子と酸素原子間で引きつけ合う力がある．これは，水素原子上と酸素原子上に存在する反対の部分電荷（δ^+とδ^-）によって起こる．部分的に電荷を帯びた二つの原子間の引き合いが，これら原子間の弱い結合の原因となる．その結合は図8・2に示したように，原子間の点線で示さ

れ，**水素結合**とよばれる．この水素結合によって，一つの水分子に三つあるいは四つの水分子が結びつき液体の水をつくるのに十分な強さが生じる．水素結合を壊すにはエネルギーを必要とする．H_2O 自身は軽い分子であり，水蒸気のように気体であるはずである．しかし，水素結合による水分子同士の結合によって，室温では液体となる．

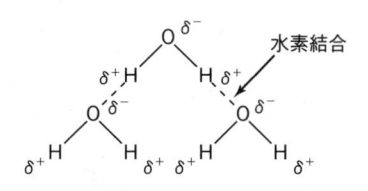

図8・2　水　素　結　合

　部分電荷（δ^+ と δ^-）は，酸素原子が水素原子に比べて周期表の右側に位置するために生まれる．O–H 結合において，酸素原子が電子をわずかに自分の方に引きつけ，水素原子から電子を引き離す．その結果，HとOを比較してみると，OはHよりわずかに負であり，Hはわずかに正となる．したがって，隣合う水の分子間で酸素原子と水素原子が互いに引き合い，水素結合を形成する．DNAが二重らせん構造を形成するなど，水素結合はまた，大きな分子同士を結びつけ，その形を保つ重要な役割を果たしている．氷の塊では，水素結合は多くの水分子間にわたって働いており，六角形の網目状構造をつくっている．水から水蒸気をつくるには，熱を加えて水素結合を切らなければならない．そうすると，空気中に逃げ出すのに十分軽い，水素結合していないばらばらの H_2O が生成する．

8・2　水溶液中での化学反応

　化学反応を考えるとき，私たちは化学反応が水の中で起こるはずであるということをしばしば当たり前のこととみなしている．しかし，物質によっては油や脂肪などが溶媒となる場合がある．水と油は混ざり合わないし，ある溶媒には溶けるが，他の溶媒には溶けないという物質もある．これはまた，体内での代謝にも当てはまる．代謝は水溶液中でも，油・脂肪のような物質中でも起こる．たとえば，ビタミンB, Cは水に溶けるが，ビタミンA, Dは油に溶ける．

実験室内や細胞の中でも，大多数の化学反応は水溶液中で起こる．水溶液中には，細胞中の化学反応に欠くことのできないイオンが存在する．水溶液中のナトリウムイオンやカリウムイオンは，ある細胞から別の細胞に情報を伝達するためにきわめて重要である．小さなアミノ酸単位から細胞のタンパク質を組立てる反応は水溶液中で起こる．したがって，液体である水あるいは食物内に含まれる水を十分に規則正しく摂取することが重要である．

8・3 溶解と溶解度 —— 水はすばらしい溶媒である

溶質が溶媒に溶解すると，真の溶液となる．

$$溶質 + 溶媒 = 溶液$$

おのおのの溶媒は，本来共有結合化合物かイオン結合化合物であり，溶質もそうである．一般に，イオン性の溶媒は同じような性質の物質，たとえばイオン性固体を溶かす．同様に，共有結合性の溶媒は共有結合性の有機化合物を溶解する．有機化合物中の原子団に，水に親和性のある**親水基**があると，その化合物は水に溶けるようになる．親水基として OH，COOH，SO_3Na のような原子団がある．水溶性の薬を合成する場合，通常これらの原子団が分子中に導入される．

水はわずかにイオン性の化合物であり，塩化ナトリウムのような金属塩やイオン化合物を溶解する．一般に，水は分子中に親水基が存在しないかぎり共有結合性の有機化合物を溶かさない．これは，有機化合物の集まりである私たちが雨に溶けないことと同じである．

細胞に含まれる物質には水に溶けるものもあれば，水に溶けないものもある．アミノ酸やグルコースのような，細胞のより小さな構成単位は水に溶けるが，それらから合成されたタンパク質，細胞膜，脂質，多糖のような大きな分子は水に溶けない．これはささいなことだが，非常に重要な事実である．小さな物質は水に溶けて体を巡り，それらが必要とされる部位に運ばれる．しかし，より大きな新しい分子が合成されると，これらの分子は水に溶けなくなり，酵素あるいは化学的攻撃によって分解されないかぎり細胞の外に運び出されることはない．

小さいアミノ酸分子はイオン性をもつ．これは，アミノ酸が双性イオンをつくることができるからである．グルコースは多数のヒドロキシ基をもった

め水に溶ける．一方，アミノ酸からつくられるタンパク質や，グルコースなどの単糖からつくられる長鎖の多糖は20,000以上の分子量をもつ大きな分子であり，水に溶けない．

これら化合物は水に溶解しないが，適切な条件下（酵素とよばれる触媒の存在下，弱酸中）では，水による化学的な攻撃を受ける．そして，より小さな構成単位であるアミノ酸や単糖に分解される．この反応は**加水分解**とよばれる．この化学的攻撃は，単純な可逆的な物理的変化である溶解と同じではない．物質が水に溶解して溶液となっても，水が蒸発すると元の物質は変化せず残っている．したがって溶解は物質が変化する化学反応とは異なる．

8・3・1 溶解度と溶解

一定量の溶媒に対する物質の溶解度は，その物質に特徴的な物理的性質である．溶解度は，用いられる溶媒と温度に依存する．一般に，温度が高くなればなるほど，より多くの固体がその溶媒に溶けるようになる．どんな温度でも，溶媒はそれ以上の固体を溶かさなくなる飽和点をもち，この溶液を**飽和溶液**という．冷却すると，過剰の固体が結晶として溶液から析出し，溶液はその温度における飽和溶液となる．溶解度は一般に溶媒100 gに溶ける溶質の質量（g）で表す．

溶解度は溶媒の温度に依存するので，ふつう，室温あるいは25℃の溶解度として表される．

水に対する気体の溶解度は温度と大気圧に依存する．その気体が水と反応しないなら，ヘンリーの法則に従う．ヘンリーの法則によれば，単位質量の溶媒に溶ける気体の質量はその気体の分圧に正比例する．

水に最も溶けやすい物質は，塩化ナトリウムのような塩，またグルコースや砂糖のような小さな糖分子である．溶液の濃度を表すのにつぎのような方法がある．

- 質量パーセント濃度：溶液の質量に対する溶質の質量の割合を百分率(%)で表した濃度．

- モル濃度：溶液 $1000\,dm^3$（1 L）あたりに含まれる溶質の物質量〔mol〕を表した濃度．ほとんどの溶液の濃度は，mol/dm^3，mol/L あるいは M のように表される（モル濃度の定量的な取扱いと濃度計算は第15章を参照）．

8・3・2 水のとりすぎ

俳優の Anthony Andrews は，水の飲みすぎが有害であるとはまったく知らなかった．舞台の熱い照明の下では，のどが渇くようになり，脱水状態にさえなってしまう．それで，Andrews は幕間に楽屋に行き，ときには1日に6Lもの水を飲んだ（普段の量は3Lだが）．彼はとても健康であったが，水の飲みすぎで自らを危険な状態にすることとなった．低ナトリウム血症を患ったのだ．何が起こったかというと，体内の溶液中の塩がどんどん希釈され，その結果，吐き気，頭痛，衰弱，精神錯乱，そして意識不明になったのだ．これらの症状は脱水状態にも似ている．Andrews はこの経験から，水中毒が現実に起こりうることとして，ミネラルウォーターをがぶ飲みする常習者にならないよう人々に警鐘を鳴らすようになった．ランナーやスポーツ愛好者は，運動の間，水を飲みすぎないよう注意すべきである．水の飲み過ぎが Andrews を殺しかけたのだ．Andrews は用心深く水を飲むようになり，"マイ・フェア・レディー"での彼の役に戻ることができた．

水に溶けないものもあるのは，かえって好都合である．さもなければ，木や金属，プラスチック，木の葉，石，そして皮膚が，構造上の強さを保ったり，雨から保護する役割などの利点をもたないことになるだろう．

8・4 浸　透

浸透とは，水のような小さな溶媒分子は半透膜を通り抜けるが，糖のようなより大きな溶質分子は半透膜を通り抜けられない現象である．溶媒はより希薄な溶液（溶媒が豊富な溶液）から半透膜を通り抜け，より濃厚な溶液（溶質が豊富な溶液）に移動する．

浸透は，ヒトを含む動植物の生体系において重要な現象である．細胞膜は半透膜としての性質をもっているので，細胞内外で溶液の濃度に差があると，細胞膜を介しての水の移動がみられる．

図8・3の左に示したように，U字管の左側に溶液，右側に溶媒だけを液面の高さが同じになるように入れる．しばらく放置すると溶媒分子だけが溶液側に浸透する．そのため図の右のように溶液の液面が上がって溶媒の液面が下がる．この液面の差による圧力が浸透圧に等しくなると浸透は止まる．

浸透が起こらないようにするには，図8・3の左に示したように圧力 P がU字管の左側に働くようにすればよい．この圧力は右側の溶液によって働く

浸透圧に等しい．もし，外部から与えられた圧力 P が浸透圧より大きければ，逆浸透が起こり，溶媒分子はより圧力の高い溶液から低い溶液に通り抜けるようになる．この過程では，半透膜は"分子沪紙"として働き，溶質粒子を除くことができる．世界には，この過程を水から塩を除く海水の淡水化に利用している地域もある．半透膜はまた，海水から飲料水をつくる非常用携帯品として救命いかだに積み込まれている．

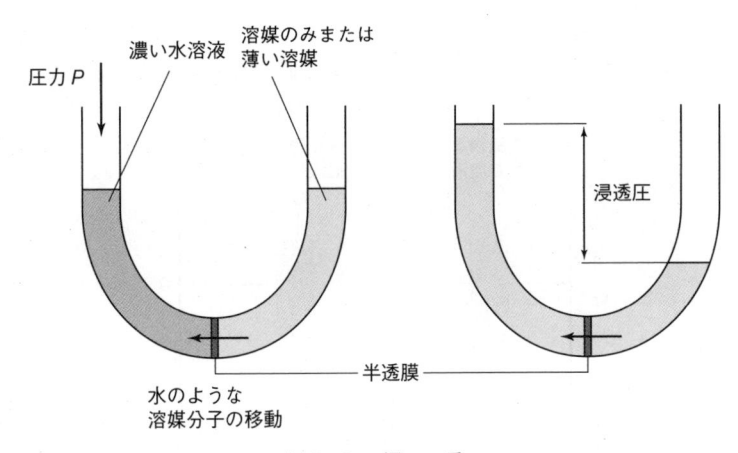

図 8・3 浸 透

浸透圧は溶質の全濃度，すなわち存在する粒子やイオンの数に比例する．二つの溶液の浸透圧が等しいとき，それらは**等張**とよばれる．点滴などで静脈に投与される多くの溶液も，体液と等張でなければならない．スポーツ飲料メーカーが広告でどのようにこの点を売り込んでいるのか注意しよう．"アイソトニック（等張）"と言われると科学的な感じがしてつい買いたくなるかもしれない．

もし血液細胞などの細胞が，より高濃度の物質を含む溶液中に浸されると，浸透圧によって水が細胞から抜け出し，細胞は金平糖状にしぼんでしまう．これは円鋸歯状化とよばれ，細胞にとっては壊滅的である．保存食の製造過程では，これを利点として利用している．たとえば，肉を塩で処理すると肉の表面の細菌細胞が縮んで死んでしまう．同様に，果物を砂糖で覆うと砂糖漬け果物となり，長期間保存できる．

塩辛い食物を食べると，のどが渇いて水分をとる．これは浸透圧のバランスを維持しようとするためである．腎臓機能が正常であれば血液中の過剰な塩分と水分は排泄されるが，その機能が落ちていると排泄されず血管から水が細胞間隙に漏れ出し，その結果，むくみ（浮腫）とよばれる腫れが現れる．この症状に対する治療や薬物療法を調べてみよう．

8・5 透 析

細胞における**透析**（図8・4）の過程は浸透とはわずかに異なる．細胞膜を介した透析では，水および小分子やイオンは膜を通り抜けることができる．

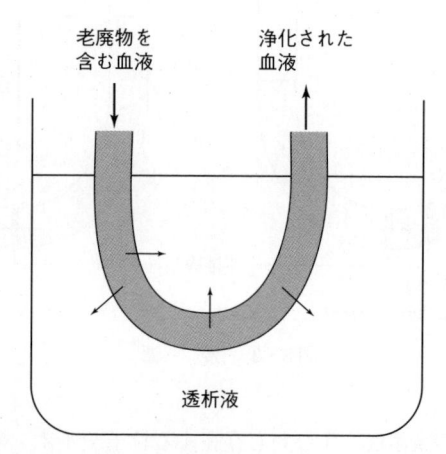

図8・4 透 析 老廃物が透析液側に移動し，血液がきれいになる．

しかし，より大きなタンパク質や細胞は膜を通り抜けることができない．この重要な現象は，血液を浄化するために用いられる人工腎臓装置に応用されている．患者の血液はまず透析液で取囲まれているセロファン製のチューブに送り込まれる．この透析液は，血液と血漿に存在するすべてのイオンを同じ濃度で含んでいるが，不純物は含んでいない．老廃物たとえば尿素のような小さい分子は，血液から半透膜を通って外の透析液に移動して除かれる．この人工的な浄化過程が患者の命を救っている．

血液の透析にはふつう4〜7時間かかり，透析液は定期的に交換される．病院の腎臓科で透析の正確な方法を尋ねてみよう．腎臓科の医療従事者がい

かに厳格に安全管理と危機予防対策に努めねばならないかも尋ねてみよう．

8・6 コロイド

可溶性の物質は溶媒に完全に溶解して，透明な真の溶液を生成し，溶質粒子はその溶液から析出しないということをすでに学んだ．一方，場合によっては，液体中に固体の粒子が分散している**懸濁液**を生成する物質もある．懸濁液は真の溶液とは異なり，時間がたつと粒子がゆっくりと沈殿する．たとえば，土を水とかき混ぜると懸濁するが，しばらくすると土の微粒子が容器の底に沈んでくる．また，**コロイド**とよばれる物質群もある．コロイドは，これら二つのタイプの中間に位置するもので，粒子の大きさは真の溶液と懸濁液の中間である．不溶性の物質は沪過できるが，コロイド粒子は沪紙で沪過できない．しかし，コロイド粒子は半透膜を通り抜けることができないので透析で分離できる．

微粒子を分離する他の方法は，遠心機を使うことである．これは人工的な重力を微粒子に与え，微粒子を管の底に沈降させる方法である．コロイドが特に小さい場合は分離する前に加熱するか，電解質を加えるか，イオン溶液を加えることによって，より大きな粒子に凝析させなければならない．そうすることによってこれらの粒子は沪過できるくらい大きくなるか，容器の底に沈降してくるか，遠心分離できるようになる．コロイド溶液の一例は血液である．すでに知っているかもしれないが，血漿から赤血球を分離するためには，遠心分離が必要である．

8・7 洗浄と洗剤

水はあらゆる物質と混じり合うわけではなく，あらゆる物質を溶かすわけでもない．油や脂肪は水に溶けない．油などで汚れている物をきれいにするためにセッケンや洗剤が使われる．セッケンや洗剤は油を水に溶けるようにする化学物質である．これらの洗浄剤は，水に溶けにくい疎水性の長い炭化水素鎖と，水に溶けやすい親水性の原子団をもった化合物である．これを水に溶かすと油になじみやすい疎水性部分を内側に，水になじみやすい親水性部分を外側にしたコロイド粒子をつくる．これを**ミセル**という．油がセッケンの疎水性部分に取囲まれ，油の表面が親水性基で覆われた構造となり，水中に分散するため，油汚れを落とすことができる（図8・5）．

このように洗剤は，油や脂肪を水に溶かすのに非常に有効である．洗剤の例として，ステアリン酸ナトリウムがある．ステアリン酸ナトリウムは $CH_3(CH_2)_{16}COO^-Na^+$ という化学式をもち，油を溶かす長い炭化水素鎖の末端に，水溶性の $-COO^-Na^+$ 基をもっている．

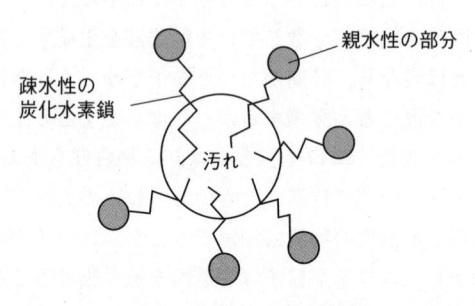

図 8・5　ミセルの構造

同様に，洗剤の例として $CH_3(CH_2)_{20}C_6H_4SO_3^-Na^+$ がある．ここでは $-SO_3^-Na^+$ 基が水溶性の原子団である．ナトリウムイオンが存在していることに注意しよう．多くのナトリウム塩が水溶性であるのと同様に，ナトリウムイオンが存在することにより水に溶けるようになる（§4・11 を参照）．

水はその表面積をできるだけ小さくしようとする表面張力をもっており，あたかもその表面に薄い皮膚をもっているかのようにふるまう．アメンボの足は水にぬれにくい性質をしているので，この表面張力を利用して水面を歩くことができる．セッケンや洗剤は，水の表面張力を低くする性質をもつため，物の表面をぬれやすくし，洗いやすくする．水とセッケンあるいは洗剤の混合物を使うと，水だけよりも，もっと効果的にものを洗うことができる．

8・8　水蒸気

私たちは，これまでおもに液体としての水に専念して学習してきたが，気体である **水蒸気** および固体の状態である氷，雪，ひょうも重要な項目であり，もっと学ぶ価値がある．まず，水蒸気を簡単に考えてみよう．

寒い日に，部屋の空気から窓ガラス上に水が凝結したとき空気中に水蒸気が存在することがわかるし，息を吐くときにも水蒸気の存在がわかる．水蒸気は炭化水素を酸素中で燃焼する過程で必ず生成する．同様に，私たちの体

8・8 水蒸気

内でグルコースが燃焼されてエネルギーと副産物である CO_2 と H_2O を生成するので,体内にも水蒸気が存在する.他の代謝過程においても水と水蒸気が生成し,水蒸気は呼気として吐き出される.植物も同じことをしている.自動車エンジンでガソリンを燃焼したときや,発電所で石油・天然ガス・石炭が燃やされたときも,みな水蒸気を生成する.

水蒸気は無色,無臭,無味である.水蒸気は,湯気とは同じではない.水蒸気は,室温で空気の体積の約 0.5 %(20 ℃での飽和水蒸気量は 17.3 g/m^3)ほど私たちのまわりに存在している.空気を暖めれば暖めるほど,空気には水蒸気が存在できるようになる.したがって,高温の気候では,空気中にさらに水蒸気が含まれるため湿度が高くなる.

湯気は,水が沸騰し水分子が空気中に押し出されて生成する.沸騰して押し出された水分子は,その沸騰している液体の真上では,非常に熱く無色の水蒸気である.しかし,水蒸気がその液体から少し離れると冷やされて小さな水滴に凝結し,私たちが湯気とよぶ小さな雲をつくる.湯気はまさに,空気中に分散した熱い水滴である.冷たい表面上では,湯気は容易に液体に凝結し,一部の水蒸気はその温度における飽和水蒸気として空気中に残る.

夜間どれだけたくさんの水蒸気を呼気として放出しているかに気づいて驚くことがある.家全体を暖房するセントラルヒーティングがまだなかった私の子供時代,寒い冬の朝に,勇気を出して顔を洗い服を着ようとベッドに横になっているとき,呼気を見ることができた.窓ガラスの内側には,氷の結晶による素晴らしい模様があった.それは私たちが凍死せず生き残った証拠なのだ.

セントラルヒーティングの家や病院では,空気が乾燥するため,水が蒸発して空気中の水蒸気が増えるよう,部屋の中に水の入った平たい容器を置く.エアコンなどでも,湿気を除く過程で水蒸気を凝結するので,空気が乾燥する.植物はその葉や花から空気中に水蒸気を放出するので,水の入った平たい皿と同じ効果をもつ.

空気中に水蒸気が多すぎるじめじめした日は,不快に感じる.同様なことは,屋内水泳プールやサウナ風呂でも起こる.このような状態では,人々はだるく感じ,活力がなくなる.これは赤道地帯でも問題で,オフィスにはエアコンが設置される.

空調設備では,熱交換器と空気浄化装置を通って空気が部屋に引き込まれ

る．レジオネラ肺炎のような気管支炎を起こす細菌が空調設備の冷却塔内の水に繁殖するので，水質管理に注意し，フィルターを定期的に交換したり清掃しなければならない．そうしないと，細菌が新鮮な空気と一緒にその建物中にまき散らされる．循環空気の浄化は，特に病院で大切である．

8・9 皮膚からの蒸発

　私たちは熱が出たとき，ぬれタオルを額に乗せるのはなぜだろうか．腕あるいは額を消毒用アルコール，エタノール，またはエーテルでふくともっと冷たく感じるのはなぜだろうか．液体が蒸発するにはエネルギーが必要に違いない．手の上の水，アルコール，あるいはエーテルは，蒸発するために皮膚から熱を奪う．したがって皮膚は冷たくなる．脱脂綿の小片で温度計の球を包み，上に述べた液体を少量滴下し，その液体が蒸発するままにしておくか，より速く蒸発するよう息を吹きつけることで，このことを調べることができる．温度計の温度を観測してみよう．蒸発するとき吸収される熱は蒸発熱（気化熱あるいは蒸発の潜熱ともいう）とよばれ，その熱量は物質の種類により異なる．エーテルの沸点は水より低いので，エーテルは素早く蒸発し，

いつも足が冷えるので，医者に行かなきゃと思っているんだ．血行不良の兆候かな？

急速に皮膚から熱を奪う．ジエチルエーテル〔$(C_2H_5)_2O$〕の沸点は34℃，エタノール（C_2H_5OH）の沸点は78℃，水（H_2O）の沸点は100℃である．

8・10 固体の水

固体の水には，氷，雪，霜，ひょうのようにいろいろな形がある．**氷**はものを冷やすために，飲み物や氷のうに使われる．氷が溶けるためには，どこからか熱を奪わなければならないからである．私たちが冷たい飲み物を飲むと，口やのどから熱が奪われ，体温が少しだけ低下する．

私たちの体は自動温度調節器と同じように働く．寒さで体温が低くならないように，震えたり，炭水化物を燃やして熱を放出し，温度を補って体温を維持している．もし打ち身の上に氷のうを置くと，血管が収縮し，内出血や炎症を抑えることができる．

8・11 加水分解

加水分解とは，水がある分子と反応し，その分子を分解する化学反応である．化学の領域では加水分解を伴う多くの反応があるが，最も重要な生体反応はタンパク質の加水分解である．

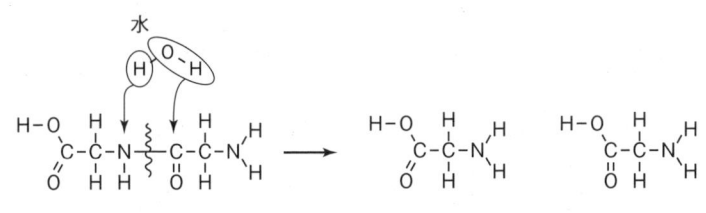

タンパク質鎖が水分子に攻撃され，
個々のアミノ酸をつくるように分解
する

分離したアミノ酸

図8・6　ペプチド結合の加水分解

水によるタンパク質への攻撃は，通常，酸の存在下で起こり，酵素によって触媒される．ペプチド結合が切れ，切れる結合の一方に水のHが，もう一方にOHが結合する．

$$HOOC-CH_2-NHCO-CH_2-NH_2 + H_2O \longrightarrow$$
$$HOOC-CH_2-NH_2 + HOOC-CH_2-NH_2$$

このように，水は非常に重要で，多くの化学的，生物医学的に重要な役割を果たしている．

> **診断テストの解答**
> 1. H_2O [1点]
> 2. $2H_2 + O_2 \longrightarrow 2H_2O$ [1点]
> 3. 溶質 ＋ 溶媒 $\longrightarrow$ 溶液 [1点]
> 4. H^+（水素イオン）と OH^-（水酸化物イオン） [1点]
> 5. 浸　透 [1点]
> 6. 透　析 [1点]
> 7. 分子の一方の端は水溶性で，他の部分は油を溶かす性質をもつ [2点]
> 8. 水素結合で3あるいは4個の水分子を結合しているため [2点]

発展問題

1. 水素結合によって，H_2O は生体組織にとって非常に役に立つ物質となっている．この水素結合のきわめて重要な役割を説明せよ．
2. 浸透と透析の違いを説明せよ．
3. 私たちの体内にある水に溶ける物質の例をあげよ．
4. 電解質とイオンの重要な役割を述べよ．
5. コロイドとは何かを説明し，その例をあげよ．コロイド溶液からコロイド粒子を分離するにはどのようにすればよいか．
6. 水を固体，液体，気体の三つの項目に分け，それらの重要な性質を一覧表にせよ．
7. ある溶液が等張であるというのは，何を意味するかを正確に説明せよ．なぜ等張が重要なのか．
8. プラスチックバッグの中で氷を塩と混ぜると非常に効果的な氷のうが作れる．このようにすると，－10℃以下に温度を下げることができる．（ⅰ）この理由を説明せよ．（ⅱ）なぜ，冬に凍った道路に塩をまくのか．道路の温度は上がるのか，そのままか，下がるのか．

参考文献

1. 'My battle with the bottle'. *Daily Telegraph*, 21 August 2003, 21.

9

酸 と 塩 基

> **到達目標**
> - 酸，塩基，アルカリ，pH を説明できる．
> - 緩衝液の作用を説明できる．
> - 酸・塩基と体内における消化などの化学反応を関連づけて説明することができる．
> - アミノ酸と双性イオンの重要性を説明できる．

> **診断テスト**
>
> この小テストを解いてみてください．もし，80％以上の点がとれた場合はこの章を知識の復習に用いてください．80％以下の場合はこの章を十分学習して，最後に，もう一度同じテストを解いてください．それでも80％に満たなかったら，数日後，本章をもう一度読み直してください．
>
> 1. 酸に不可欠な構成要素は何か． [1点]
> 2. 酸とアルカリとの反応で生成する化合物の一般名は何か． [1点]
> 3. つぎの言葉による反応式を完成させよ：酸 ＋ 塩基 ⟶ [2点]
> 4. つぎの酸を強酸と弱酸に分けよ：塩酸，硫酸，炭酸，酢酸 [2点]
> 5. 双性イオンとは何か． [1点]
> 6. 緩衝液とは何か． [2点]
> 7. 酸の pH 値の範囲はいくつか． [1点]
>
> 全部で10点（80％＝8点）．解答は章末にある．

Chemistry: An Introduction for Medical and Health Sciences, A. Jones
© 2005 John Wiley & Sons, Ltd

> 緩衝剤 —— 私たちは皆それを必要としている．緩衝剤は過剰な酸やアルカリと反応して体のpHを安定な値に保つようにしてくれる化学物質である．酸性すぎると胃に潰瘍ができ，酸が少なすぎると食べ物の消化に影響を及ぼす．緩衝剤はpHを正常に保つ．食べすぎると胃の緩衝作用に負担を強いることになり，元に戻るにはかなりの時間がかかる．私たちの体のタンパク質やアミノ酸は緩衝系の一部として働いている．

"とても気分が悪いんだ．舌はなめし革のようだし，胃がもたれている．昨晩どうも食べすぎたにちがいない．たいして飲まなかったのに．胃がいかれている．"
"だったら，胃のむかつきにきく胃腸薬を何か飲んだら．胃の酸性度を正常に戻してくれるよ．"

9・1 酸

酸（acid）という言葉は，"酸性雨""酸パーティー（acid party：幻覚剤乱用

パーティー)""胃酸過多"などのような言葉で現代語の一つとなっている. これらの用語は日常会話のなかで使われているが, 科学的に正しい使われ方ではない. 科学では, 酸という言葉の意味を正確に定義する必要がある. 同じように**塩基** (base) という語もまぎらわしい. たとえば, basement (地下) という言葉で分かるように, base には基礎あるいは土台という意味もある.

塩も, 食塩すなわち塩化ナトリウムの意味でよく使われる. 一方, 化学においては塩は, 酸がアルカリと反応して生成したいろいろな化合物に対して用いられる一般名である. 酸という言葉の定義の変遷は John W. Nicholson の論文にまとめられている[1].

酸とは, 水に溶解したときに水素イオンを生じる水素原子をもつ物質である. 酸はどれも, つぎのような性質を共通してもっている.

- 酸の pH 値は中性の値 7 より小さい: $pH = -\log_{10}[H^+]$
- 酸は酸っぱい味がする (しかし, 酸かどうか調べるために未知の物質を味見すべきではない. なぜなら化学的分析がもっと優れているからである).
- 強酸 (たとえば硫酸) は皮膚に損傷を与え, 危険である.
- 酸の多くは水に溶け, 溶液中に水素イオン (H^+) を放出する.
- 酸は, 当量の塩基あるいはアルカリで中和される.
- 酸は炭酸塩 (Na_2CO_3) や炭酸水素塩 ($NaHCO_3$) と反応し, 二酸化炭素ガスを発生する.
- 通常, 酸は非金属元素である C, N, S, P, O, Cl などの化合物である (たとえば CH_3COOH, HNO_3, H_2SO_4, H_3PO_4, HCl).

9・1・1 pH と対数値

溶液の濃度は, ふつう質量パーセント濃度 (%) かモル濃度 (mol/L あるいは M) で表される. しかし, 酸とアルカリの濃度は, pH とよばれる特有の表記法で表される. 希薄な水溶液の水素イオン (H^+) 濃度は, 非常に広い範囲にわたって変化するので, 非常に小さな数や 10 の累乗を用いて表すのを避けるためである. pH は 1〜14 の値で単純に表される. こうするため, $pH = -\log_{10}[H^+]$ という式を用いることで, 溶液の濃度を簡単な数値に変換できる.

たとえば，水素イオン濃度が 1×10^{-3} mol/L である 0.001 mol/L 塩酸水溶液（H^+Cl^-）の pH は，

$$\begin{aligned} pH &= -\log_{10}(1 \times 10^{-3}) \\ &= -(\log_{10} 1 + \log_{10} 10^{-3}) \\ &= -[\log_{10} 1 + (-3 \log_{10} 10)] \end{aligned}$$

$\log_{10} 1 = 0$ および $\log_{10} 10 = 1$ であることを思い出すか，対数表を調べてみよう．すると

$$\begin{aligned} pH &= -[0 + (-3 \times 1)] \\ &= 0 + 3 \\ &= 3 \end{aligned}$$

pH の値が 1～6 のとき酸性とよばれ，pH 7 が中性，一方，アルカリ水溶液の pH は 8～14 である．指示薬とよばれる色素溶液を加えると，溶液の pH 値によって色の変化が起こる．この色の変化は溶液の pH のおおざっぱな指標であり，このような色素を含む細長い紙切れが，溶液の pH を調べるための試験紙として用いられる．

9・1・2 強酸と濃い酸，弱酸と薄い酸を混同するな

酸を分類するにはいろいろな方法がある．その一つは分子に含まれるイオン化が可能な水素原子の数を数えることである．酸1分子中に水素イオンを生成する H 原子が一つあるもの，たとえば H^+Cl^- は，1価の酸とよばれる．2価の酸は二つの水素イオンを放出するもので，例として硫酸 H_2SO_4 があり，3価の酸の例はリン酸 H_3PO_4 である．

酸を分類する他の方法は，酸を強酸か弱酸かに分ける方法である．しかし，強酸は"濃い酸"を表すわけではない．濃い酸とは，溶液中に酸が大量に溶けていることを意味している．薄いとは，溶液に少量の物質が溶けていることを意味している．**強酸**を水に溶かすとほとんど完全に解離すなわちイオン化し，多量の水素イオンを生成する．したがって，強酸の pH は値が小さく，ふつう pH 1～2 を示す．塩酸（HCl）や硫酸（H_2SO_4）では，ほぼ完全に水素イオンを放出することが特徴である．典型的な酸の化学式を HA とすると，

$$HA \rightleftarrows H^+ + A^-$$
$$HCl \rightleftarrows H^+ + Cl^-$$
$$H_2SO_4 \rightleftarrows 2H^+ + SO_4^{2-}$$

弱酸も分子中に水素原子をもっているが，水素イオンをあまり放出しないため，pH値は比較的大きく（通常5～6），中性（7）に近くなる．弱酸は水溶液中で解離すなわちイオン化しにくい．したがって，水素イオンより解離していないHAの方が濃度が高い．たとえば有機分子であるエタン酸（酢酸CH_3COOH），クエン酸，乳酸，アミノ酸などがこれに相当する．これらの酸の水溶液では，未解離分子の数に比べて水素イオンの数が少ない．pHを決定するのは水溶液中に存在する水素イオンの数である．弱酸の平衡は未解離の酸分子の方向に偏っている．

$$HA \rightleftarrows H^+ + A^-$$
$$CH_3COOH \rightleftarrows CH_3COO^- + H^+$$

弱酸は濃い溶液でも少量の水素イオンを生成するだけである（高いpH）．一方，強酸は希薄溶液でもほぼ完全にイオン化し，大量の水素イオンを生成する（低いpH）．したがって，弱酸の濃厚水溶液あるいは強酸の希薄水溶液をつくることは可能であるが，濃度に関係なく強酸は弱酸より多くの水素イオンを生成する．

9・1・3 酸分子にある水素原子

有機酸が溶液中で水素イオンを生成するとき，その有機酸の分子に含まれるすべての水素原子がイオン化するわけではない．イオン化できるのは酸として活性な水素だけである．このことは，特に上にあげたような弱い有機酸に当てはまる．たとえばエタン酸（CH_3COOH）では，イオン化するのはCOOHの**H**だけである．CH_3のすべてのH原子はつねに炭素に結合したままである．

$$CH_3COOH \rightleftarrows CH_3COO^- + H^+$$

同様に，アミノ酸ではCOOHの**H**だけがイオン化して，水素イオンを与える．

$$H_2N-\overset{\overset{H}{|}}{\underset{\underset{H}{|}}{C}}-\overset{O}{\underset{O-H}{\diagup\!\!\!\diagdown}}$$

$$NH_2CH_2COOH \rightleftharpoons NH_2CH_2COO^- + H^+$$

　私たちの体内にあるほとんどの酸は，細胞内で行われる反応の結果生成したもので，私たちの食べ物や飲み物の一部として取入れられるのは，ほんの少量である．この外から加えられた酸は体細胞の機構にほとんど影響を与えないし，定常状態すなわちホメオスタシス（恒常性）を乱すことはないということに注意しよう．体は生まれつきの調節機能，すなわち緩衝作用をもっているのである．

9・2　塩基とアルカリ

　塩基という用語は化学で広く用いられている．**塩基**とは，酸と反対の性質をもち，酸と反応して中和（後述）することができる物質である．このうち水に溶けて水酸化物イオン（OH^-）を生じる物質をアルカリとよぶ．アルカリにはたとえば水酸化ナトリウム（NaOH），水酸化カリウム（KOH）などがある．金属の水酸化物は塩基である．アンモニア（NH_3）は分子内に OH^- を含まないが，水に溶けると一部が水と反応して OH^- を生じるので塩基である．また，水素イオンを受け取ることができる窒素化合物も塩基とよぶ．

$$NaOH \longrightarrow Na^+ + OH^-$$
$$NH_3 + H_2O \rightleftharpoons NH_4^+ + OH^-$$
$$RNH_2 + H^+ \rightleftharpoons RNH_3^+$$

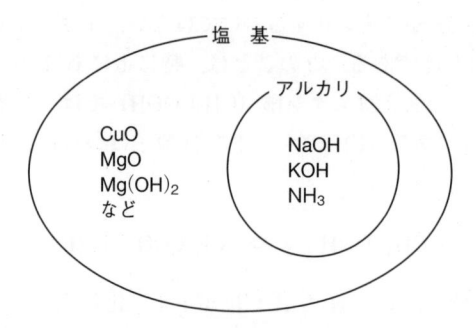

図9・1　塩基とアルカリ

9・2・1 化学における塩基の性質

- 塩基の水溶液の pH は 8～14 である.
- 水に溶ける塩基をアルカリという.たとえば水酸化ナトリウム (NaOH), 水酸化カリウム (KOH) など.
- 金属元素の水酸化物は塩基である.
- 塩基は酸と反応して中和され,塩と水を生成する.

$$酸 + 塩基 \longrightarrow 塩 + 水$$

- アルカリは水に溶けて水酸化物イオン OH^- を生じる.アルカリは酸と反応して,水酸化物イオンが水素イオンを受け取り水分子を生成する.

$$OH^- + H^+ \rightleftarrows H_2O$$

9・3 窒素を含む塩基

窒素塩基という用語は,アミン,アミノ酸,タンパク質,さらに DNA に関連してよく使われる.窒素原子をもち,水素イオン(プロトン)を受け取り,陽イオンになる性質をもつ化合物を窒素塩基とよぶ.

$$NH_3 + H^+ \rightleftarrows NH_4^+$$
アンモニア
$$H_2NCH_2COOH + H^+ \rightleftarrows H_3N^+CH_2COOH$$

アミノ酸は分子の一端に酸性の原子団,他の端には塩基性の原子団をもつ.上の式では,アミノ酸は窒素原子が水素イオンを受け取るので,塩基として働いている.

DNA に含まれる塩基はかなり複雑な構造をしており,DNA の二重らせん構造の中に組込まれている.アデニン,チミン,グアニン,シトシンすなわち A, T, G, C の四つの塩基がある(第 5 章参照).これら四つの塩基は,酸と反応して水素イオンを受け取りプロトン化される.

9・4 アミノ酸と双性イオン

アミノ酸はおかれた環境により,酸としても塩基としてもふるまう.このためアミノ酸は生化学では特異な化合物である.すべての酸がそうであるように,分子の末端にある COOH 基から水素イオンを放出する.一方,分子の他の末端にある NH_2 基の窒素を用いて水素イオンを受け取る.特定の pH

条件下では，アミノ酸は一つの分子内に正と負の電荷をもつ．これを**双性イオン**という．

アミノ酸は，結晶中や水中では双性イオンとして存在している．外部から酸を加えると，平衡は左に移動し，双性イオンの $-COO^-$ は H^+ を受け取り $-COOH$ となる．また，塩基を加えると，平衡は右に移動し，双性イオンの $-NH_3^+$ は H^+ を失って $-NH_2$ となる．

$$H_3N^+CH_2COOH \underset{H^+}{\overset{OH^-}{\rightleftarrows}} H_3N^+CH_2COO^- \underset{H^+}{\overset{OH^-}{\rightleftarrows}} H_2NCH_2COO^-$$

　　　陽イオン　　　　　　　双性イオン　　　　　　陰イオン

9・5 塩

塩とは，酸が塩基あるいはアルカリと反応し，中和されて生成する化合物の一般名である．食塩すなわち塩化ナトリウムは，多数の塩の一つにすぎない．

物質が溶液状態にあるのか，固体状態にあるのかを反応式に示すことが必要になる場合もある．この状態の違いをはっきり示すため，カッコ内にその状態を示す方法がしばしば用いられる．水溶液は (aq) で，固体状態は (s) で示される．また，液体の水を表すとき (l) が使われる．

　　酸 ＋ 塩基　⟶　塩 ＋ 水

　　$HCl(aq) + NaOH(aq) \longrightarrow NaCl(aq) + H_2O(l)$

　　$H_2SO_4(aq) + 2\ KOH(aq) \longrightarrow K_2SO_4(aq) + 2\ H_2O(l)$

　　$CH_3COOH(aq) + NaOH(aq) \longrightarrow CH_3COONa(aq) + H_2O(l)$

　　$H_2SO_4(aq) + CuO(s) \longrightarrow CuSO_4(aq) + H_2O(l)$

ほとんどの反応式では，反応は水溶液中で行われると仮定され，(aq) などは省いてある．

塩は，酸と炭酸塩，炭酸水素塩などの塩基性物質との中和によっても生成する．

　　　　酸　＋ 炭酸塩　⟶　塩 ＋ 水 ＋ 二酸化炭素

　　　　$2\ HCl + Na_2CO_3 \longrightarrow 2\ NaCl + H_2O + CO_2$

食べすぎや消化不良のときに飲む制酸剤や消化薬などの胃腸薬の箱に，アルミニウム塩やマグネシウム塩配合と書いてあるのを見たことがあるかも

しれない．［訳注：水酸化マグネシウム $Mg(OH)_2$ や水酸化アルミニウム $Al(OH)_3$，酸化マグネシウム MgO などが用いられている．これらは塩基であり，酸性溶液には溶けて中和反応を起こすが，水には溶けにくいのでアルカリとはよばれない．］胃の中の酸のおもな仕事は，胃酸すなわち塩酸によって食べ物が酵素消化されやすくすることである．もし食べすぎたり飲みすぎると，このシステムが過度に働くことになり，さらに HCl を生産しようとする．そうすると HCl が過剰に分泌され，胃酸過多を起こす．消化不良用の錠剤の多くは炭酸水素ナトリウムかアルミニウム化合物のどちらかを含んでいる．英国ヴィクトリア朝時代（19 世紀後半）にはビスマスを含んだ薬が使われたが，服用しすぎると有害であることが分かっている．

ナトリウム塩，カリウム塩，アンモニウム塩はいずれも水に溶ける．薬や食品の使用説明書と含有量を見てみよう．そうすれば薬や食品を水に可溶化し，胃に吸収されやすくするためにどのような塩が含まれているか分かるだろう．

9・6 中　和

中和とは，酸の量と塩基あるいはアルカリの量がちょうどつり合う過程である．水溶液中で，水素イオン（H^+）が水酸化物イオン（OH^-）とちょうどつり合い，中性の水（H_2O）を生成する．

$$H^+ + OH^- \longrightarrow H_2O$$

9・7 緩　衝　液

私たちの体内で起こっているほとんどの化学反応は，ある特定の pH 範囲で最もよく進行する．たとえば血液は pH 7.4 で作用しており，pH が 0.2 変化すると人間は重体に陥る．反応が最もうまく働く範囲に pH 値を保つようにするため，私たちの体の細胞は**緩衝液**とよばれる一連の溶液を用いている．緩衝剤は酸性度・塩基性度の変化に抵抗する化合物である．緩衝液とは，外から入ってくる酸やアルカリと相互作用して，その影響を小さく抑え，溶液の pH を元の値に保つようにする物質の混合溶液である．

特定の pH に溶液を保つよう，緩衝剤の組成を調節した混合物を設計できる．薬局で買える制酸剤は，特定の pH にするように設計された混合物である．体は独自のシステムをもっており，最も有効な pH を保つようにつねに

働いている．これは**恒常性**（ホメオスタシス）として知られている．体の緩衝剤はおもにタンパク質とアミノ酸であり，病気から過食までのいろいろな原因で生じたエイリアンのような外部からの混入物を柔軟に処理している．

　緩衝液は何からつくられているのだろうか．初めに，適切な代謝条件やpHを保つように工夫されたタンパク質による体の緩衝作用をみてみよう．

9・7・1　タンパク質緩衝剤

　タンパク質は体内に豊富に存在する物質である．タンパク質はアミノ酸が多数結合した化合物であり，その鎖からはアミノ酸側鎖が出ている．側鎖には炭素置換基だけではなく，アミノ基やカルボキシ基をもつ置換基も含まれる．タンパク質の部分構造の一例をつぎに示す．

　外部から不都合な酸が入ってくると，タンパク質緩衝剤のアミノ基がその水素イオンを受け取って陽イオンを生成することで，元のpHが保たれる．

　もし水酸化物イオン（OH^-）が存在すると，タンパク質緩衝剤のCOOH基が水素イオンを放出し，水酸化物イオンと反応し中性の水を生成する．水酸化物イオンが混入物として加えられるほど，より多くのタンパク質がイオン化するようになる．上の平衡は右に移動し，元のpHが保たれる．

9・8　体内の緩衝作用

　鉄とタンパク質の化合物であるヘモグロビンは，そのタンパク質を用いて血液系を緩衝する．この緩衝作用は，細胞がグルコースを使ってエネルギーを放出したとき生成する酸性の炭酸ガスを吸収し，血液のpHを調節するために不可欠である．

すなわち,二酸化炭素が細胞中に存在する水と反応して,炭酸が生成する.

$$CO_2 + H_2O \rightleftarrows H_2CO_3 \rightleftarrows H^+ + HCO_3^-$$

炭酸はつぎに水素イオンを生成する.この水素イオンは緩衝系によって処理され,最適なpH値を保つよう中和される.

わずかにアルカリ性である酸素化された血液は,酸素を細胞に輸送しなければならず,そのpHが細胞中の他の物質の働きに影響を与えてはならない.タンパク質は細胞のpHを7.35～7.45の範囲で,通常約7.4に保つようにその溶液を緩衝する.呼吸困難(たとえば肺気腫)で二酸化炭素濃度が増大すると,鋭敏な緩衝系にひどく影響し,負荷をかけすぎることにもなる.もし,血液のpHが7.35以下に落ちると**アシドーシス**とよばれ,神経系の著しい機能低下が生じ,意識障害や昏睡を起こし,pHが元に戻らないと死に至る.

一方,過呼吸などによって血液中の二酸化炭素が減少し,血液のpHが7.45以上になると,アルカローシスとよばれる.すると呼吸数を減少させたり,腎臓が水素イオンの排出を減少させて,pH値を保とうとする.アルカローシスは高山病,脳障害,多量のアスピリン服用などによっても起こる.簡単な治療は,紙袋を口にかぶせて呼吸することである.そうすると,二酸化炭素濃度が高い呼気(しかし十分酸素も含んでいる)を再び吸うことになるので,血液の酸性度を上昇させ,pHを低くできる.

血液のタンパク質(すなわちヘモグロビン,特にその構成アミノ酸であるヒスチジン)はよい緩衝剤であり,pHを血液にとって最も効果的な7.4に保つことができる.

9・9 消化と酸

食べすぎたりアルコールを飲みすぎると,胃はpHを一定に保とうとするので,胃に負担がかかりすぎるようになる.緩衝系にも負担がかかり,過剰の胃酸が分泌されるようになる.これが結局消化不良を起こす.

粉末の胃腸薬あるいは少量の炭酸水素ナトリウムを飲むことで,胃のpHが再び元の値に戻るようになる.これらの薬には,過剰の酸と反応するよう,少量の水酸化物イオンや,炭酸水素イオン HCO_3^- を生成する塩が加えられて

いる．もっとも，炭酸水素イオンは炭酸ガスを生成するので，げっぷが出るようになるが．

$$H^+ + HCO_3^- \longrightarrow CO_2 + H_2O$$

9・9・1 酸のほかの意味

酸という言葉は，酸パーティー（acid party：幻覚剤乱用パーティー）という言葉で麻薬と関連している．この場合の酸は，幻覚剤 LSD（リゼルグ酸ジエチルアミド，lysergic acid diethylamide）に由来する．

9・10 環境における酸

二酸化炭素は天然に存在する酸性ガスであり，水や湿気に溶け，炭酸を生成する．炭酸水素ナトリウムや炭酸ナトリウムは炭酸のナトリウム塩である．二酸化炭素は自然，家庭，工場など多くの場所で発生する．私たちの体内や植物における炭素原子はすべて，間接的には空気中の二酸化炭素に由来する（§2・8参照）．温室効果の一部は空気中の二酸化炭素の増加によってもたらされる．太陽から放射された光は大気を通過し，地上に届く．この光は地球表面に吸収され，異なったエネルギーの形すなわち熱に変換される．二酸化炭素はその熱エネルギーを吸収し，エネルギーが宇宙空間に戻るのを妨げる．したがって，地球の温暖化は，空気中の二酸化炭素濃度が増加するにつれて起こりやすくなる．その増加はパーセンテージでいうと取るに足らないように思える．しかし，微妙なバランスを保っている生命体と地球の表面温度に影響を与えるには十分である．

二酸化硫黄（SO_2）も酸性ガスであり，硫黄を含んでいる化石燃料の燃焼で生成する望ましくない副生成物である．フィルターと触媒式排出ガス浄化装置で車からの排出ガスに含まれる二酸化硫黄を除くことができる．この問題を軽減するよう低硫黄燃料が市場に出回っている．発電所もまた，排出ガスと石灰石（炭酸カルシウム）を混ぜることによって，硫黄を除去しようとしている．この反応で生成した硫酸カルシウムは農業における土壌改良剤として用いられたり，建築産業では石膏ボードを作るために利用されている．

空気中の二酸化硫黄は酸素とともに雨に溶け,硫酸の希薄溶液を生成する.

$$S + O_2 \longrightarrow SO_2$$
$$2\,SO_2 + O_2 \longrightarrow 2\,SO_3$$
$$SO_3 + H_2O \longrightarrow H_2SO_4$$

この硫酸によって石灰岩の建物や大理石の石像が損傷を受ける.

空気(酸素と窒素)中で燃料を燃やすと,少量の窒素酸化物(二酸化窒素,NO_2)が生成する.これは雨に溶け硝酸(HNO_3)の希薄溶液となる.窒素酸化物は雷が空気(酸素と窒素)中で放電するときにも生成する.雨に溶けた窒素酸化物は,土壌中の不足した硝酸塩を補っている.硝酸塩はよい肥料である.

雨は,植物や動物が発生する二酸化炭素のために,わずかに酸性である.しかし近年,車,発電所,家庭における燃料の消費が増加し,雨に溶ける窒素酸化物(NO_x)や硫黄酸化物(SO_x)が増えている.空気中のこれらすべての酸の濃度があまりに高くなり,酸性雨が植物や樹木を枯らすようになった.

また,火山の噴火がこれらの酸性ガスを毎年多量に生み出していることも忘れてはならない.酸の汚染は私たちの生活ばかりに問題があるのではない.

この問題についてもっとたくさん述べることがあるが,紙面に余裕がないので詳しくは環境科学に関する本を参照されたい.私たちの惑星は見事にバランスを保っている系であり,その平衡の維持に努めなければならない.

診断テストの解答

1. 分子内に水素イオン(H^+)として解離できる水素原子をもつ. [1点]
2. 塩と水 [1点]
3. 酸 + 塩基 ⟶ 塩 + 水 [2点]
4. 強酸は塩酸,硫酸;弱酸は炭酸,酢酸 [2点]
5. 単一分子内に酸と塩基の両方の原子団をもつ分子,たとえばアミノ酸 [1点]
6. 溶液のpHを一定に保つ溶液 [2点]
7. pH 7 以下の値 [1点]

発展問題

1. つぎの文の内容を化学反応式に書き換えよ．
   (ⅰ) 硫酸（H_2SO_4）は強酸であり，水溶液中ではほぼ完全に水素イオンと硫酸イオンに解離する．
   (ⅱ) 水酸化カリウム（KOH）は水に溶ける強塩基であり，アルカリとよばれる．水溶液中ではほぼ完全に構成要素のイオンに解離する．
   (ⅲ) 硫酸は水溶液中で水酸化カリウムと反応し，塩を生成する．その塩，硫酸カリウムは完全にイオン化する．
   (ⅳ) 塩酸（HCl）は固体の炭酸カルシウム（$CaCO_3$）や石灰石と反応し，塩と水を生成し，炭酸ガスを発生する．
   (ⅴ) 炭酸，エタン酸（酢酸 CH_3COOH）は両方とも弱酸であり，水溶液中でおもに未解離形で存在する．炭酸は室温で容易に分解し，二酸化炭素と水になる．
   (ⅵ) グリシン（NH_2CH_2COOH）はアミノ酸である．グリシンは酸性溶液中で陽イオンを生成し，アルカリ溶液中で陰イオンを生成する．
   (ⅶ) タンパク質を構成するアミノ酸は，pH 調整剤，すなわち酸性とアルカリ性で変化する緩衝剤である．

2. 私たちの胃を一定の pH に保つため使われる緩衝液の一例をあげよ．体の組織や細胞は，pH を一定に保つためどのような物質を利用しているか．

3. pH とはどのような意味をもつのか．また，どのように測定されるのか．すべての酸が共通してもっている構成要素は何か．

4. 酸はしばしば何か悪いもののように思われている．この意見に賛成と反対の立場から議論しなさい．

5. 塩基とはどのような意味か．塩基はアルカリとどのように異なるのか．

6. $20\ cm^3$ の水酸化ナトリウム水溶液が 2 M の塩酸 $40\ cm^3$ で中和された．水酸化ナトリウムのモル濃度はいくらか．0.5 M，1.0 M，2.0 M，4.0 M，8.0 M のなかから選べ．

7. もし，グリシンの酸性溶液に直流電流を流したら，そのアミノ酸はどちらの電極に移動するか．中性，アルカリ性溶液のときはどうなるか．

8. 雨は通常わずかに酸性であるが，燃料を燃焼させると，さらに酸性になる．雨は炭酸，硫酸，硝酸を含む．それらがどのように生成するか説明せよ．

参考文献

1. J. W. Nicholson. A brief history of acidity. *Education in Chemistry*, January 2004, **41**(1), 18〜19.

10 酸化と還元

> **到達目標**

- 酸化還元反応の概念を説明できる．
- 電子の授受の点から酸化還元反応を説明できる．
- 代謝過程における酸化還元反応の重要性を説明できる．

> **診断テスト**

この小テストを解いてみてください．もし，80％以上の点がとれた場合はこの章を知識の復習に用いてください．80％以下の場合はこの章を十分学習して，最後に，もう一度同じテストを解いてください．それでも80％に満たなかったら，数日後，本章をもう一度読み直してください．

1. 酸素の授受の点から酸化を定義せよ． [1点]
2. 電子の授受の点から還元を定義せよ． [1点]
3. $CuO + H_2 \longrightarrow Cu + H_2O$
   この反応で何が何に酸化されているのか． [2点]
   何が何に還元されているのか． [2点]
4. SODとは何か． [1点]
5. NOの化合物名は何か． [1点]
6. 心臓発作の後，なぜアスピリンが投与されるのか． [2点]

全部で10点（80％＝8点）．解答は章末にある．

"大学生 ボリビアの山脈でバイアグラをテスト"これは新聞の見出しである．エジンバラ大学で計画された研究で，110名の学生をボリビアのチャカルタヤ山の標高16,000フィート（4800 m）の地点に連れて行き，1週間バイ

Chemistry: An Introduction for Medical and Health Sciences, A. Jones
© 2005 John Wiley & Sons, Ltd

アグラ（一般名：シルデナフィルクエン酸塩）を投与した．バイアグラは肺の血管を拡張させることが知られているので，高地肺水腫（肺に液体が溜まる）を防ぐのに役立つと期待された．

バイアグラはここ数年最も売れた薬の一つである．バイアグラの作用は，私たちの体内に微量存在するある種の酸化物に依存している．

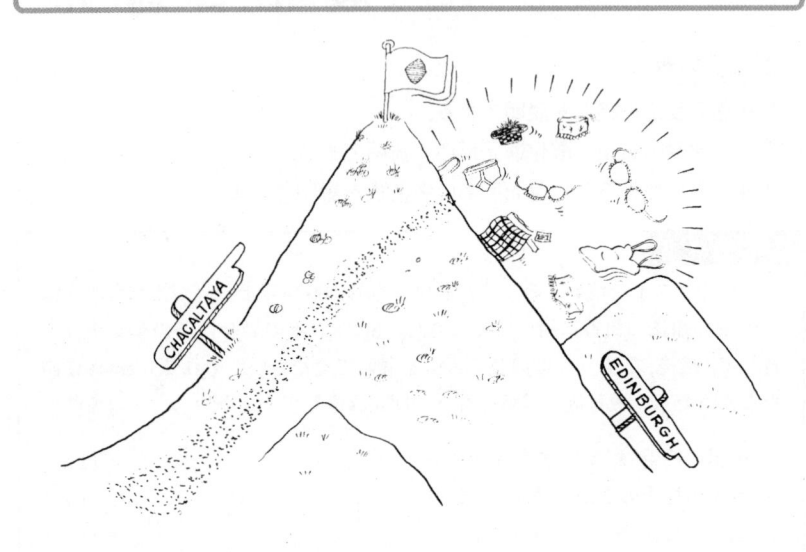

10・1 酸化と還元の定義

私たちは酸化と還元という言葉をいろいろな状況で使うが，化学用語は慎重に定義する必要がある．

1. **酸化**とは，元素や化合物へ酸素を与える反応，あるいは化合物から水素を奪う反応である．**還元**はその反対であり，化合物へ水素を与える，あるいは酸素を奪う反応である．
2. 酸化とは，物質が電子を失う反応である．酸化と還元は必ず同時に起こる．還元は物質が電子を得る反応である．
3. 他の物質を酸化する化合物を**酸化剤**という．酸化剤が別の物質を酸化すると，酸化剤自身は還元される．**還元剤**が他の物質を還元すると還元剤自身は酸化される．

この章では，化学反応で何が起こっているのかを示すため多くの化学反応

10・1 酸化と還元の定義

式を使うが，化学反応式の両辺の係数を合わせたり，その係数を覚えることにこだわる必要はない．反応で起こっている変化と，その反応で何が起こっているかの本質だけを理解することが必要である．

10・1・1 定義の例

定義1: 黒色の酸化銅を加熱し水素ガスを通過させると，酸化銅は酸素を失い赤褐色の金属銅が生成するので，酸化銅は還元される．一方，水素ガスは酸素と反応し水になるので，水素は酸化される．

$$CuO + H_2 \longrightarrow Cu + H_2O$$

この反応で酸化剤は酸化銅であり（酸素を与えるので），銅に還元される．また，還元剤は水素であり，水素は酸化されて水になる．

鉄鉱石（主成分 Fe_2CO_3）とコークス（炭素）を混ぜ，溶鉱炉で加熱するとつぎの反応が起こり，鉄や鋼が作られる．

$$Fe_2CO_3 + 3C \longrightarrow 2Fe + 3CO$$

炭素は鉄鉱石から酸素を奪うので還元剤であり，炭素は一酸化炭素に酸化される．酸化鉄は鉄に還元されている．

定義2: この定義は，イオンや電子の移動を伴う化学反応を考える場合に役立つ．イオン化合物を含む化学反応は，この定義でうまく説明できる．金属亜鉛と希塩酸との反応を考えてみよう．亜鉛が溶解して，塩化亜鉛の溶液が生成し，水素ガスが発生する．

$$Zn + 2HCl \longrightarrow ZnCl_2 + H_2$$

この反応には酸素が関与していないので，亜鉛に何が起こったのかを理解するのは難しい．定義2はこの反応を説明するのに役立つ．この反応でのイオンを見てみよう．

$$Zn + 2(H^+ Cl^-) \longrightarrow Zn^{2+} + 2Cl^- + H_2$$

金属亜鉛（Zn）は電子を失い陽イオン（Zn^{2+}）を生成する．亜鉛は電子を失うので酸化されている．水素イオン（H^+）は電子を受け取り，中性の水素ガ

スとなるので，水素イオンは還元されている．塩化物イオンは変化しない．この反応式で変化したものだけを示すと，つぎのように簡単にすることができる．

$$Zn + 2H^+ \longrightarrow Zn^{2+} + H_2$$

この式の両辺では原子の数が同じであり，電荷数も同じであることに注目しよう．

鉄は二つのイオン状態 Fe^{2+} と Fe^{3+} をもつ化合物をつくることができる元素である．これら二つの状態は，血液のヘモグロビンが酸素を運ぶときに関与している．Fe^{2+} から Fe^{3+} へ変化するということは，鉄が一つの電子を失うことであり，Fe^{2+} は酸化されたことになる．

$$Fe^{2+} - e^- \longrightarrow Fe^{3+}$$

Fe(II)，Fe(III)のように，酸化状態を元素記号の後ろにローマ数字を使って示すこともある．これらローマ数字は**酸化数**とよばれる．ある原子の酸化数が増加したとき，その原子は酸化されている．酸化数が減少したときは還元されたという．酸化数を利用して，酸化還元反応の係数を求めることができるが，その概念はこの本では扱わない．

$$Fe(II) - e^- \longrightarrow Fe(III)$$

いうまでもなく，この反応では Fe^{2+} から電子を受け取る他の化学物質（酸化剤）が必要である．逆反応も可能であり，異なった条件下では Fe(III) は還元剤の作用によって，Fe(II) に還元される．

酸化還元反応（レドックス反応）とは，酸化と還元が同時に起こっている化学反応に与えられた一般名である．電子が一つの原子あるいは原子団から他の原子や原子団に移動するので，この反応は電気化学検出器を使うことによって追跡できる．物質が酸化されやすいか，還元されやすいかの傾向は，酸化還元電位という用語で表され，V（ボルト）単位で求めることができる．

10・2 燃焼と酸化

空気中や酸素中で物質が燃えるときも，酸化還元反応が起こっている．天然ガスの主成分メタン CH_4 が空気中で燃焼すると周囲にエネルギーを放出

する.

$$CH_4 + 2\,O_2 \longrightarrow CO_2 + 2\,H_2O + \Delta H \quad (\Delta H < 0)$$

メタンは二酸化炭素と水に酸化されている.酸化剤である酸素は水に還元されている.

体内での燃料であるグルコースの燃焼も酸化還元反応であり,エネルギーすなわち熱を体内に放出する.

$$C_6H_{12}O_6 + 6\,O_2 \longrightarrow 6\,CO_2 + 6\,H_2O + \Delta H \quad (\Delta H < 0)$$

反応式の終わりにある ΔH 項は,エネルギー変化の観点から化学反応で何が起こっているかを知るのに役立つ.ΔH が負の値のときは,その反応で周囲に熱が放出されていることを示している.この化学反応では熱が発生し,**発熱反応**とよばれる.ΔH が正の値のときは,反応が起こるためには熱を必要としていることを意味している.この反応は**吸熱反応**とよばれる.

10・3 代謝過程における酸化還元反応
10・3・1 スーパーオキシド

近年,新しく開発された検出機器によって,科学者は私たちの代謝過程に関与する微量の物質を研究することができるようになった.**スーパーオキシドアニオン**(O_2^-)は,体の細胞に有毒な物質の一つである.スーパーオキシドアニオンは酸素による呼吸の副産物の一つとして発生し,また特別に活性化された白血球細胞でつくられる.健常者は,スーパーオキシドジスムターゼ(SOD)とよばれる酵素を使い,これらのイオンを無毒化する独自の方法をもっている.SOD はどのようにスーパーオキシドアニオンを無毒化しているのだろうか.

心臓発作や脳卒中の後や,関節炎のような炎症性疾患のとき,私たちの体は過剰のスーパーオキシドアニオンを生成し,SOD の供給が間に合わなくなる.この過剰なスーパーオキシドアニオンで周囲の組織が損傷を受ける.したがって可能なかぎり素早く O_2^- の濃度を減らすことが重要である.

SOD の通常の作用様式は,スーパーオキシドアニオンを過酸化水素(H_2O_2)

と分子状酸素に変換する反応を触媒することである．生成した過酸化水素は血液中に存在している酵素ペルオキシダーゼによって水と酸素に分解される．スーパーオキシドアニオンが系内に長く残っていると，少量存在する一酸化窒素（NO）と反応し，細胞毒性をもつペルオキシ亜硝酸 $(O-O-NO_2)^-$ を生成する．これは特に細胞に有害である．一酸化窒素はまた，体の血流を制御し，血液の凝固と血栓形成に関与する血小板細胞の凝集を抑制する作用をもつ重要な鍵物質である．したがって適切な量が体内で保たれねばならない．

> 1998 年，私の叔父はスカッシュの厳しい試合の真っ最中，心臓発作で倒れた．スカッシュの相手であるフレッドがいなかったら叔父は死んでいただろう．フレッドは 2 錠のアスピリンを叔父に飲ませたのだった．フレッドは心臓発作で生成した過剰のスーパーオキシドアニオンを分解するためにアスピリンが役立つことを知っていた．私は現在いつもアスピリンを所持している．私の年齢では，いつ必要になるかわからないからね．

心臓発作で大量のスーパーオキシドが生成すると，SOD 系で処理しきれなくなる．そうすると，過剰のスーパーオキシドは一酸化窒素と反応し，血流を保つのに好都合な NO の役割を邪魔する．その結果，血液凝固と血栓形成が起こりやすくなる．最も簡便な治療法は，心臓発作直後に血液を薄める薬である SOD 製剤を飲むか，注射することである．もっと一般的な治療は，2 錠のアスピリンを飲むことである．

この分野の最近の研究では[1]，心臓発作後には，生成したスーパーオキシドの抑制作用をもつ SOD が減少するので，それに代わる SOD 作用をもつ類似薬を開発することに焦点を当てている．

10・4 一酸化窒素

一酸化窒素（NO）の電子構造は，これまで学習したいくつかの化合物のように簡単ではない．NO には不対電子があり，化学結合でのオクテット説（安定な中性分子では，原子は希ガスのように 8 個の外殻電子に取囲まれるという経験則）に従わない．

10・4 一酸化窒素

NOは不安定な気体で,空気にさらされるとすぐさま二酸化窒素(NO_2,褐色の気体)に酸化される.その結果,不対電子をもつ不安定な構造が安定な構造になる.しかし,体の閉鎖的な環境ではこの酸化は起こらず,NOは細

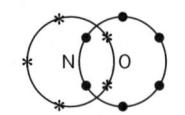

図10・1　一酸化窒素　酸素原子はオクテットを満足しているが,窒素原子は7電子しかもっていない.

胞内でその特異な役割を果たす.NOはおそらくアミノ酸あるいはタンパク質の酸化で生成する.NOはすべての哺乳類の器官での炎症性疾患や変性疾患などに生化学的に関係しているとみなされている.NOは血液中や体の他の部分に存在し,脳にも微量存在している.NO濃度は非常に低いので,感度の高い分析機器の発展により,最近になって発見された.

最近発見された一酸化窒素のその他の役割としてつぎのようなものがある.

- コレステロール値を低下させるスタチン系薬物,たとえばフルバスタチンは血流を促進する.これはおそらく,動脈の内皮における一酸化窒素量が増加することで動脈を拡張するためである[2].(最近の研究論文を探すために,一酸化窒素のインターネット検索をしてみなさい.)
- 一酸化窒素は重要な細胞シグナル伝達分子であることがわかっている.さらに片頭痛や心臓発作後の脳の損傷と一酸化窒素との関係について研究が続いている[2].
- 少量の一酸化窒素の吸入は未熟児の呼吸を助け,重症肺疾患を防ぐ.
- 1998年のノーベル医学生理学賞は,心臓血管系におけるシグナル伝達分子としての一酸化窒素の役割についての研究で,Robert Furchgott博士に授与された.彼はつぎのようにいっている."一酸化窒素は神経系でシグナル伝達分子の一つとして,また感染源を攻撃したり,血圧の制御因子やいろいろな器官への血流の調節役として働いている."
- 体に役立つ化学物質としての一酸化窒素の役割の発見が,性機能不全治療薬であるバイアグラの開発につながった.

- 癌治療の新たな方法としての利用が研究されている.

> Alfred Nobel（1833～1896）はニトログリセリンを主成分としたダイナマイトを発明した．少量のニトログリセリンによって，心臓発作で生じる胸痛が緩和されることが彼の時代でさえも知られていた．現在では，ニトログリセリンにより体，特に冠動脈に一酸化窒素が放出され，その結果，血管が拡張し，血液が通りやすくなり胸痛が緩和することが知られている．Nobel は胸痛に悩まされたが，ニトログリセリンを飲むと頭痛になるので，ニトログリセリンを飲まなかった．彼は心臓発作で亡くなった．

10・5 酸素ガス

　細胞が生きていくためには，酸素が絶え間なく供給されなければならない．したがって酸素は生命に不可欠な化合物である．私たちの体は酸素を血液に溶解させて，もしくはヘモグロビンあるいはミオグロビンに結合させて，外部の空気から細胞内へ酸素を取入れている．酸素は水に溶けにくく，血液や体液にも溶けにくい．たとえば，1 L の血液は 2.7 mL の酸素を溶かすにすぎない．これでは生命を維持するにはまったく不十分である．動脈血は血液に溶けている酸素を血液 1 L あたり 2.7 mL 運ぶとともに，ヘモグロビンと化学的に結合した 204.7 mL の酸素を運ぶ．

　私たちの体内の酸素の大部分は，ミオグロビンあるいはヘモグロビンの鉄原子と酸素分子との間の化学結合によって保持されている．ミオグロビン-酸素化合物は筋肉組織における酸素貯蔵所として働いている．血液ヘモグロビンは全身の組織へ酸素を効果的に運搬する．

　ヘモグロビン分子は四つの酸素分子を結合でき，肺に取込まれた酸素と結合する．酸素化された血液は循環し，酸素濃度（あるいは酸素分圧）がヘモグロビン-酸素の濃度より低い細胞で，結合している酸素を放出する．脱酸素化された血液は循環し，再び肺に戻り酸素化される．感染症によって，肺から血液への酸素ガスの拡散が妨げられると，体全体の酸素供給に悪影響を与える．気管支炎，過剰のたん，かぜ，インフルエンザのいずれによっても酸素の血液への拡散が減少する．その結果，簡単な動作や運動でも息切れがする．喫煙は肺の効率に最も影響を与える．標高の高い所でも，酸素の吸収

が減少する．

　筋肉組織に蓄えられた酸素は，ミオグロビンに結合している．ミオグロビン分子は一つの酸素分子と結合する．ミオグロビンは酸素をしっかり保持しており，周囲の組織が，激しい運動のように大量の酸素を必要としたときだけ酸素を放出する．その後，ミオグロビンは酸素化されたヘモグロビンによって再び酸素化される．

　代謝が行われている場所での酸素分圧，pH，その場所の二酸化炭素濃度，そして体温などが，酸素化されたヘモグロビンからの酸素放出に影響する[3]．

10・5・1　興味深い細菌

　酸素に富んだ大気を好む細菌や，嫌う細菌がいる．New Scientist 誌で Cohen は，ある肉食性の細菌をある種の癌に注入したとき，その危険な細胞を消費し，不活性にしたと報告した[4]．重大なことは，腫瘍内の空気が存在しない状態で癌細胞を消費し，もっと酸素に富んでいる腫瘍の外側では死んでしまう細菌を選択することである．これを化学療法と併用すればもっと効果がある．この治療法は動物ではうまくいったが，人間の組織で試験されるには時間がかかるだろう．

診断テストの解答

1. 原子あるいは分子が酸素と化学結合する過程	[1点]
2. 電子を受け取る過程	[1点]
3. 水素が水に酸化されている．	[2点]
酸化銅が銅に還元されている．	[2点]
4. スーパーオキシドジスムターゼ	[1点]
5. 一酸化窒素	[1点]
6. 血液の流れをよくし，有害なフリーラジカルを捕まえるため．	[2点]

発展問題

1. つぎの化学反応式を見て，何が酸化され，何が還元されているかを述べよ．

$2 PbO + C \longrightarrow 2 Pb + CO_2$

$Mg + 2 H^+ \longrightarrow Mg^{2+} + H_2$

$C_{12}H_{22}O_{11} + 12 O_2 \longrightarrow 11 H_2O + 12 CO_2$

2. つぎの化学反応式の係数を求め，何が酸化され，何が還元されているかを説明せよ．　$H_2S + O_2 \longrightarrow SO_2 + H_2O$
3. 体の酸化過程では，ときどき炭水化物が二酸化炭素と水に酸化される代わりに，副反応が起こる．この際，過酸化水素が微量生成する．また，もし酸素が不十分であると，少量の一酸化炭素が生成する．これら厄介な副生成物を体はどのように処理しているか．
4. 最近，一酸化窒素（NO）が体内に存在していることが発見された．NOは微量存在しており，ときには1秒の何分の1だけの寿命であるが，多くの機能をもっている．NOは，ときには他の物質と反応して安定化される．体内でこの化合物はどのようにつくられるのか．この話題について調べるために役立つウェブサイトは，www.hhmi.org/science/cellbio/stamler.htm
5. 以前の章で，炭水化物からエネルギーを生成する酸化反応の生成物は二酸化炭素と水だけではなく，また少量の一酸化炭素もあることを学んだ．体内にそのような化合物が存在している利点と欠点を概説せよ．
6. 心臓発作の直後にとる最も便利な治療薬はSOD類似薬，あるいは，世間一般の人の常備薬である2錠のアスピリンである．心臓発作後の患者の治療におけるこれら二つの化学物質の役割を説明せよ．心臓発作を起こす危険性のある人は，なぜ1日に半錠のアスピリンを服用するのか．

参考文献

1. J. Mann. Medicine advances. *Chemistry* 2000, 13〜15（special issue）.
2. G. Thomas. *Medicinal Chemistry*, Chap. 11. 5. 1, p. 435ff. Wiley, Chichester, 2000.
3. T. Hales. *Exercise Physiology*. Wiley, Chichester, 2003.
4. P. Cohen. An appetite for cancer. *New Scientist*, 1 December 2001, 14.

11

分　析　法

> **到達目標**
> - 医学で利用されている有用な分析法を列挙し概説できる．
> - 化学分析の医学への応用について説明できる．

> **診断テスト**
>
> 　　この小テストを解いてみてください．もし，80％以上の点がとれた場合はこの章を知識の復習に用いてください．80％以下の場合はこの章を十分学習して，最後に，もう一度同じテストを解いてください．それでも80％に満たなかったら，数日後，本章をもう一度読み直してください．
>
> 1. 質量分析法では分子やイオンの何がわかるか． [1点]
> 2. ペーパークロマトグラフィーにおける R_f 値とは何か． [1点]
> 3. 赤外分光法では化合物の何がわかるか． [1点]
> 4. 電子顕微鏡はどのような点で，従来の光学顕微鏡より優れているか． [1点]
> 5. MRIは何の略か． [1点]
> 6. PETは何の略か． [1点]
> 7. つぎのことを行うためには，どのような分析法を用いたらよいか．
> （ⅰ）アミノ酸混合物を分離する． [1点]
> （ⅱ）脳腫瘍の場所を知る． [1点]
> （ⅲ）異常な細胞の標本を見る． [1点]
> （ⅳ）スポーツ選手の尿に使用禁止の化学物質が含まれるかを調べる．
> [1点]
>
> 全部で10点（80％＝8点）．解答は章末にある．

Chemistry: An Introduction for Medical and Health Sciences, A. Jones
© 2005 John Wiley & Sons, Ltd

> 　土を拾い上げて口に入れないよう子供に注意している若い母親を見て，おばあちゃんがつぎのようにいっているのを以前聞いたことがある．"したいようにさせなさい．"土には，高度な分析技術を使えば検出できるような微量栄養素が含まれている．
>
> 　医学における新発見につながる微量物質の検出に，分析化学の発展が大きく貢献している．癌細胞が通常の細胞と異なった巧妙な方法で，その細胞表面に存在する炭水化物を代謝することがあると最近の研究で報告されている．炭水化物の一種であるシアル酸はふつう，胎児の発達時期にだけ細胞表面に現れる．シアル酸の検出，定量が可能となったため白血病患者と同様，胃癌，大腸癌，すい臓癌，肝臓癌，肺癌，前立腺癌，乳癌の患者にも特異的に現れることがわかった．現在さらに研究が続けられている[1]．

11・1 分析の必要性

　現代世界では病気と積極的に戦っているが，人間は昔から病気と戦ってきた．いろいろな病気に対して，まじない師がいたし，治療法のくだらない迷信もあった．特定の病気の原因と治療効果が，ある程度理解されたのは最近のことである．しばしば植物中に存在する微量の化学物質によって，特定の病気が治り，痛みから解放されるようになった．しかし，その効能のある化学物質を発見し検出するには，高度な分析技術を必要とする．

　アルバート公（英国ヴィクトリア女王の夫君）は1861年42歳で亡くなった．その当時の医師が腸チフスの治療法を知らなかったからである．抗生物質は当時まだ発見されていなかった．19世紀初めの平均寿命は40歳から50歳の間であり，幼児死亡率は約20％であったので，アルバート公は亡くなったとき，比較的高齢であったのだ．

　19世紀には，英国とヨーロッパで何千もの人がコレラで亡くなった．その当時，治療法は知られていなかったし，コレラの発生と不衛生な状態との間の関係もわからなかった．都市では人間の排せつ物は道に沿った溝に捨てられ，川に流れ込んでいた．川は飲料水の水源でもあった．ロンドンは悪臭の街として知られていた．コレラはその悪臭で伝染すると考えられていた．1880年代，地下に大規模な下水道が整備され，その状態はようやく改善された．また，細菌やウイルスのような非常に小さな微生物の存在もわかってき

た．コレラの原因である細菌は1883年Robert Kochによって発見された．

　1928年のFlemingによるペニシリンの発見と，1940～1950年代およびそれ以降における多くの抗生物質の発見によって，細菌感染からの死亡率がかなり減少した．特にストレプトマイシンは結核と肺炎に対して効果的であることが発見された．このようにさまざまな薬効をもつ多くの抗生物質の発見により，現在，平均寿命はほぼ70歳であり，さらに延びている[2]．

　1950年代以降，新たに発見された薬の研究とスクリーニングによって，病気に対して効果的な治療を行うためにどのような分子を選べばよいかを知る突破口が開かれた．すなわち，化学構造と薬理活性の定量的な相関が研究されるようになり，医薬品候補の論理的設計に基づく創薬研究が積極的に行われている．

　現代における世界の惨劇はHIVとAIDS（§14・5参照）のまん延であり，それを防ぐためのワクチンや何らかの方法を発見しようと全力で研究が行われている．感染防止にコンドームを使うか，決まったパートナーとの性行為がこれらを防ぐ疑う余地のない方法である．しかし特に貧困国では，こうするよう説得するのは容易でない．

　上に述べた研究のすべての分野は，すばらしく創造的な分析化学技術と精製法により，ようやく可能となった．そのような分析方法と分析機器は，少量の物質を検出するために必要である．これらはまた，薬剤の投与やその効果を観察するため，また体内で生成した代謝生成物の分析のためにも役立っている．

11・1・1　どのような分析方法があるか

　最も一般的に用いられる分析法を以下に概説する．分析はふつう微量の試料を用いて行われるので，分析方法は非常に精度が高くなければならない．私たちの血液中のホルモン濃度は，プールに数粒の食塩を加えたときの濃度に似ている．分析方法は一般に，原子や分子あるいはその構成要素の物理的性質によって決まる．いくつかの分析法は電磁波（非常に短波長のγ線から，可視光線，さらに長波長のラジオ波まで，表11・1）と原子や分子との相互作用を利用している．

　質量を正確に測定する質量分析法や，いろいろな表面への分子の吸着しやすさを利用したクロマトグラフィーという方法もある．さらにいろいろな領

域の電磁波エネルギーの吸収しやすさを利用した測定法もある．

　忘れてならないのは，現在測定対象とされている物質は20世紀初めにはそれが存在すると思われることすらなかった．ごく微量の物質が私たちの代謝系に大きな影響を与えることがいったん認識されると，薬剤の作用機序の解明や尿中の残留物の分析のために，これらの分析技術が重要になった．

表11・1　電磁波の範囲

波長〔m〕	γ 線	X 線	紫外線	可視光線	赤外線	マイクロ波	ラジオ波
	10^{-12} 高エネルギー	10^{-10}	10^{-8}	10^{-7}	10^{-6}	$10^{-4} \sim 10^{-2}$ 低エネルギー	10

11・2　質量分析法

質量分析法では，質量の異なる粒子が電場や磁場に対して異なる反応を示すという事実を利用している．軽い粒子は重い粒子より容易に移動する．

　微量の分析試料（わずか数 μg，$1 \mu g = 10^{-6} g$）を真空中で加熱気化させた後，高エネルギーの電子流の中に導入する．高エネルギーの電子が分子に衝突すると1個の電子がたたき出され，分子イオンが生成する．

$$X + e^- \longrightarrow X^+ + e^- + e^-$$

気体分子　　　　　　　気体：　　気体分子か　　エネルギーが小
　　　　　　　　　　　分子イオン　ら放出され　　さくなりゆっく
　　　　　　　　　　　　　　　　た電子　　　　り移動する電子

　分析試料が生体試料などの有機化合物なら，生成した分子イオンは，その構造のいろいろな場所で結合の開裂を起こし，さまざまな低質量のイオンを生成する．これらフラグメントイオンは，元の分子の特徴を保持しており，ちょうど分子の指紋のようなものである．

　生成したイオンを強い電場中で加速させてイオンビームとし，強磁場中に導く．ビーム中のイオンはすべて正電荷をもっているが，質量の小さい軽いイオンは重いイオンより磁場の影響を受けやすい．これをつぎのように考えてみよう．あなたが，英国西部にある風の強いことで有名なセヴァン橋上をドライブしているとしよう．悪名高い銀行強盗であるあなたは，金の延べ棒

をたくさん積んだ白いバンを運転している.あなたの前をたくさんの羽毛の枕を積んだ同じ車種の白いバンが走っている.突然,横風が吹き始めると,両方のバンは,ハンドルを取られ急に曲がるようになる.どちらがより曲がることになるだろうか.同じことがイオン化した粒子についても起こる.磁場中で軽い粒子は,重い粒子よりもっと曲がるようになる.つまり,イオンの進路が曲げられる程度は,イオンの質量と電荷の比 (m/z) に依存し,小さな m/z 値のイオンは大きく曲がる.

イオンが検出器に到着すると,質量数の異なるイオンがつぎつぎと検出されそれらがピークとしてグラフに記録される(図11・1).このグラフを

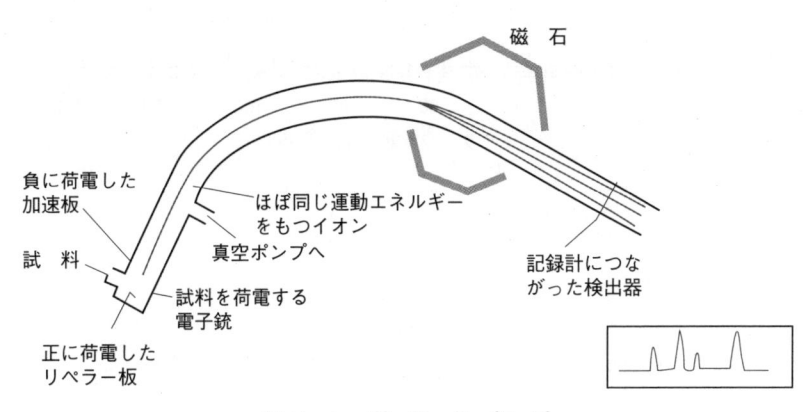

図11・1 質量分析計

質量スペクトルという.このスペクトルから分子量が明らかになるとともに,フラグメントイオンの特徴的なパターンを解析することにより試料の分子構造を推定することができるので,薬剤や代謝物の構造決定に役立つ.質量の異なるイオンが分離するのは,イオンの運動エネルギー ($\frac{1}{2}mv^2$: m = イオンの質量,v = イオンの運動速度)が異なることによる.質量スペクトルのパターンはそれが由来する物質の特徴を表している.ピークの高さは,分子イオンやフラグメントイオンの相対強度を示しており,出発点からのピークの位置は,イオンの質量と電荷の比 (m/z) を示している(図11・2).

質量分析法は,後に説明する赤外分光法や核磁気共鳴分光法よりも約千倍

11. 分 析 法

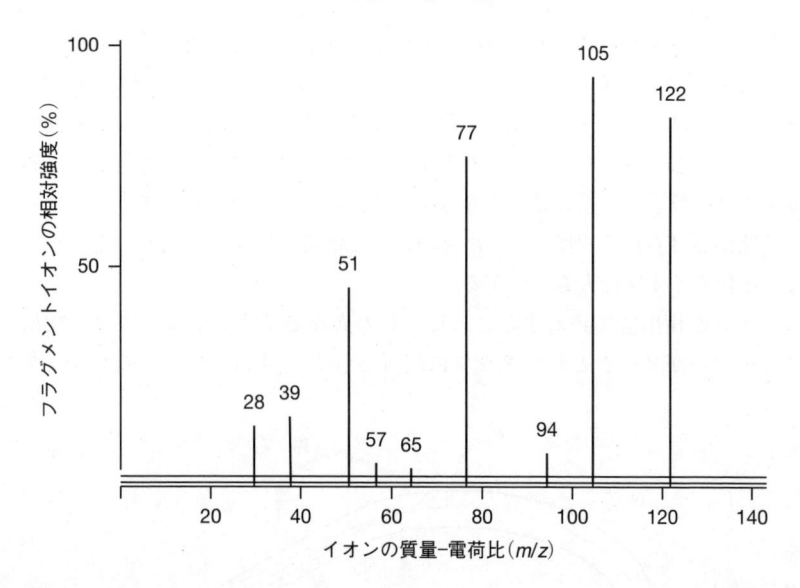

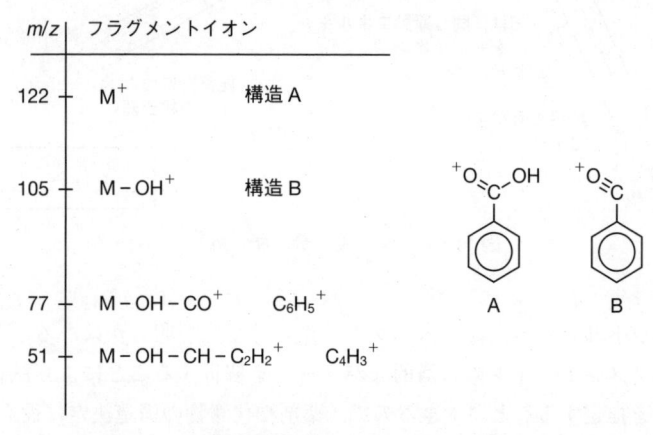

m/z	フラグメントイオン	
122	M$^+$	構造 A
105	M−OH$^+$	構造 B
77	M−OH−CO$^+$	C$_6$H$_5$$^+$
51	M−OH−CH−C$_2$H$_2$$^+$	C$_4$H$_3$$^+$

図 11・2　安息香酸の質量スペクトルとおもなフラグメント

感度がよい．また，元素の同位体の質量の違いを検出するのに使われる．すなわち炭素の同位体 ^{12}C と ^{13}C，酸素の同位体 ^{16}O と ^{18}O を区別できる．したがって，これら同位体を合成医薬品に導入すると，その標識された薬剤が体の中でどのような部位に存在するかを追跡でき，またどのような物質に代謝されるかを観測することができる．

質量分析はつぎのような場合に幅広く使われている．

- 禁止薬物の使用が疑われるスポーツ選手の尿検査（たとえば 2000 年と 2004 年のオリンピックでは，ナンドロロン，テストステロンなどの検出に使われた）
- 薬物乱用における LSD 検出のための尿中の代謝物の分析
- SIDS（乳幼児突然死症候群）の検査のための，赤ん坊の尿検査
- 食料品の純度や添加物の安全性の検査
- ヒト精液中のプロスタグランジンの分析

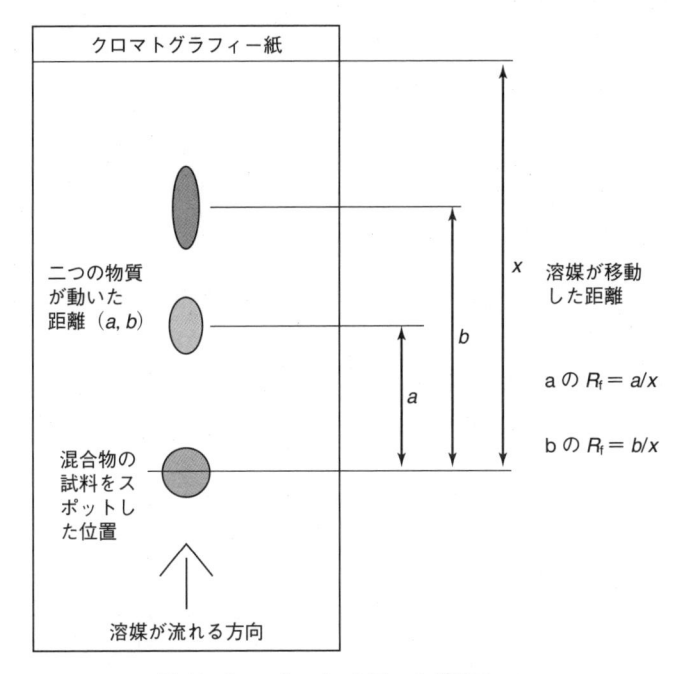

11・3 クロマトグラフィー

クロマトグラフィーの手法は，ふつう分離するのが難しい混合物中に少量存在している物質の分離のために用いられる．クロマトグラフィーにはいろいろな方法があるが，原理は似ている．いずれも試料の吸着剤への吸着性の

図中のラベル:
- クロマトグラフィー紙
- 二つの物質が動いた距離（a, b）
- 混合物の試料をスポットした位置
- 溶媒が流れる方向
- x 溶媒が移動した距離
- a の $R_f = a/x$
- b の $R_f = b/x$

図 11・3　ペーパークロマトグラフィー

違いと，液体あるいは気体による吸着した試料の脱着の違いを利用している．

ペーパークロマトグラフィーの吸着剤（固定相とよぶ）は紙（セルロース）であり，薄層クロマトグラフィー（TLC）の吸着剤にはシリカゲルやアルミナのような試料と反応しない粉末の薄層が使われる．

試料を固定相の下端近くにスポットする．つぎに容器に入った適当な溶媒，たとえば水やアルコールなど（移動相）にこの固定相の下端を浸す．移動層が紙あるいは粉末の薄層（固定相）をその液体で濡らしながら移動していくと，試料は溶媒に溶け，固定相への吸着と脱着を繰返すようになる．試料に含まれる物質の溶解度と吸着性が異なるため，混合物中のおのおのの物質は，固定相の上を異なる速度で移動する．

溶媒が移動した先端までの距離 x で二つの物質の移動距離 a, b をそれぞれ割った値 $(a/x, b/x)$ は R_f 値とよばれる（図 11・3）．同じ種類の紙（あるいは薄層）を用い，同じ溶媒と同じ方法を使うと，R_f 値は個々の物質にとって特有な値を示す．これらの R_f 値は，その実験が東京や英国で行われても，同じ条件が用いられるかぎり同じである．

ガスクロマトグラフィーもまた，気体や気化しやすい物質の混合物を分離

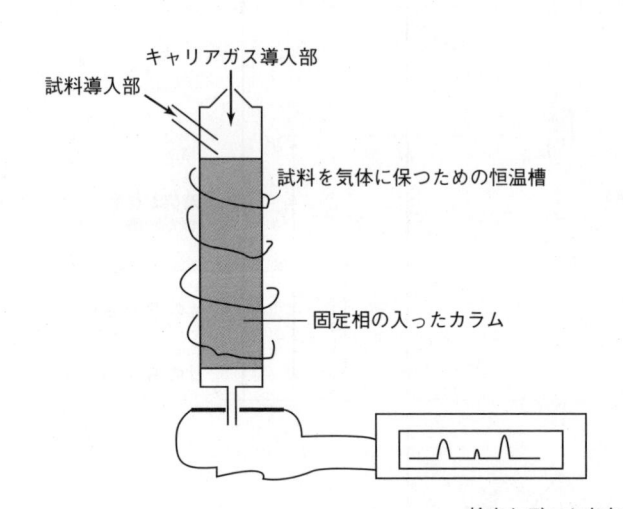

図 11・4　ガスクロマトグラフィー

するために利用される（図11・4）．ガスクロマトグラフィーでは，加熱した粉末のカラムを固定相とし，移動相としてヘリウムガスや窒素ガスを使う．分離されカラムの末端にたどり着いた成分を検出する際は，各成分の性質の違いを利用する．たとえば，色や熱伝導度の変化や，各成分気体が水素炎中で燃焼されて生成するイオンを検出する方法がある．そのほかには，一連の試料をガスクロマトグラフィーで分離した後，赤外分光法，核磁気共鳴分光法，質量分析法でさらに分析することもできる．揮発させることのできる混合物であれば，ガスクロマトグラフィーを用いて分離できる．

移動相として液体を用いる液体クロマトグラフィーもあり，熱に不安定な物質を分離測定するのに有用である．

ペーパークロマトグラフィー，薄層クロマトグラフィー，ガスクロマトグラフィー，液体クロマトグラフィーなど，どの方法を使っても分離することができるが，試料の性質によって方法を選択しなければならない．分析化学分野における研究では，新しい技術がつぎつぎと開発されている．天然から得られる成分や反応生成物はクロマトグラフィーで分離され，分離された成分は，質量分析法やいろいろな分光法で特定され，その構造が決定される．

11・3・1 応　用

天然物の成分をスクリーニングするときや，検体を分析するときなど，いろいろな種類のクロマトグラフィーが，いぜんとして医学病理の実験室で広範囲に使われている．国際的には，英国競馬クラブでは国際競技連盟とともに，無作為に尿試料を採取して，競技能力を高めるため違法に使用されている薬物の存在を確かめるため尿を分析している．すなわちドーピング検査である．2004年のオリンピック委員会は最も高性能な分析化学機器を使っていた．おそらく素早く代謝してしまい検出できないような薬物を使っていた運動選手もいたし，薬物を使っていないと主張した運動選手もいた．また，自分自身の代謝による生成物が，ナンドロロンのような禁止薬から生成する代謝物に類似していると主張した運動選手もいた．将来，遺伝子技術や遺伝子治療によって，どんな薬物もまったく使わずに体が自然につくり出す物質を運動能力を高めるために利用できるようになるかもしれない．しかし，これら自然の生成物を検出できるかどうかわからないし，たとえ検出できてもスポーツ専門家が容認するかわからない．これは不正行為なのだろうか．

スポーツ医学は発展している分野であり，合法的にあるいは違法に使われる物質や薬物を検出する分析法が求められている．オリンピックのようなイベントでは，200カ国から参加している1万人の競技者のうち何人かは，厳しい競技の目標を達成するため，いろいろな手段を考え用いるだろう．古代のギリシャ時代にも，競技能力を高めるため，天然物を使っていた．植物の種，油，マッシュルームそしてロバの爪を砕いたものでさえ，2世紀の試合では用いられていたと報告されている[3]．

11・4 いろいろな分光法
11・4・1 赤外分光法

赤外分光法を使うと，試料中に存在する官能基，たとえば有機化合物中のヒドロキシ基あるいはカルボニル基を検出できる．検出されたピークの高さがその試料に存在する原子団の量に比例している．分子内に含まれる原子を結びつけている結合は，伸縮，変角，縦揺れ，横揺れなどの特有の振動をしている（図11・5）．これらの振動エネルギーはそれぞれ特徴的な値をもって

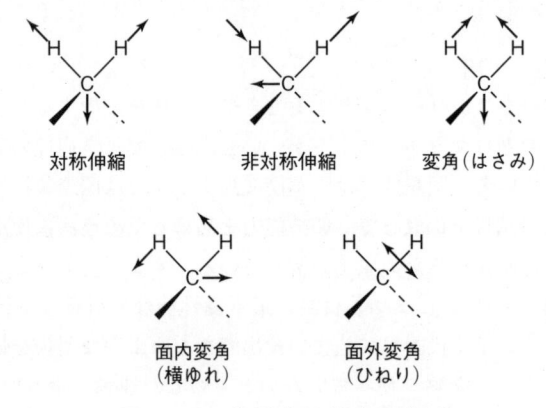

対称伸縮　　非対称伸縮　　変角（はさみ）

面内変角（横ゆれ）　　面外変角（ひねり）

図11・5　分子中の結合の振動

いる．このような分子に波長を変化させた赤外線（infrared：IR）を照射すると，その振動エネルギーに相当する波長の赤外線が吸収され，分子構造に応じた特有の赤外スペクトル（IRスペクトル）が得られるため，官能基の存在がわかる．

11・4 いろいろな分光法

赤外分光法に使われる試料から，水を除くことが必要である．水による強い吸収帯が，試料分子中に存在している原子団に由来する多くの吸収帯を隠してしまうからである．試料物質を乾燥した後，ふつう流動パラフィンと練り混ぜペースト状にして塩化ナトリウムの板で挟むか，あるいは臭化カリウムと混合し圧力をかけて圧縮し，ガラスのように透明な錠剤にする．その後，その試料に波長を少しずつ変化させながら赤外線を照射する．試料を透過した赤外線を元の赤外線と比較し，両者の値の差によって試料がどのくらい赤外線を吸収したかが示される．

赤外分光法は，脂質，タンパク質，また小さな有機化合物などの分析に特に有効である．飲酒運転をする人は尿，血液あるいは呼気中に存在するアルコール（エタノール）のIR分析が正確であることを知っている．アルコールは胃に入って血液中に吸収され，肝臓に運ばれる．ここでアルコールはゆっくりと代謝されてなくなる．アルコールは血液によって心臓や肺にも運ばれ，その一部は呼気に含まれ排出される．呼気中のアルコール量は，血液や胃の中のアルコール量に直接関係づけられるので，呼気中のアルコール量を分析することによって，どのくらいのアルコールが消費されたかを容易に計

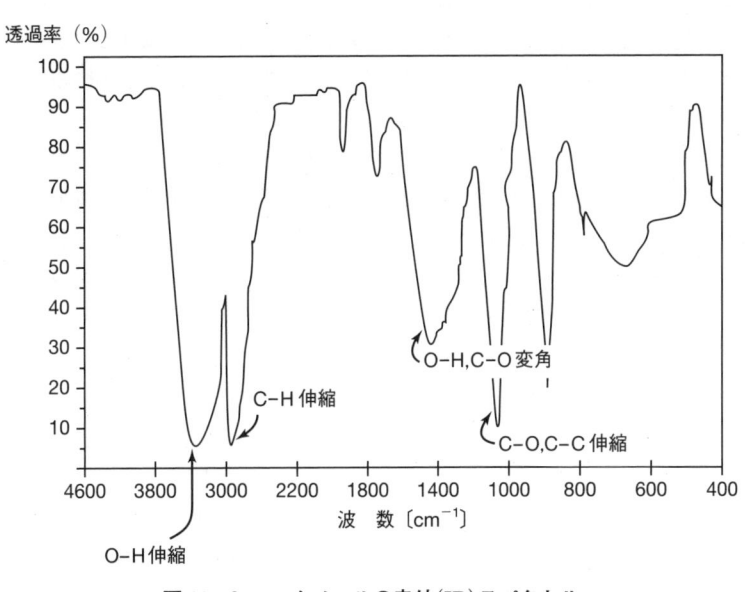

図11・6　エタノールの赤外(IR)スペクトル

算できる．呼気中に存在しているアルコールは赤外線吸収スペクトルの特徴的な吸収によって検出される．エタノールは O–H，C–H，C–O 結合を含んでいるからである（図 11・6）．赤外分光法によって，シンナー吸引をした人の呼気中に含まれる酢酸エチルも検出できる．

11・4・2 紫外可視分光法

有機化合物のなかには可視・紫外領域の電磁波のエネルギーを吸収する分子もある．**紫外可視分光法**では，波長が連続的に変化する可視光線や紫外線を試料に照射し，試料を通過する前後での光の強度の差と波長との関係をプロットした紫外可視吸収スペクトルが得られる．赤外線吸収スペクトルと異なり，紫外可視吸収スペクトルでは一般に幅広の単純なピークが観測される．有機化合物ではその構造に特有の波長が吸収されるため，試料成分の分子構造の推定に役立つ．また，吸収の強度は物質の濃度に比例するので，試料中に含まれる目的物質の量を測定できる．

11・5 走査電子顕微鏡と透過電子顕微鏡

通常の光学顕微鏡でものを観察するときには，これ以上小さなものは見ることができないという限界がある．光の代わりに電子線を使うと，きわめて小さいものをはっきり観察できるようになる（図 11・7）．**電子顕微鏡**では試料を固体にしなければならないし，真空中で観察しなければならないので，生きた状態の像を得ることはできない．植物や動物などの組織を乾燥した試料であれば，電子顕微鏡を使って観測できるようになる．電子顕微鏡はとても複雑であり，普通の顕微鏡を使うように簡単ではない．しかし解像度はずっと優れており，10万倍から百万倍の倍率を達成できる．電子顕微鏡はふつう細菌の表面のような物質の表面や薄片を観察するのに使われ，細菌がどのように人間の細胞を攻撃するのかを研究するのに役立つ．しかし一つ一つの原子や非常に小さい分子を観測するのは困難である．

真空中で細く絞った電子線を試料に照射すると，いろいろな現象が起こる．電子線が試料表面の原子と相互作用し，照射源方向に散乱する反射電子がある．この反射電子は，試料を構成する原子が重ければ重いほど（原子番号が大きいほど）たくさん放出される．試料をまっすぐ通過する透過電子もあり，X線も放射される．さらに試料を構成する原子の電子が叩きだされる場合も

ある．**走査電子顕微鏡**（SEM）ではおもに試料表面から放出されたこの二次電子を検出する．

　SEMを観測する場合，細く絞った電子線を試料表面のx軸とy軸の2方向になでるように少しずつずらして照射し，試料から放出される二次電子を検出することから，この方法は走査プロセスとよばれる．放出された電子のエネルギー分布をコンピューター処理すると，試料の表面状態を反映した二次元の画像がコンピューターのモニター上に表示される．SEMの欠点の一つは，導電性のない試料の場合，試料表面をあらかじめ金の膜で薄く覆わなければならないことである．試料に導電性がないと，照射された電子で試料が帯電し，入射された電子線を跳ね返すため，鮮明な像を観測できないためである．

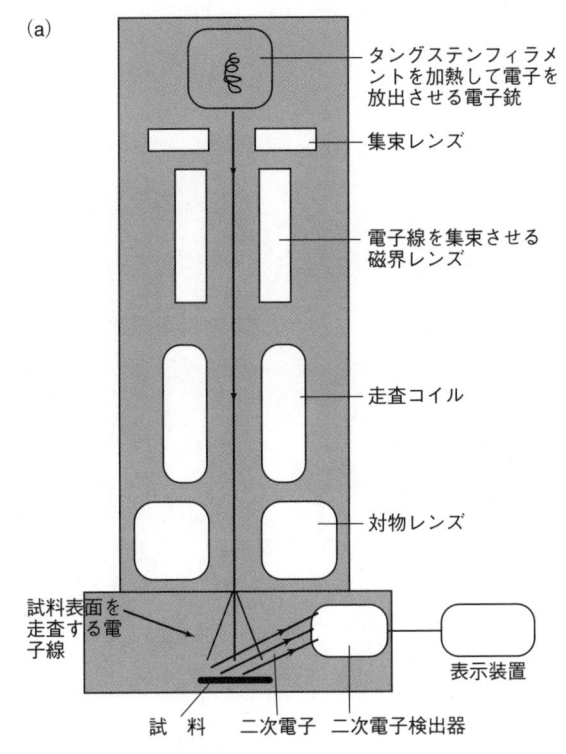

図11・7　**電　子　顕　微　鏡**　(a) 走査電子顕微鏡（SEM）の装置．

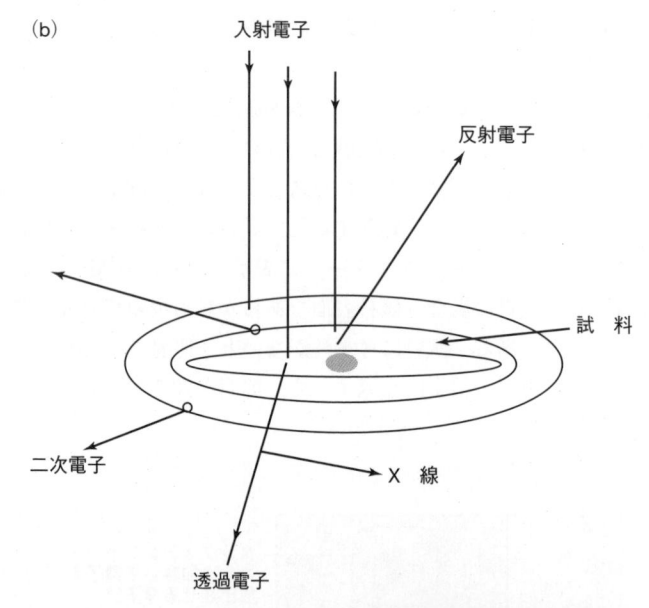

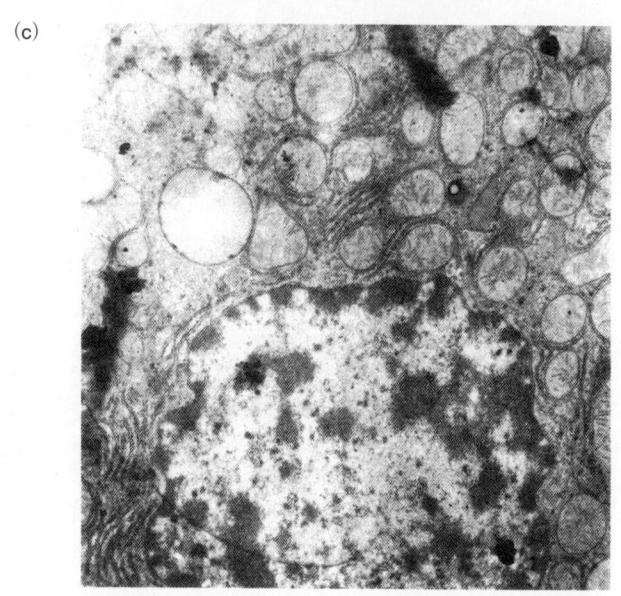

図 11・7 (つづき)　(b) 試料から放出されるいろいろな電子・電磁波．(c) ネズミの肝臓の TEM 像 (30,000 倍).

SEMでは，二次電子の分析によって物質の表面構造を明らかにすることができる．一方，**透過電子顕微鏡**（TEM）では，非常に薄い試料を透過した電子を測定し，試料の内部構造を観察できる．TEMの解像度は約 1×10^{-10} m である．SEM，TEMともに高真空状態で高速の電子線を照射するので，その条件で試料が安定であることが必要である．

11・6 磁気共鳴分光法と磁気共鳴画像法

　磁気共鳴分光法と磁気共鳴画像法は，いずれも核磁気共鳴（NMR）の現象を利用しているが，放射線を連想するのを避けるため，医学では核という言葉を使っていない．この分析法によって分子を構成する原子の原子核の周りの状況についての情報が得られるため，分子構造についての情報や生物組織の画像を得ることができる．

　分子中に含まれる水素原子（^{1}H）の正電荷をもつ原子核は，軸のまわりに回転しており，小さな磁石のようにふるまう．この水素原子の棒磁石は，外部磁場がないとでたらめな方向を向いているが，強い磁場中に置くと，外部磁場に対し平行か逆平行の方向を向くように配向する．外部磁場と同じ向きに配向している方がエネルギーが低く安定であり，この配向をしているものの方がわずかに多い．このように配向した水素原子に，外部からラジオ波領域の電磁波を照射すると，これら二つの状態のエネルギー差に相当する電磁波を吸収する．この現象を核磁気共鳴という．分子中の異なる環境にある水素原子は，それぞれ異なるエネルギー差をもつため，その分子構造についての情報を得ることができる．これを**磁気共鳴分光法**（MRS）という．一方，水素原子が不安定なエネルギー状態から安定なエネルギーの低い状態に戻る時間の違いを観測するのが**磁気共鳴画像法**（MRI）である．特に，水素原子は水の構成要素であるため，水を含む生体組織や器官を観察することができる．体をスキャンすることによって，体内の正常部位と異常部位の水素原子のふるまいの違いを測定できるため，器官内のどこで異常が起こっているのかが明らかになる．このことから，MRI は病気の診断に利用されている．得られた画像は一見 X 線画像のように見える．

　MRI は癌，脳腫瘍，水頭症，多発性硬化症の診断に幅広く用いられている．学術雑誌 *New Scientist* には MRI の画像によって非常に小さい（4 mm）肺癌が検出できたと報告されている[4]．図 11・8 は多発性硬化症の患者の MRI 画

像である.

磁気共鳴では健康な組織を破壊することがないので，若者も高齢者も測定診断に利用することができる．しかしMRIの測定のためには，非常に強い磁場で囲まれたトンネル形の装置の中に横になって入らなければならない．また，MRIでは非常に強い磁場を用いるため，鉄や磁性物質はすべてその部屋から除くか，しっかり固定しなければならない．そうしないと磁石に強く引きつけられ，ミサイルのように磁石に向かって飛ぶことになる．その部屋のすべての機器は非磁性でなければならない．MRIの近くで高価な時計をしてはいけない．

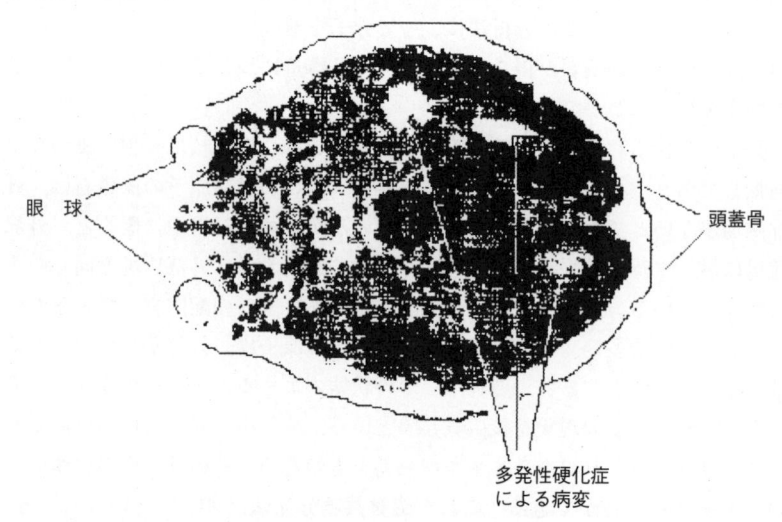

図11・8　MRIによる頭部の画像

11・7　分析法の結論

どのような犯罪捜査や病気の診断でも，一つの分析結果だけで結論づけることはなく，少なくとも別の方法で裏づけをすべきである．これまで学んだ分析方法についても同じことがいえる．それぞれの分析法で物質の性質の新たな特徴が明らかになる．それらすべてのデータが集められると，その情報に基づいてほぼ確実で科学的に裏づけされた推論がもたらされる．

陽電子放射断層撮影法（PET）などの放射線を利用した分析法は第12章で扱う．

11・7 分析法の結論

これまで学んだ分析法はどれも簡単ではなく，時間と専門的技術を必要とする．もし機会があったら，分析のために実験室に送った試料が測定される流れを追い，どのような分析法が使われているか見学するとよいだろう．そうすれば試料を分析するのになぜ時間がかかるか，その理由がわかるだろうし，あなたのこれからの専門職教育に役立つだろう．

診断テストの解答

1. 質　量
2. 試料が移動した距離を溶媒が移動した距離で割った値
3. 分子中の官能基の存在
4. 電子顕微鏡では試料を観察するために光より波長の短い電子線を使う．したがって，より小さな物体を見ることができる．
5. 磁気共鳴画像法（magnetic resonance imaging）
6. 陽電子放射断層撮影法（positron emission tomography）
7. （ⅰ）クロマトグラフィー
   （ⅱ）MRI，PET
   （ⅲ）電子顕微鏡
   （ⅳ）質量分析法

[各1点，全部で10点（80 % = 8点）]

発展問題

1. 糖であるグルコースとアミノ酸であるグリシンを含むと思われる水溶液がある．
   （ⅰ）この試料の成分をペーパークロマトグラフィーで分離するには，どのようにしたらよいだろうか．
   （ⅱ）どのスポットがどの成分かを明らかにするためにはどのようにしたらよいか．
   （ⅲ）グルコースとグリシンの構造式を書け．
   （ⅳ）二つの化合物の構造上の特徴はどの部分か．赤外スペクトル測定でそれらの違いを予想できるか．また，その理由を説明せよ．
   （ⅴ）これら二つの分子は電子顕微鏡で観察することができるか．
   （ⅵ）グリシンを含んでいると思われるほかの未知試料があるとしたら，どのよ

うに確認したらよいか.
2. もしスポーツ選手が筋肉増強剤を不正に服用していると考えられた場合，それを検出するためにどのような方法を用いたらよいか.
3. 患者を傷つけず，体内におけるある過程を追跡調査するためには，つぎのどの方法を用いたらよいか. 質量スペクトル，赤外分光法，クロマトグラフィー，磁気共鳴画像法，電子顕微鏡.
4. 分析化学の進歩が病気との戦いに役立っている. このことを議論せよ.

参考文献

1. D. Bradley. Seek and ye shall find. *Chemistry in Britain*, July 1999, 16.
2. S. Aldridge. A landmark discovery. *Chemistry in Britain*, January 2000, 32〜34.
3. B. Kingston. Catching the drug runner. *Chemistry in Britain*, September 2000, 26ff.
4. D. Graham-Rowe. X ray trick picks out tiny tumours. *New Scientist*, 22 February 2003, 14.

さらに，英国王立化学協会が出版しているつぎの資料が役立つ.
- B. Faust, "Modern Chemical Techniques"
- CD-ROM "Spectroscopy for Schools and Colleges"
  この CD には，いろいろな分子の分析で得られる各種スペクトルとともに，どのようにスペクトル測定するかのビデオ画像も含まれている.

12

放射線と放射能

到達目標
- 同位体と放射性同位体について説明できる．
- 放射線と放射能の違いについて説明できる．
- 放射性同位体から放出される放射線を列挙し，概説できる．
- 放射線の医療への応用について説明できる．

診断テスト

この小テストを解いてみてください．もし，80％以上の点がとれた場合はこの章を知識の復習に用いてください．80％以下の場合はこの章を十分学習して，最後に，もう一度同じテストを解いてください．それでも80％に満たなかったら，数日後，本章をもう一度読み直してください．

1. つぎの用語を簡単に説明せよ．
    - (i) 原子番号   [1点]
    - (ii) 陽子と中性子   [1点]
    - (iii) 同位体   [1点]
    - (iv) α 粒子   [1点]
    - (v) β 粒子   [1点]
    - (vi) γ 線   [1点]
2. おもな放射線である α 線，β 線，γ 線の性質の違いを説明せよ． [5点]
3. 放射性同位体の半減期について説明し，半減期が化石や遺跡の出土品の年代測定にどのように利用されるか述べよ． [5点]
4. 放射性同位体の医療への応用について述べよ． [4点]

全部で20点（80％ = 16点）．解答は章末にある．

Chemistry: An Introduction for Medical and Health Sciences, A. Jones
© 2005 John Wiley & Sons, Ltd

放射能（radioactivity）はラジオと何かかかわりがあるの？ いったい家の中のどこに放射性元素アメリシウムがあるの？ 一般の人たちは放射線を何か恐れているように見える．放射線の一種であるγ線は電磁波の一種である．私たちは役に立つが有害でもある電磁波にさらされている．たとえば，携帯電話や電子レンジに使われているマイクロ波のように，私たちの役に立つ電磁波もある．一方，宇宙から地球に降り注いでいるγ線や紫外線のような有害な電磁波の多くは大気圏にある電離層や成層圏にあるオゾン層で遮断されている．また可視光線や赤外線などの電磁波はオゾン層を通過して，私たちに日光と熱をもたらしている．いろいろな放射性同位体の原子核の崩壊によって放出される放射線が，癌の治療に利用されている．

12・1 原子核と放射線

原子について復習しておこう．原子の中心にある原子核内には，電子に比べて非常に重い陽子と中性子があり，その周りを取巻いて電子が存在している．原子には電子があるが，この章ではおもに原子核に関係する事項を扱う．

原子番号の比較的小さい原子では，原子核に存在する陽子の数と中性子の数は等しい．たとえばヘリウムは二つの陽子と二つの中性子をもつ．原子には原子番号（陽子数）が同じでも，中性子の数が異なるものが存在する．この原子番号が同じで質量数（陽子数＋中性子数）の異なる原子を互いに**同位体**であるという．たとえば炭素の同位体には$^{12}_{6}C$と$^{13}_{6}C$がある．陽子数と中性子数の組合わせにより，安定な原子も存在する一方，きわめて不安定な原子もあり，その原子核は分解する．これは不安定同位体とよばれている．ウランのように非常に重い原子核は分解しやすい．天然に存在するウランとして最も多いのは$^{238}_{92}U$であり，その原子番号は92で原子核には146個の中性子が存在する．このように陽子数と中性子数のバランスの悪い原子核は不安定である．そこで安定になるように自発的に分解して，原子核を構成する粒子の一部や余分なエネルギーを**放射線**として放出する．このように物質が放射線を放出する性質を放射能とよぶ．

もし野球場で飛んで来たファールボールに当たったらけがをするだろう．ボールのエネルギーがあなたに移動し，皮膚，血管，筋肉の細胞に損傷を与えて傷を残すだろう．それと同じように，きわめて小さい粒子から成るが高エネルギーをもつ放射線は，細胞に損傷を与えることになる．

放射性元素の原子核は不安定であり，高エネルギーの粒子（α粒子とβ粒子）とγ線を放出する．α粒子，β粒子の流れをそれぞれα線，β線とよぶ．α粒子とβ粒子は非常に小さいので，長時間浴びるか，放射線源近くでエネルギーが高いときに浴びると体細胞が損傷を受ける．しかしα線，β線は空気，衣類，建築構造物，あるいはその他の保護材によって遮ることができる．一方，物質を透過する能力の高いγ線では，その取扱いにさらに注意が必要である．

私たちはさまざまな放射線にさらされている．宇宙から降り注ぐ放射線や，地殻や土壌に存在する放射線など自然からの放射線，X線検査や放射線治療の際，またテレビのブラウン管の内部でも放射線が発生している．しかし，これらの放射線量は少ないので，健康に害を与えることはほとんどない．

高エネルギーの放射線を使った作業に従事する人は，定期的に検査を受け，防護服を着るなど特別な注意を払っている．航空機のパイロットや乗務員も一般の人より多くの宇宙線にさらされているので，定期的に検査を受けている．

12・2　同位体と放射性同位体

おのおのの原子は独自の原子番号をもつ．原子番号によって，原子がその原子核に何個の陽子をもつかがわかる．たとえば，塩素の原子番号は17であり，このことは塩素原子が原子核に17個の陽子をもつことを示している．原子核に17個の正電荷をもつ陽子があるので，原子核の周りには17個の負電荷をもつ電子が存在している．したがって塩素原子は電気的に中性である．塩素原子がどこで発見されようが，どのように生成しようが，あるいはどのように変化しようが，他の原子と結合して化合物中にあろうが，陽子数は決して変化しない．塩素原子の原子核にはつねに17個の陽子がある．

原子核はまた中性子をもっている．中性子は電荷をもたず中性である．したがって，もし塩素原子が原子核に17個の陽子と1個の中性子をもつとしても，理論上その化学的性質に違いはない．なぜなら外側の電子殻にある電子数が化学的性質を決めており，また，その原子がどの元素であるかを決めるのは原子核の陽子数（原子番号）だからである．したがって理論上，塩素原子は原子核に何個でも中性子をもつことができるが，17個の陽子をもつかぎり塩素原子でありつづける．陽子数が同じで中性子数が異なる原子間では

どのような違いが生まれるのだろうか．その答えは二つある．

第一の答えは質量が違うことである．これが最も簡単な答えである．電子はほとんど質量をもたない．電子1個の質量は陽子1個の1/2000であり，あまりにも小さいので，事実上電子の質量を無視してよい．また，陽子と中性子は質量がほぼ等しい．そこで1個の陽子と1個の中性子の質量をそれぞれ1と仮定し，これを質量数とよぶ（ここで，陽子や中性子は物質の基本的構成単位であり，それらの質量はグラム，ポンド，オンスなどの単位をもたないことに注意しよう）．すると，原子の質量数は，陽子数と中性子数の和で表すことができる．

同じ原子番号（陽子数）をもつが，質量数の異なる原子を互いに**同位体**という．同位体においては原子番号が同じなので同じ元素であるが，中性子数が異なるので質量数が異なる．

第二の答えは，安定性が異なることである．もしあなたが宇宙を散歩していて，偶然に出会った一つ一つの塩素原子を調べたとしよう．そうすると中性子をもたない塩素原子を見つけることはできないだろう．塩素原子はすべて17個の陽子と何個かの中性子をもっており，実際には，塩素原子は18個か20個の中性子をもっている．なぜだろうか．

原子核にある陽子数と中性子数の間には何らかの関係があるように見える．塩素では，17個の陽子と18個の中性子の組合わせが安定な関係である．さらに17個の陽子と20個の中性子の組合わせもまた都合がよい．それもまた安定な関係である．言い換えれば，あなたが出会う塩素原子は，すべて原子番号が17で，質量数は35か37である（図12・1）．自然に存在する塩素原

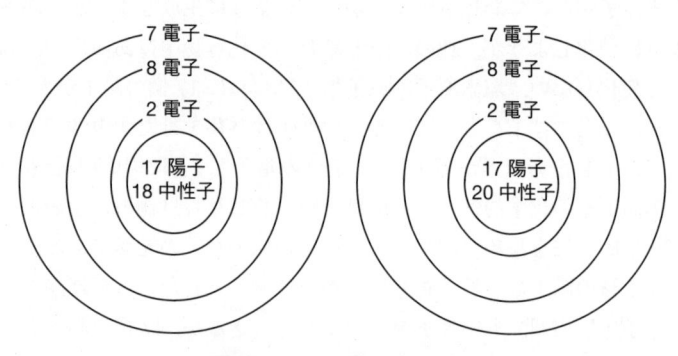

図 12・1　塩素の同位体

子はこれらの混合物であり，その存在比（おおよそ3：1）から塩素の原子量は35.5となる．

宇宙が始まったとき，塩素の陽子数と中性子数の他の組合わせも存在したかもしれないのに，なぜこのような組合わせになったのだろうか．陽子数と中性子数のある組合わせだけが安定な原子をつくっている．質量数が35と37である塩素の同位体の原子核は安定で壊れにくい．

ほとんどの元素には同位体が存在するが，それらの原子核は安定で壊れにくい．しかし質量数の大きな元素の同位体は，原子核が不安定で放射線を放出し壊れるので，**放射性同位体**とよばれる．塩素は放射性同位体ではない．

12・3 放射性崩壊と放射線

陽子数と中性子数の比が適当でなく原子核が不安定であるとき，原子核は安定な配置を得ようとして壊れる（図12・2）．これを**放射性崩壊**あるいは放射性壊変という．

原子核が崩壊するとき，α線，β線，γ線の三つのタイプの**放射線**のうち一つ，あるいは複数の放射線が放出される．

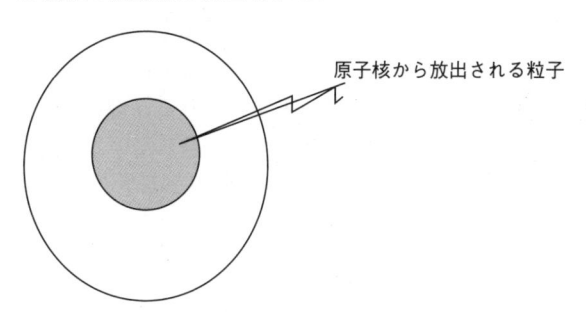

図12・2　不安定な原子核から放出される粒子

12・4　α線，β線，γ線
12・4・1　α線

放射性同位体の原子核から放出されたα粒子は2個の中性子と2個の陽子から構成されている．この電子をもたないα粒子の流れを**α線**という．したがってα線は二つの正電荷と質量数4をもち，ヘリウムの原子核に相当するので$^{4}_{2}\text{He}^{2+}$と表される．α粒子は電子に比べ非常に大きな粒子であり，

あまり速く移動しない．その短い寿命の間に，空気や周りの物質から電子を受け取りヘリウムガスになる．

$${}^{4}_{2}\text{He}^{2+} + 2\,e^{-} \longrightarrow {}^{4}_{2}\text{He}$$

α線は2cmの空気の層や，数枚の便せんでも止めることができ，金属の薄膜を用いれば確実に遮ることができる．このため，体外からα線を浴びても皮膚表面で遮られ人体への影響は少ない．しかし質量数4で大きな運動エネルギーをもち，物質にあたると原子や分子をイオン化（電離）する作用が強い．したがって体内に取込まれると直接体の細胞に損傷を与えるので，α線を放出する放射性物質はきわめて危険である．

1930年代には，α線を放出する元素であるラジウムは，腕時計や時計の文字盤を発光させる塗料として使われた．塗料に含まれる蛍光物質がラジウムからのα線のエネルギーを吸収して発光し，暗闇で時計の文字盤を光らせた．腕時計の裏側の金属が放射線の被害から手首を守ったので，腕時計をしている人は安全であった．また，眼に損傷を与えるくらい文字盤に眼を近づける人はいなかった．しかし文字盤の数字をきれいに書こうとして筆先をなめたため，多くの職人がぞっとするような口腔癌や胃癌となり亡くなった．

α線を放出する放射性同位体は煙感知器に利用されている．感知器に含まれる放射性同位体アメリシウム241から放出されるα線により，感知器の二つの電極板の間の空気がイオン化され，電流が流れている．この感知器に煙が入ってくると，煙の粒子がイオンと衝突し電流が少なくなり警報が鳴る[訳注：日本では使用されていない]．

私たちの周りにある自然の岩石や土壌から放出されるα線（β線やγ線もそうだが）は，周囲の物質や空気によってエネルギーを失うので，ほとんどの場合，私たちが被害を受けることはない．これは自然放射線とよばれている．英国で岩石の多い地域では，危険ではないが高いレベルの自然放射線が観測される．

α線がラジウムのような原子の原子核から放出されると，2個の陽子が失われ，原子番号が二つ少ない別の元素になる．すなわち，ラジウムは周期表の二つ左に位置する，別の元素であるラドンに変化する（図12・3）．

$$^{226}_{88}\text{Ra} \longrightarrow {}^{222}_{86}\text{Rn} + {}^{4}_{2}\text{He}$$

12・4・2 β 線

β粒子は放射性同位体の原子核から放出された高速の電子であり非常に小さい．このβ粒子の流れを **β線** という．電子は軽く物質中で散乱されやすく直進しにくいため，数枚の紙，金属の薄膜あるいは20 cmの空気の層でもβ線を容易に遮ることができる．最もエネルギーの大きなβ線でも，空気中を1 m動くとエネルギーを失ってしまう．しかし，物質を通り抜ける力はα線より100倍大きいので，ポケットにβ線を放出する放射性元素を保存してはいけない．

β崩壊では原子核内の中性子が一つの電子を失って陽子に変わるので原子番号が一つ増加するが，質量数は変化しない．すなわち元素はβ粒子を放出し，周期表の一つ右に位置する元素に変化する．たとえばウラン238はα崩壊により，トリウム234となる．ついでβ崩壊を2回繰返しウラン234に変化する．

$$n \longrightarrow p^+ + e^-$$
(中性子)　　(陽子)　　(電子)

$$^{238}_{92}U \xrightarrow[\alpha\,崩壊]{^{4}_{2}He} {}^{234}_{90}Th \xrightarrow[\beta\,崩壊]{二つのβ粒子} {}^{234}_{92}U$$

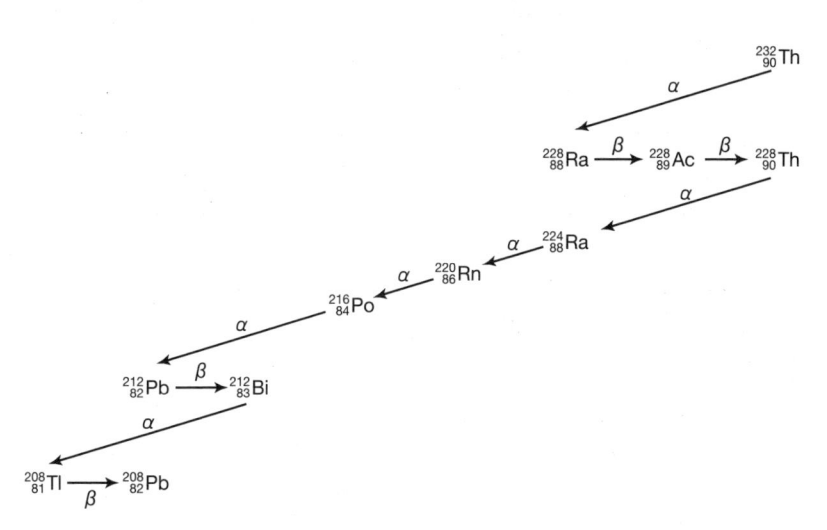

$$^{232}_{90}Th \xrightarrow{\alpha} {}^{228}_{88}Ra \xrightarrow{\beta} {}^{228}_{89}Ac \xrightarrow{\beta} {}^{228}_{90}Th \xrightarrow{\alpha} {}^{224}_{88}Ra \xrightarrow{\alpha} {}^{220}_{86}Rn \xrightarrow{\alpha} {}^{216}_{84}Po \xrightarrow{\alpha} {}^{212}_{82}Pb \xrightarrow{\beta} {}^{212}_{83}Bi \xrightarrow{\alpha} {}^{208}_{81}Tl \xrightarrow{\beta} {}^{208}_{82}Pb$$

図12・3　放射壊変系列

この崩壊過程は，最終的に非放射性同位体で安定な原子核の配置をもつ元素に変化するまで続くことになる．この安定な元素はふつう125個の中性子をもつ原子番号82の鉛である．放射性元素の崩壊で元素がどのように変化していくかを，周期表のうえで表した放射壊変系列でたどることができる(図12・3).

おのおのの放射性同位体は，数百万年後安定な非放射性同位体である鉛になるまで，同じような崩壊様式で変化していく．天然には三つの放射壊変系列があるが，その一つを図12・3に示した．

α崩壊とβ崩壊によって，放射性元素は別の元素に変化することに注意しよう．古代の錬金術師は，鉛を金に変えようとして生涯を費やしたが，元素を変化させることは叶わなかった．一方，自然は錬金術師が望んでいた金はつくらないが，放射線を放出していつも元素を変化させている．

12・4・3 γ 線

放射性元素が崩壊してα線やβ線を放出すると，原子核はエネルギーの高い不安定な状態となる場合が多い．この過剰なエネルギーをγ線として放出すると，原子核は安定な状態となる．γ線は可視光線や赤外線と同じ電磁波であり，かなり波長の短い高エネルギーの光子から成り，X線に似ている[訳注：レントゲン撮影に使われるX線はγ線と波長領域が似ているが，発生機構が異なる]．γ線はα線より1万倍も大きな透過力をもつため，体の組織に損傷を与える．γ線を遮るには厚い鉛板，あるいはコンクリートの厚い壁が必要である．癌の治療にγ線を用いるときには，放射線の量を正確に計算し，癌組織を標的として照射する．

三つの放射線はいずれも，他の原子に衝突すると電子をはじき飛ばし，陽イオンを生成するので電離放射線とよばれる．この性質を利用したガイガーカウンターを用いて，これら放射線の存在を検知できる．また，電離放射線が当たった写真フィルムを現像すると，黒化していることから放射線を検出できる．

α線とβ線は電荷をもつ粒子であるため，電場や磁場によって進行が曲げられる．一方，γ線にはそのような性質はなく，数km先まで直進する．広島の原子爆弾で放出された高エネルギーのγ線によって，人や植物が死に絶え，爆心から遠く離れた人々までも火傷を負った．

12・5 半減期

　ある一つの原子がいつ崩壊するかは正確には予想できない．しかし，ある元素の実際の試料を手に取った場合，そこには数十億個の原子が含まれているので，いつ崩壊するかを統計的に予想することができるようになる．つまり，一つ一つの原子に何が起こるかを知ることはできないが，もし数十億個の原子があれば，それらの半分の数の原子が崩壊する時間を知ることができる．このように放射性元素の数が最初の半分になる時間を**半減期**という．放射性同位体のなかには，半減期が数秒や数分と短いものや，数億年と長いものまである．半減期の短い同位体は，短時間に放射線を放出する．半減期が短ければ短いほど高エネルギーで，より有害な放射性同位体である．

　物質中に含まれる放射性同位体の量を測定することによって，半減期からその物質の古さがわかるので，化石や遺跡の出土品の年代推定が行われる．また，古代の植物や人の骨などに残っている放射性炭素原子 ^{14}C の量を測定することによって年代を推定できるので，この方法は放射性炭素年代測定とよばれる．

12・5・1 医療における同位体

　すべての放射線が生体組織に損傷をひき起こす．しかし放射線は私たちの足下にある土壌から，建築に使われている石材や宇宙からの宇宙放射線まで，暮らしのいたるところにあふれている．幸運なことに，これら自然放射線は空気，衣類，あるいは壁でほとんど遮られる．

　放射線は私たちにとって害をもたらすが，同時にそれを有効に利用することができる．いろいろな半減期をもつ同位体が医療の分野において，診断と治療を目的として広範囲に利用されている（表12・1）．

　医療における同位体利用の代表例は甲状腺機能障害の検査である．適切に希釈されたヨウ素123（ふつうはヨウ化ナトリウム Na ^{123}I）水溶液を患者に投与し，^{123}I が放出する γ 線を体外から検出してヨウ素の分布を画像化する．この検査では，働きが過度に活発になった甲状腺が，正常な甲状腺より多くのヨウ素を取込む性質を利用する．コンピューター処理で得られる甲状腺部位の画像によって，甲状腺の異常，異常な部位の同定，結節性甲状腺，甲状腺癌などを診断できる．ヨウ素123の半減期は13時間と短く，すばやく放射能を失うので後遺症を残さない．一方，診断の後，ヨウ素が甲状腺に特異

的に集まる性質を利用して，甲状腺の病気を治療できる．β線とγ線を放出する半減期の長い放射性同位体ヨウ素 131 を投与すると，甲状腺の腫瘍部位に集まり，そこにある細胞を放射線が直接攻撃する．放射線の放出は甲状腺に局在化しているので，近くの臓器には影響を与えない．

表 12・1　医療における放射性同位体の利用

同位体	半減期	放射線	用途
フッ素 18　^{18}F	110 分	γ 線	腫瘍，脳，心臓の検査
コバルト 60　^{60}Co	5 年	β 線とγ 線	癌治療
ガリウム 67　^{67}Ga	3 日	γ 線	腫瘍，炎症の検査
クリプトン 81　^{81}Kr	2×10^5 年	γ 線	肺や循環器疾患の診断
テクネチウム 99　^{99}Tc	6 時間	γ 線	骨，肺，脳，肝臓，腎臓などの疾患の検査
ヨウ素 123　^{123}I	13 時間	γ 線	甲状腺の検査
ヨウ素 131　^{131}I	8 日	β 線とγ 線	甲状腺癌の検査と治療
キセノン 133　^{133}Xe	5 日	γ 線	肺換気機能，脳血流の検査
タリウム 201　^{201}Tl	73 時間	γ 線	冠状動脈機能，腫瘍，副甲状腺の検査

ガンマナイフとよばれるある特殊な装置を使うと，放射性同位体から放出される放射線を体の癌細胞を標的として照射することができる．この装置を使うと，コバルト 60 ($^{60}_{27}$Co) から放出されるγ線を病変部に集中照射できる．

リン $^{32}_{15}$P あるいはストロンチウム $^{90}_{38}$Sr から放出される，より透過性の小さい β 線で皮膚癌を治療できる．この治療を行うためには正確な放射線量を求めることが必要である．

放射性同位体を利用して，薬の体内における代謝過程や薬がどこに集まるかを追跡することができる．半減期が短く，容易に排出される放射性同位体を含む薬を服用あるいは注射して患者に投与する．その後，体外から放射線を検出する装置（ガンマカメラや PET）を使って，薬が放出する放射線を追跡し画像（シンチグラム）にする．この方法で体液が遮断されている箇所の特定や，体液が流れる速さの測定，またいろいろな代謝機能を調べ診断に利用する．たとえばテクネチウム $^{99}_{43}$Tc はしばしば脳腫瘍の検出に使われる．また，ナトリウムの同位体 $^{24}_{11}$Na を使うことによって，ナトリウムイオン Na$^+$

が腎臓を経由する動きをたどることができる．脳の血流量を高感度で観測するため，$^{15}_{8}O$ でラベルした $H_2^{15}O$ を投与し，そこから放出された陽電子（β^+ 崩壊で放出される陽電子は電子の大きさの粒子であるが，正に帯電している）を検出する方法が利用される．この方法は PET すなわち陽電子放射断層撮影法とよばれる．酸素の非放射性同位体は $^{16}_{8}O$ である．

$^{60}_{27}Co$ から放出される γ 線を用いて注射針・縫合糸・手術器具など医療器具の滅菌が行われている．

医療とは直接関係ないが，食品によってはその殺菌に利用されている．［訳注：日本ではじゃがいもの発芽防止の目的のみ使用が認められている］

12・6 放射線にかかわる単位

放射性物質を取扱う人は，有害な放射線から防護されていることを確認するため，フィルムバッジをつける．バッジを定期的に現像すると，放射線にさらされるほどフィルムが黒くなるのでどのくらい放射線を浴びたかがわかる．被ばく線量があまりにも多くなると，作業を中止する必要がある．

放射線はまたガイガーカウンターで検出される．入ってくる放射線を音に変換し，音の強度が強ければ強いほど放射性物質がたくさん存在していることがわかる．ガイガーカウンターを使うと普通の部屋の中でも音がすることがある．宇宙や，建物に使われている石材，地中の岩石などからも部屋の中に放射線が入ってくるからである．

個々の放射線作業者には被ばく放射線量の限度が健康安全規則［訳注：日本では放射線障害防止法］で定められている．同じことが X 線の従事者にも適用される．

放射線にかかわる単位として，放射能の強さや放射線の量を表す単位がある．

12・6・1 放射能の強さの単位

放射線を放出する能力である**放射能**の単位として，自然放射線の発見者にちなんだベクレル（Bq）が使われる．放射能の強さは元素によって異なる．1 秒間に 1 個の放射性同位体が崩壊する放射能の強さの単位を 1 Bq とする．以前はノーベル賞受賞者キュリー夫人にちなんで名づけられたキュリー（Ci）

が使われた．1 Ci は 1 g のラジウム 226 の放射能である．ラジウム 226 は毎秒 3.7×10^{10} 個の α 線を放出しているので，

$$1 \text{ Ci} = 3.7 \times 10^{10} \text{ Bq}$$

と表せる．キュリー夫人は放射性同位体の新たな概念を提唱し，またラジウムや生まれた国にちなんで名づけられたポロニウムを発見した．

12・6・2 放射線量の単位

　放射線が物質に吸収される程度を表す**吸収線量**の単位としてグレイ (Gy)，ラド (rad) がある．グレイは放射線のエネルギーを物質がどれだけ吸収したかを表す単位で，1 kg の物質や人体が 1 J の放射線のエネルギーを吸収したとき 1 Gy である．古くはラド (rad) という単位で表されており，1 Gy = 100 rad の関係にある．

　一方，放射線には α 線，β 線，γ 線があり，同じ量の吸収線量が吸収されても，体の部位によって放射線の影響の受けやすさは異なる．そこで，人体への影響を表すための**線量当量**の単位として，古くはレム (rem) が使われた．

$$\text{rem} = \text{rad} \times \text{RBE}$$

RBE（生物学的効果比率）とは，種類やエネルギーの異なった放射線が生体に与える影響の程度に差があるため，それを同一の尺度で比較するために考えられた値である．体重も考慮しなければならない．普通の生活をしている人は，1 年に約 200 mrem 以下の放射線を浴びている．普通，25 rem (25000 mrem) 以上被ばくすると，人の組織に検出可能な影響が現れると考えられている．

　現在認められている単位はシーベルト (Sv) である．シーベルトは，放射性物質や宇宙からの放射線など，すべての放射線が人体に与える影響の程度を表す単位である．英国では 1 人平均 1 年に 2.5 mSv を被ばくしている．英国南西部のコーンワルのように岩石の多い地域では平均より高く，1 年に 7.8 mSv 以上である．原子力産業で働いている人の平均は年に 4.5 mSv である．これらの値はいずれも低く人体に及ぼす影響はない．航空機のパイロットも宇宙からの放射線を 1 年に 2.5 mSv 浴びている．したがって飛行時間が

正確に記録され,管理されている.シーベルトはエネルギーや rem と以下の関係にある.

$$1 \text{ Sv} = 1 \text{ J/kg}（試料に吸収されたエネルギー量）$$
$$1 \text{ rem} = 0.01 \text{ Sv}$$

12・7 放射線のまとめ

- すべての元素には同位体がある.ほとんどの同位体は安定であり,放射性ではない.
- 原子核が不安定で崩壊し,放射線を放出する同位体がある.これを放射性同位体という.
- 放射性同位体が放射線を放出する能力を放射能という.
- 放射性同位体は放射線を放出し,別の元素に変化する.これを放射性崩壊あるいは放射性壊変という.
- 放射性同位体の数が最初の半分になる時間を半減期という.
- 私たちの周りには自然放射線が存在する.自然放射線は大地を構成している土壌や岩石から放出され,また宇宙空間からも降り注いでいる.
- 1人当たりが1年間に受ける自然放射線の量は 2.5 mSv である.
- 病気の診断・治療のために放射線が利用されている.

診断テストの解答

1. （ⅰ）原子核中の陽子数
   （ⅱ）陽子,中性子はともに原子核に存在し,質量がほぼ等しい.陽子は正電荷をもち,中性子は電荷をもたない.
   （ⅲ）原子番号は同じであるが,中性子数の異なる原子
   （ⅳ）放射性同位体の原子核から放出されたヘリウムの原子核 $^4_2\text{He}^{2+}$ で,陽子2個と中性子2個から成る.
   （ⅴ）放射性同位体の原子核から放出された高速の電子 e^-
   （ⅵ）放射性同位体の原子核から放出された電磁波の一種で,X線のように有害な放射線
2. この章で述べられた性質をまとめよ.
3. 放射性同位体が元の量の半分に減少する時間が半減期であり,放射性同

位体に固有の値である．化石や遺跡の出土品中の放射性炭素原子 ^{14}C の量を測定し，その半減期から年代を推定する．
4. （ⅰ）放射性同位体を目印にして，体内の薬剤がどのように代謝されるか，あるいはどこに集まるか追跡して病気の診断を行う．（ⅱ）癌の診断のための陽電子放射断層撮影（PET）．（ⅲ）癌の放射線治療．（ⅳ）医療器具の滅菌．

発展問題

1. ウラン238の半減期は 4.5×10^9 年であり，1個の α 粒子と2個の β 粒子を放出して崩壊する．生成した新しい元素もウランの同位体である．おのおのの崩壊過程でどのような元素に変化したかを示せ．

   おのおのの段階で放出される放射線が有害であるかについて説明せよ．さらに5個の α 粒子をつぎつぎと放出して崩壊すると鉛の同位体となる．この鉛の同位体（原子番号82）の原子量はいくつか．

2. "放射能は完全に自然の過程の産物であり，私たちの周りのいたるところにある．"この記述を説明せよ．放射線源から放出される三つのおもな放射線の性質を表にしてまとめよ．

3. （自由回答）あなたの病院や学校では，放射線が日常あるいは実験室でどのように使用されているか．また，放射線被ばくを防止し，放射性物質の適正な使用状況を監督させるための放射線取扱主任者がいるか．小さなフィルムバッジを付けている人に，なぜ付けているのか，どのくらいの頻度で被ばく量を測定しているのか尋ねてみなさい．

4. ヨウ素123と131がどのように異なるかを原子核にある陽子数と中性子数の違いと崩壊の違いで説明せよ．ヨウ素の非放射性同位元素は ^{127}I である．もしヨウ素131が1個の β 粒子を放出するとしたら生成する新しい元素は何か．また，その原子番号と質量数はいくつか．

$$^{131}_{53}I - \beta 粒子 \longrightarrow \ ?$$

13

反 応 速 度

到達目標

- 代謝過程における反応速度の重要性を説明できる．
- 反応速度に影響を与える要因をあげ概説できる．

診断テスト

この小テストを解いてみてください．もし，80％以上の点がとれた場合はこの章を知識の復習に用いてください．80％以下の場合はこの章を十分学習して，最後に，もう一度同じテストを解いてください．それでも80％に満たなかったら，数日後，本章をもう一度読み直してください．

1. 温度を上げると化学反応の速度にどのような影響があるか． [1点]
2. なぜ新鮮な食べ物を冷蔵庫に保存したり，冷凍食品を冷凍庫に保存するのか． [1点]
3. 霊安室では，なぜ遺体を冷たい保管庫に安置するのか． [1点]
4. 木片を燃やすためになぜ火を必要とするのか．また，いったん火がつくとその後なぜ木片は燃えつづけるのか． [1点]
5. 遊離基（フリーラジカル）とは何か． [1点]
6. 濃硫酸の飛沫と希硫酸の飛沫のどちらが皮膚に害を与えるか． [1点]
7. 非常にゆっくり進む化学反応に，物質Xを加えると反応が速くなった．Xのようにふるまう化学物質を一般的に何とよぶか． [1点]
8. 私たちの細胞内で化学反応を速くする物質を何とよぶか． [1点]
9. 熱を放出する化学反応を何とよぶか． [1点]
10. 反応物の濃度が高くなると反応速度はどうなるか． [1点]

全部で10点（80％ = 8点）．解答は章末にある．

Chemistry: An Introduction for Medical and Health Sciences, A. Jones
© 2005 John Wiley & Sons, Ltd

2004 年オーストリアにある凍った湖の上で二人の少年が遊んでいた．突然氷に亀裂がはしり，二人は氷水の中に消えてしまった．近くにいた人たちが警官と救急隊に連絡した．救急隊が到着し，二人を救出した．この間，ほぼ1時間二人は水面下にいた．25 分間，集中的に人工呼吸をすると，少年たちの心臓は弱い鼓動を始めた．ヘリコプターで病院に運んだ後，医師たちは彼らの体温をゆっくりと上げるよう治療を行った．その結果，最終的に少年たちは完全に回復した．奇跡的に死をまぬがれたのは，寒さにより酸素の必要性がかなり低下し，代謝の速度が遅くなったためであると医師は説明した．これは潜水反射とよばれ，クジラ，サメ，ペンギンなどにみられる現象である．低温になると気管が閉じ，呼吸が停止し，鼓動が遅くなる．その結果，血液は重要な器官（脳，肺，心臓）だけを循環するようになる．この少年たちにも潜水反射が起こっていたと考えられる．冷たい水の中で命の炎が灯しつづけられるのは約 45～60 分だけである．

13・1 反応と代謝に対する温度の影響

亡くなった後，遺体が分解するのはいくつかの要因のためであるが，そのすべては化学反応による．生体内において行われている物質の化学変化である代謝には，異化と同化という二つの異なる過程がある．

異化とは，大きな分子をより小さな分子に分解する代謝反応である．異化は，死後も短時間持続する．食物と酸素がなくても，体は自分自身を構成する物質をある程度分解する．異化はまた，飢餓の間も持続する．すなわち，飢餓状態の人たちは，基本的に自分自身を消費しようとする．長距離ランナーは，競技でよい結果を残すために十分なエネルギーを確保しようとして，競技の前日，炭水化物に富んだ食べ物をたくさんとる．そうしないと，代謝によってすぐにエネルギーが消費されてしまい，貯蔵していた炭水化物や脂肪を異化し始めることになる．これには時間がかかり，効率的ではなくエネルギー変換も遅い．体脂肪を減らすための食事療法は，この原理に基づいている．

　同化とは，小さな分子から大きな生体分子を構築する代謝反応である．異化反応で生成した小さな分子は，同化反応によって体の維持と成長のために必要なより大きな分子になる（第4,5章参照）．

　この章のはじめに述べた少年たちは，体が冷たくなっていたため生き残った．温度が低ければ低いほど，化学反応はゆっくりと進行する．事実，温度が10℃低下すると，化学反応の速度はおよそ半分になる．少年たちの体は，通常の体温より約40℃低い氷水の中にあった．体温が10℃低下すると，異化速度は半分になり，次の10℃の低下でさらに速度は半分になる．40℃も体温が低下すると，異化速度は半分の半分の半分の半分，すなわち通常の体温での速度の1/16になる．このため後遺症となるような脳の損傷はなかった．また幸運なことに，細胞中の水が氷の結晶をつくり始めるほど長くは水中にいなかったので，少年たちの細胞は破壊されず，死に至らなかった．

　長時間にわたる手術では，代謝速度を低下させるため患者を冷たいカバーで覆って行われる．しかし，この場合でも少年たちが体験した温度ほど低くはしない．

13・2　なぜ化学反応は低温で遅くなるか

　低温において化学反応が遅くなる理由が二つある．第一の理由は，粒子が互いに反応するには衝突しなければならないということである．温度が低くなればなるほど粒子の動きは遅くなる．ゆっくり動くほど衝突する回数が減少し，粒子のもつエネルギーは小さくなる．そのため，反応はゆっくり進むようになる．第二の理由は，化学反応が起こるためには，新しい結合が生成

し新しい生成物を与える前に，反応分子の古い結合が切れなければならないということである．単純な化学反応を考えてみよう．

$$H_2 + O_2 \longrightarrow H_2O \qquad (13・1)$$

水素分子が酸素分子と反応し水を生成するとき，以下のことが起こる．

第一段階：水素分子と酸素分子が衝突する．

第二段階：衝突のエネルギーによって水素分子と酸素分子の結合が切断され，水素原子と酸素原子が生成する．ここで，一つの水素分子や酸素分子はそれぞれ二つの水素原子と酸素原子に分かれる．

$$H-H \longrightarrow 2H^* \qquad (13・2)$$
$$O-O \longrightarrow 2O^* \qquad (13・3)$$

ここでは*印によって，これが原子であり，結合をつくっていない電子（不対電子）をもっている原子（たとえばH・）であることを表す．共有結合が開裂して生成した，不対電子をもつ原子を**遊離基**（フリーラジカル）とよぶ．生成した遊離基は，同じ原子の遊離基と衝突して元の分子を再生するか，別の原子の遊離基と衝突して新しい化合物をつくるので，その寿命は非常に短い．

第三段階：水素原子と酸素原子が新しい結合をつくり，水分子が生成する．

$$H^* + H^* + O^* \longrightarrow H_2O \qquad (13・4)$$

以上の全段階をさらに詳しくみてみよう．反応分子の結合が切断されないなら，新しい分子は生成しない．では，どのような場合に結合が切断されるのであろうか．どのような化合物の試料でもスプーン1杯あれば，その中には数十億個の分子が含まれている．ある温度において，これらの分子のすべてが同じ速さで運動しているわけではない．温度は運動している分子の平均速度の尺度である．したがって，速く運動している分子同士の衝突もあるだろうし，ゆっくりと運動している分子同士の衝突もある．分子内の結合を切断するのに十分なエネルギーをもたない衝突では，反応は起こらない．言い換えると，すべての衝突が反応を起こすわけではない．衝突のエネルギーが

13・2 なぜ化学反応は低温で遅くなるか

ある値より大きいときだけ反応が起こる．この値は，反応する分子の結合の強さによっても異なる．古い結合を開裂して反応を起こすために必要な最低限のエネルギーを**活性化エネルギー**という．それぞれの分子にはいろいろな結合の強さと結合の種類があるので，活性化エネルギーは反応によって異なる．

温度が低いと，分子はゆっくりと運動するので，活性化エネルギー以上のエネルギーをもつ衝突は少なくなる．したがって，反応はより遅くなり生成物も少なくなる．高温では，活性化エネルギーより高いエネルギーをもつ分子がより多くなる．したがって高温では，分子は活性化エネルギーの山を乗り越えることができる．

木片は空気中で火をつけたときだけ燃焼する．余分なエネルギーを与えられた分子では，衝突の機会が多くなり，活性化エネルギーの山を乗り越えることができるので結合が切断されるからである．いったん燃え始めると，発熱反応であるので熱を放出しつづけ，この熱によって木が燃えるために必要なエネルギーが供給される．

たとえば水素分子と酸素分子が反応して水が生成する反応では（式 13・1），これら分子のもつエネルギーが図 13・1 の点 A で示したエネルギー曲線の頂点を乗り越えなければならない．この頂点で，遊離基すなわち水素原子や酸素原子が生成する（式 13・2，式 13・3）．この後，原子のあるものは反応して

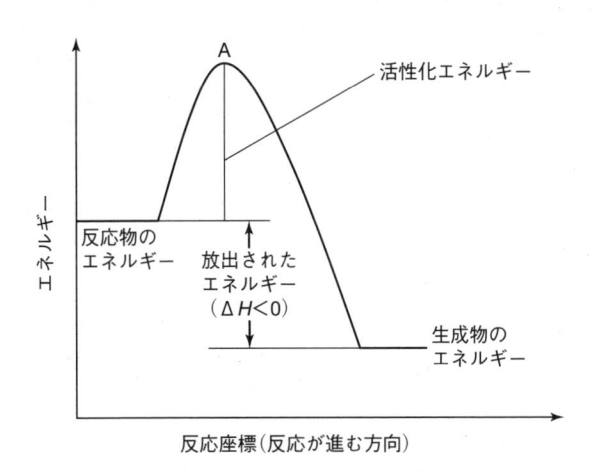

図 13・1　化学反応のエネルギー図

水を生成し（式13・4），熱が放出される．これは図13・1の曲線の後半部分の下り坂の経路で示される．図13・1から反応分子のもつエネルギーより生成物のもつエネルギーの方が小さいことがわかる．このことはこの反応で熱が放出されることを意味している．このように熱を放出する反応を**発熱反応**とよぶ．この放出された熱により，まだ反応していない分子の運動のエネルギーが大きくなる．すなわち，温度を上げることができるので，活性化エネルギーの山を乗り越えるエネルギーをもつ分子の数が増え，反応がさらに進むようになる．

- 遺体の腐敗の過程はすべて化学反応によるので，寒いところより暖かいところの方が腐敗は速く進む．したがって死亡後すぐに埋葬したり，火葬したりすることが必要である．これは感染症の蔓延を防ぐのに役立つ．
- 腐敗をひき起こす化学反応を遅くするため，食物を冷蔵庫や冷凍庫に保存する．腐敗が始まるためには食物を構成する分子が腐敗反応の活性化エネルギーの山を乗り越えることが必要である．しかし，冷蔵庫内ではこのエネルギーが奪われる．もし発熱反応が始まって熱が放出されたとしても，この熱は冷蔵庫内の低い温度によって打ち消されるため，腐敗の反応は遅くなる．

ほとんどの化学反応では熱が放出される．酸素と反応する場合はふつう多量の熱が放出される．呼吸によってグルコースが酸化されるとエネルギーが放出され，私たちの体を暖める．

$$C_6H_{12}O_6 + 6\,O_2 \longrightarrow 6\,CO_2 + 6\,H_2O + \Delta H \quad (\Delta H < 0) \tag{13・5}$$

この反応で放出される全エネルギー量（ΔH）は，生成物のエネルギーから反応物のエネルギーを引いた差で表される．したがって，反応物より生成物のもつエネルギーの方が小さい場合，ΔH は負となり，これを発熱反応という．

一方，**吸熱反応**では生成物のエネルギーの値は反応物のエネルギーの値より大きい．したがって ΔH の値は正となる．吸熱反応を続けるためには熱が必要である．

反応物と生成物がほとんど同じエネルギーをもつときは，反応はどちらの方向にも同じように進む．

13・3 遊離基(フリーラジカル)

遊離基とは対をつくっていない電子を1個もつ原子や分子であり,一般に不安定で反応しやすい.遊離基の寿命は1秒の1/1000より短いが,細胞を傷つけたり,化学反応を起こすには十分な寿命をもっている.

私たちの体内では,呼吸による炭水化物の酸化の副産物としてスーパーオキシドイオン(O_2^-),過酸化水素(H_2O_2),ヒドロキシルラジカル($\cdot OH$)などの活性酸素が生成し,細胞に多くの損傷を与える.これに対処するため私たちの体の血液には,遊離基と反応してそれを素早く処理する酵素が含まれている(§6・3参照).

これらの遊離基が存在するか否かによって,細胞時計が変化し,細胞分裂速度が影響を受ける.望ましくない遊離基が生成すると,速い速度で分裂する細胞もある.このような細胞が異常な増殖や癌性増殖を起こす.遊離基が非常に多く生成すると,細胞は結局殺されてしまう.

共有結合が切断されるとき,結合を構成している電子対をおのおのの原子が一つずつもって分かれると遊離基が生成する.たとえば,水素分子 H-H ではおのおのの水素原子が一つずつの電子を受け取って,二つの同じ原子 H^* に分かれる(式13・2).このようにして共有結合が半分に分かれる反応を**ホモリシス**(均一開裂)という.

13・4 化学反応に対する濃度の影響

1997年,ある化学工場から救急隊に緊急電話が入った.工場の研究室で実験中に事故が起こったのだ.フラスコが割れ,多くはなかったがフェノール溶液のしぶきが女性研究者の前腕にかかった.事件が起こったのは暑い夏の日で,保護眼鏡も白衣も身につけずTシャツのままだった.とにかく,彼女はそのようなことは決して自分には起こらないと思っていた.

救急車が工場に到着するまでに,直径12cmの水ぶくれができてしまっていた.幸いなことに致命的な結果にはならなかったが,彼女は今でもディスコに行くときやけどの痕を隠すため長袖を着ている.彼女は今では,研究室での実験中は可能なかぎりの保護着を身につけている.なぜなら,また事故が起こらないとは限らないから.

この事件より約百年前に,英国の外科医である Joseph Lister 卿は同じくらいの容量のフェノール溶液を手につけたが,水ぶくれややけどの痕はまった

くできなかった．Lister 卿は，消毒のために自分の手や手術器具，さらに患者の皮膚にフェノールの希薄水溶液を噴霧して手術を行っていた．溶液中で行われる反応の速度は，溶液の濃度で決定される．フェノールは扱いにくい危険な物質であるので，現在では手術室の衛生状態を確保するもっとよい方法が用いられている．

二人の人間が同じ化学物質であるフェノールにさらされたが，女性研究者の浴びたフェノール溶液は Lister 卿の場合よりさらに高濃度であった．濃度は化学反応の速度に影響を及ぼす．化学工場での女性研究者は高濃度のフェノールで被害を受けたが，Lister 卿にはフェノールの希薄水溶液が噴霧されたため被害はなかった．

ここでもう一度濃度について学ぼう．溶媒に溶質が溶ければ溶けるほど，溶液の濃度は濃くなる．ある温度において，それ以上溶質が溶けないとき，その溶液は**飽和**されたという．溶液の質量に対する溶質の割合を百分率で表した濃度を質量パーセント濃度（%）という．またモル濃度（M）を用いることがある．それは溶液 1 dm^3（1 L）中に溶解している溶質のモル数で表される．1 mol の溶質が 1 dm^3 中に溶解しているとき，その溶液の濃度は 1 M である．

溶液の濃度が濃くなればなるほど，分子が互いに衝突する回数が増加するので活性化された分子が増加し，反応速度は大きくなる．たとえば，オレンジジュースの濃度が濃いほど，舌の表面にある味蕾との相互作用が多くなり，より強く味覚を感じるようになる．ストレートのジンはジントニックより濃いし，紅茶にスプーン 2 杯の砂糖を入れると，スプーン 1 杯のときより甘く感じるようになる．

13・5 触 媒

反応の前後でそれ自身は変化しないが，少量で反応速度を高める物質を**触媒**という．触媒が微量存在すると，反応速度を大きく変化させる．触媒が存在しても，もともと起こらない反応を起こすことはできないが，進行が可能な反応の反応速度を変化させることができる．また，触媒を使っても本来の生成物と異なる生成物を与えることはない．あくまでも速度だけを変化させることができる．もし分解したり汚染されたりしなければ，触媒は何度でも

繰返して使うことができる．少量の物質がどうしてそんなに反応にとって重要なのだろうか．すでに学んだように，化学反応は数段階で進行する．もう一度述べておこう．

第一段階：分子が衝突する．
第二段階：衝突のエネルギーが活性化エネルギーより大きいと，反応する分子の結合が開裂する．
第三段階：新しい結合ができ，新しい化合物が生成する．

触媒が存在すると，反応の活性化エネルギーを低くし，分子が互いに反応するのに必要なエネルギーが少なくてすむようになる．したがって生成物がもっと速く生成する（図 13・2）．触媒はどのようにして活性化エネルギーを低くしているのだろうか．私たちの体の中で触媒として大切な働きをしている酵素について，次節で説明する．

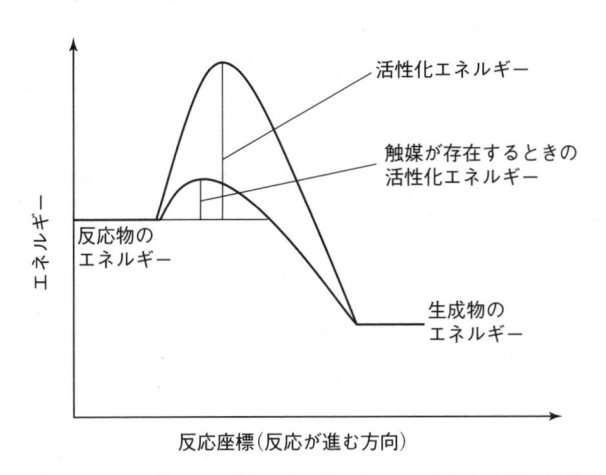

図 13・2　化学反応の活性化エネルギーに対する触媒の影響

13・6　酵素の作用機構

生体内で起こるいろいろな化学反応の触媒として働いているタンパク質が**酵素**である．20,000 倍以上反応を速くする酵素もある一方，反応速度を低下させる負の触媒（阻害剤）となる酵素もある．微量の酵素の存在によって反応速度が影響を受けるため，酵素作用の厳密な仕組みについては多くの説が

ある。その一つをつぎに述べる。

　反応物である基質AとBから，生成物A-Bができる反応を考えてみよう。反応が起こるためには二つの反応物が互いに何度も衝突することが必要である。その際，反応する相手と正確な方向で衝突できる分子は少ない。反応物の動きはでたらめなため，反応が起こるのに適した衝突はわずかである。衝突の多くはその方向が適切でなく，反応は起こらない。一方，酵素が存在すると，基質Aが正確で特異的な方向からぴったりと酵素の活性部位に結合する（図13・3）。他の基質Bがその酵素・基質複合体に近づくと，二つの基質AとBはただちに結合できるような正確な位置に配置されることになる。そこで基質AとBは素早く反応して化合物A-Bを生成し，酵素から離れる。生成した新しい化合物の形は酵素の活性部位の形に適合しないためである。そして酵素が再生される。二つの基質は的確な結合を形成するため，反応する基質間でのランダムな衝突のための無駄な時間を必要としない。この機構は鍵と鍵穴モデルとよばれている。

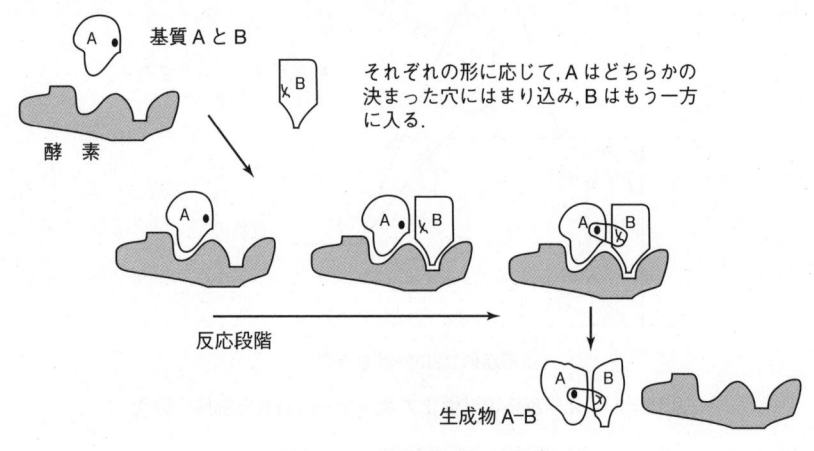

図13・3　酵素作用の機構

　一般に酵素や触媒の作用は特異的で，ある特定の反応の速さだけを促進する。たとえば，血液中に存在するある酵素は，ある特定の反応速度だけを促進し，他の反応には影響を与えない。したがって，切り傷を受けた場所で起こる血液凝固反応は，他の場所に存在する血栓溶解酵素の影響を受けない。

反応が非常に特異的なためである．

　私たちの体には，特異的な反応のための酵素が分泌される場所がある．おのおのの反応が始まるためには，微量の特異的な酵素だけを必要とする（第6章参照）．

　切り傷や外傷の場合のように血液の凝固が必要になると，酵素が作用する．切り傷や外傷の場所にトロンビンという酵素が集まり，血液中の可溶性タンパク質から不溶性のフィブリン構造をつくる反応を促進する．これは簡単な例であるが，すべての生体系の効率的な働きにとって，非常に少量の物質がいかに重要であるかを示している．

13・7　医薬品と生体の反応

　医薬品が有効に働くかどうかは，それができるだけ速く作用部位に運ばれるかどうかで決まる．作用部位に運ばれる前に分解せず，運ばれた後，その部位にある生体物質との反応が適切な時間続くことが必要である．投与された薬のすべてが作用部位に運ばれるわけではないので，投与量はしばしば重要な意味をもつ．投与された薬のなかには体の他の組織に運ばれるものもあるし，分解や排泄されるものもある．薬が有効に働くかどうかは，体重や年齢，pH，温度，水溶性，毒性，代謝生成物の排泄されやすさなど，他の要因によっても決まる．

　摂取された薬が治療効果を示すためには，作用部位で十分な濃度でなければならない．しかし，あまりに濃度が高いと毒性を示し，少なすぎると効果がない．上の要因はすべて薬物動態学とよばれる研究に関係している．薬物動態はおもに四つの過程から構成されている．

- 吸収（absorption）：投与された薬物が全身を循環する血液中に移行する過程
- 分布（distribution）：血液中の薬物が組織や細胞へ移行する過程
- 代謝（metabolism）：酵素により薬物が別の化学構造をもった化合物へと変換される過程
- 排泄（excretion）：薬物またはその代謝物が体外へ排出される過程

　最適な薬の投与法を見つけるため，これら四つの過程［訳注：頭文字をとりADME（アドメ）とよばれている］がそれぞれ定量的に研究されている．

医薬品は患者の体質と症状の重篤さに応じて適切に投与される．普通のかぜなどではこのことはそれほど重要でないが，使い方の難しい癌の薬においてはきわめて重要である．薬の過剰摂取は重篤な結果をまねくからである．排泄された物質を定期的に採取して分析することによって，薬の代謝による分解と作用部位での保持についてのよい指標が得られる．

薬物動態を研究している化学者は，薬をヒトに試す前に，その作用機構解明のモデルとして動物を用いている．薬の作用機構や人体は非常に複雑な系なので，ヒトで試すモデルには安全性を組込む必要があるからである．そのモデルは数式やグラフで表され，薬とヒトそれぞれを正確に調べることができる．動物実験はヒトの細胞内の状態をまねたコンピューターモデルで置き換えられつつある．そのために，おのおのの患者に対する診療記録，投薬間隔，体温がすべて正確に記録され，役立てられている．

13・7・1 薬の血管内投与

注射あるいは点滴によって血管内に薬を投与することで，胃腸などで吸収される要因を避け，薬が必要とされる部位に直接運ばれるようにする．この方法を使うと，血漿，血液，組織において薬の濃度が正確に保たれるようになる．

13・7・2 薬の血管外投与，経口投与

経口投与された薬は消化管や小腸の膜から吸収される．この場合，食後に薬を服用すると最も効果的に吸収される．胃腸に食物が存在すると薬の通過速度を遅くし，吸収される確率を上げるからである．薬のなかには，体の循環系に入っていろいろな部位に運ばれる前に，胃や肝臓を通過するとき分解されてしまうものもある．また，肝臓での代謝により薬効が失われてしまうこともある．肝臓を通り抜け，広く全身の循環系に入る薬の量は，生物学的利用能（バイオアベイラビリティ）とよばれている．生物学的利用能とは投与された薬が全身の循環血液中に到達した割合である．

十分高い生物学的利用能で肝臓を通り過ぎる薬でないと利用することができない．しかし，あまりにも薬の濃度が高いと肝臓に損傷を与える．薬の有効性はふつう動物で試験される．薬物治療のためには，生物学的利用能だけでなく，体内で保持される時間を知る必要がある．たとえば，1日に2回に

分けて食後服用と説明書に示されているように，薬を投与する回数を増やすことでその効果を一日中保つことができる．

これらすべての要因に加え，その他の多くの要因も医薬品の開発研究や，ヒトを使った臨床試験の前および実施中に考慮されなければならない．法律によって，投与量，吸収量，排泄量，分布量，薬物を体外に排泄する能力（クリアランス），生物学的利用能，半減期（投与後，薬の血中濃度が最高値になってからその半分になるまでの時間）などの正確な値を明らかにすることが求められている．これらすべての要素が患者に薬を投与する際，特に新薬を投与する際，わかっていなければならない．その詳細は添付文書およびインタビューフォームの文献に記載されている．患者が複数の病気にかかっており，複数の薬を服用しているときには，使っている薬同士の相互作用など専門的な判断が必要となる．

> **診断テストの解答**
> 1. 反応速度を増加させる．
> 2. 腐敗速度を遅くするため．
> 3. 分解速度を遅くするため．
> 4. 反応を開始するには，活性化エネルギーを乗り越えるための熱を必要とし，反応が始まると発生する熱により反応は進む．
> 5. 不対電子をもつ分子や原子のこと．
> 6. 濃硫酸
> 7. 触媒，酵素
> 8. 酵　素
> 9. 発熱反応
> 10. 速くなる　　　　　　　　　　　　　　　　　　　　　　　［各1点］

発展問題

1. （ⅰ）次の式は厳密にはどのようなことを表しているか，表していないか．

$$A + B = C + D$$

（ⅱ）発熱反応に対して外部から熱を与えるとどのような結果が得られるか．反応が速くなるか，阻害されるか．発熱した人に冷湿布をするのはなぜか．患者を冷たいカバーで覆って手術を行うのはなぜか．

2. 活性化エネルギーの考えを使って，マッチで火をつけるという単純な過程を説明せよ．
3. 角砂糖だけでは燃えないが，タバコの灰をふりかけておくと燃えるようになる．この過程を触媒という用語を使って説明せよ．
4. 体内の多くの反応は酵素の存在下で効率的に進行する．その例をあげ，酵素がどのように働いているのかを説明せよ．
5. 化学反応の観点から，つぎの事項を説明せよ．
 （ⅰ）酢酸ではなく食酢をポテトフライの上にたらした．
 （ⅱ）病理研究室で試料を保存するために，バーで売られているアルコール飲料ではなく，無水アルコールを用いた．
 （ⅲ）自動車の排気ガス汚染を減らすため，触媒装置を用いた．
 （ⅳ）液体窒素中で保存すべきヒトの胚細胞などの試料を，長時間冷蔵庫や冷凍庫で保存した．
 （ⅴ）病院の治療器具を高温高圧処理で滅菌した．
 （ⅵ）治療後，器具と手を消毒剤で徹底的に洗わなければならない．
 （ⅶ）看護師が病院で着用していた服を着て，混雑した街を通って帰宅することは公衆衛生の観点から危険である．
 （ⅷ）病室の暖かい温度は，細菌の繁殖にとって理想的な状態である．蛇口や洗面台の周りのように湿気の多い場所では，特に細菌が繁殖する．
6. MRSA（methicillin-resistant *Staphylococcus aureus*，メチシリン耐性黄色ブドウ球菌）による院内感染を防ぎたいと考えている病院の管理者に対して，どのようなアドバイスをしたらよいか．これらのうち化学薬品を使用するアドバイスはいくつあるか．

14

病気と闘う化学物質

> **到達目標**
> - 過去および最新の医薬品の化学について概説できる．
> - 医療に関する最新の情報を集め，さらに関連する雑誌や書籍を読み適切に整理することができる．

この章は諸君にとって初めて知ることばかりなので，診断テストはありません．

14・1 薬の過去と現在

現在私たちが利用している薬の原料となるものは古代文明においても同じように使われていた．それらは植物から見つけられた多様な化学物質である．祈祷師（きとうし）や呪医（じゅい）たちの存在や古い言い伝えから，どのような病気にどのような植物が適切かを選択する知識を当時十分もっていたことがわかる．南米の原住民が狩猟の際に矢尻に塗る強力な毒物は何だろうか．分析の結果，それはクラーレであり，神経伝達を遮断し，筋肉を弛緩する効果をもつとわかった．それらの性質が現在の医療や外科手術において用いられてきた．

1785 年，William Withering はジギタリスの抽出物が心臓病の治療に効果があることを発表した．現代社会における病気の治療のほとんどは，植物から取出した活性化合物およびそれらを模倣して化学合成した医薬品を使用している．今でも，それらは両方とも非常に重要な研究分野である[1]．

現在，マラリアは世界的な問題である．英国においてさえも，マラリア蚊が生息する沼地がある．17 世紀にはキナの木皮からの抽出物を使うことが唯一の治療法として知られていた．1820 年ごろまでは，その成分であるキ

ニーネの作用は十分明らかにされていなかった．1930年に至り，キニーネと作用がよく似た薬が合成された．その結果，天然のキナ皮を集め，キニーネを抽出・精製する面倒な作業がなくなった（図14・1）．

図14・1　キ ニ ー ネ

1884年，Carl Kollerによってコカインが簡単な手術のための局所麻酔薬として欧州に登場した（図14・2）．現在，コカインは薬物乱用の面でニュースになることが多い．

図14・2　コ カ イ ン

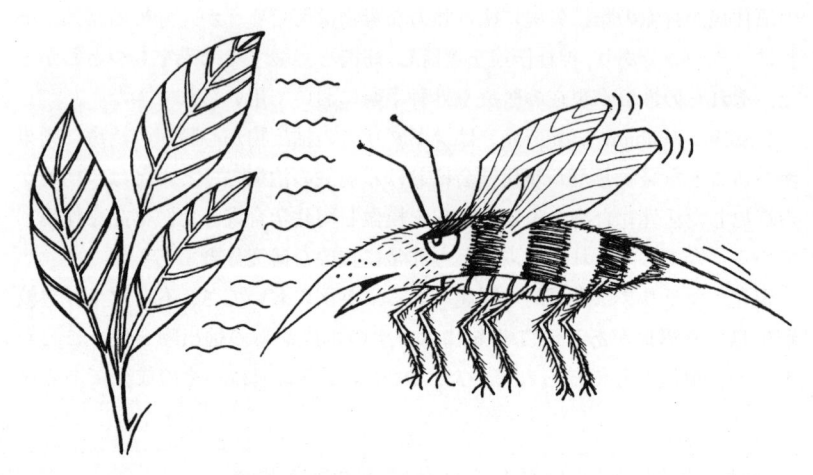

キナの木に近づくな，その匂いで殺されるぞ！

14・1 薬の過去と現在

　火薬の専門家である Alfred Nobel は強力な爆発力をもつニトログリセリンの製造法を発明した．ニトログリセリンは少量用いることにより，狭心症の患者に役立つことが見いだされ，1878 年に英国ウェストミンスター病院で最初の治療に使われた．Nobel 自身はニトログリセリンを用いることなく，心筋梗塞で死亡した．今ではさらに有効な心臓病の薬が利用できる．

　1870 年，ヴィクトリア女王はエーテル（ジエチルエーテル，$C_2H_5OC_2H_5$）を麻酔に使った膿瘍の切除手術を受けた．彼女はまた，鎮痛剤としてモルヒネを，さらにフェノールを含む消毒剤を用いている．1861 年，彼女の夫は腸チフスで 42 歳の若さで亡くなった．今日，その病気は抗生物質で簡単に治すことができる．19 世紀には数多くの人が細菌やウイルスの感染症で死亡した．1918～1919 年，世界的規模でインフルエンザが流行し，2 千万～3 千万人の人が死亡した．当時，インフルエンザの治療法が知られていなかったが，現在はどうだろうか．

　1899 年，初期の鎮痛剤であるアスピリンがドイツの製薬会社バイエル社より市場に導入された．すでに，1898 年にはバイエル社によって強力な鎮痛剤であるヘロイン（ジアセチルモルヒネ）が発売されていた．

　アスピリン[2)～4)]は Felix Hoffmann により最初にサリチル酸から合成された．化合物名はアセチルサリチル酸である．古代ギリシャの人や南米の原住民の間では，ヤナギの木の皮が熱や痛みを和らげることが知られていた．今では，その効果がヤナギの木皮の成分であるサリチル酸によるものだとわかっている．サリチル酸が苦くて，胃を刺激することについては第 1 章で学んだ．

　アスピリンはいまや，熱を下げ，痛みを和らげ，さらに関節炎やけがによる炎症を抑える薬として最も広く用いられている．炎症や発熱の原因にプロスタグランジンが関係しており，アスピリンはその生合成を妨げる．プロスタグランジンの生合成に関与する酵素がシクロオキシゲナーゼ（COX）であり，COX-1 と COX-2 がある．［訳注：COX-1 は全身の組織に広く分布し，常時細胞内に一定量存在する．一方，COX-2 は普段は発現が低く，炎症組織において発現が誘導される．アスピリンは COX-1 と COX-2 の両方の作用を阻害して炎症を抑える．したがって，アスピリンは正常の生体の活動をも阻害することになり副作用が発現する．しかし，COX-2 選択的な阻害薬は COX-1 に対してほとんど阻害作用を示さず，炎症組織に発現している COX-2 の活性のみを抑制するため副作用が小さい．］

このようにアスピリンは効果的な鎮痛剤であるが、胃腸から少量の出血を起こし、徐々に軽い鉄欠乏症となる。長期投与すると、人によっては胃潰瘍になる。これらの問題は、胃ではなく、腸に入ってから溶けて吸収されるように工夫された腸溶性のアスピリンを使うことにより解消された。アスピリンを水痘（水ぼうそう）やインフルエンザの子供たちに与えることは禁じられている。なぜなら、子供たちがまれに致命的なライ症候群（脳や肝臓などの機能障害）にかかるリスクが高くなるからである。

- アスピリンは20世紀のすばらしい薬である。どの薬よりも多く使われており、その使用は世界中で年間500億錠と推定されている。アスピリンは痛みを取除く作用のほかに、心臓発作後の血液を薄めるのにも適している。アスピリンの抗血液凝固作用の研究により、半錠のアスピリンを毎日飲むことにより心臓発作や心筋梗塞のリスクを減少させることができると示唆されている[3]。
- 最近、アスピリンが男性の前立腺癌の予防に役立つという報告がなされた。その利用の可能性について研究が続けられている。
- ピクノゲノールを含む松の樹皮の抽出成分はアスピリンの植物性代替品となる[4]。その125 mgはアスピリン500 mgと同じ抗血液凝固作用をもつ。ピクノゲノールは、胃潰瘍の人にとって出血の問題をもつアスピリンの代替品となる。
- アスピリンと同じように効果的で広汎に用いられ、かつ胃からの出血という副作用のない薬の開発が続いている。おそらくCOX-2選択的阻害薬がアスピリンを引き継ぐだろう。

20世紀の初め、化学は成長産業の一つとなり、多くの会社が病気の治療に植物の抽出物が役立つことを予見した。それらの植物の抽出物が構造決定され、その活性成分が合成された。

コカインが局所麻酔薬として用いられたが、習慣性と麻薬性を考慮し、コカインの化学構造をより簡単にして麻酔作用のみをもつプロカインが創製された。

20世紀の前半、抗菌剤であるさまざまなサルファ剤が合成され、致命的な病気であった敗血症、髄膜炎、肺炎の治療にまず効果をもたらした。サルファ剤の抗菌活性の基本骨格はp-アミノベンゼンスルホンアミドである

(図 14・3).

科学の世界ではしばしば偶然の発見がある．Fleming は賞賛されるべき科学者の一人であり，1928 年のペニシリンの発見はよく知られた物語である．彼は細菌を殺すカビの効果に気づいた．ペニシリンの誘導体の開発は医療の世界でなされた最も偉大な研究の一つである．ペニシリン誘導体の基本構造を図 14・4 に示す．

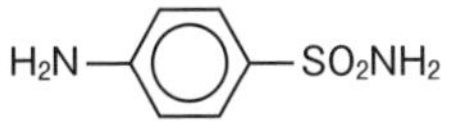

$$H_2N-\text{C}_6H_4-SO_2NH_2$$

図 14・3 *p*-アミノベンゼンスルホンアミド

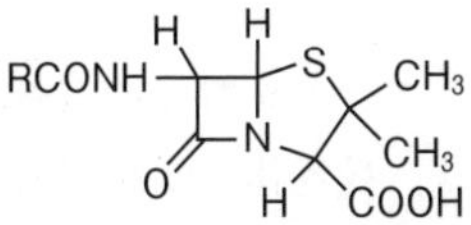

図 14・4 ペニシリン誘導体の基本構造

不幸にも，細菌がさまざまなペニシリン類に対して耐性をもつようになってきた．メチシリン耐性黄色ブドウ球菌 (MRSA) のようなきわめて耐性の強い細菌に対して，今までとはまったく違う抗菌作用をもつ化合物の発見のために，新しい研究分野や植物探索が取組まれている．最近，新しい研究の取組みの一つとして，ある科学者グループが海岸の潮だまりの軟泥から抽出した化学物質が MRSA を死滅させると，新聞が報じた[5]．同じ軟泥から抽出された物質について，抗癌剤や抗炎症剤の探索も行われている．

多くの天然物が MRSA に対する抗菌作用を期待して研究されてきた．その一つに蜂蜜がある[6]．おそらく蜂蜜に含まれる少量の過酸化水素が活性本体であろう．ニンニクも 200 名の患者を使って試験され，その多くの患者に MRSA に対する抗菌作用があることが見いだされた[7]．薬物治療に天然物を用いる場合，患者が服用中の他の医薬品との間に相互作用がないことを確認する十分な研究が行われなければならない．

1930 年代，ステロイドホルモンであるプロゲステロンが天然から抽出・単離され，さらに合成により有効な薬が生産されるようになった．その研究はステロイドの避妊薬への応用にも発展した．ステロイドはそのほかに，抗炎症剤として，あるいは肺癌や前立腺癌の治療にも用いられるようになった．

14・1・1 論理的な医薬品の研究開発

これまで病気の治療に用いられる天然物について学習してきた.おそらくまだ世界中の植物の1割程度しか医薬品としての可能性の面から探索研究がなされていないと考えられるので,これからも天然物からの探索研究は続くであろう.

一方,20世紀に入り,受容体(レセプター)や酵素が存在し,生体活動の維持に大切な役割をしていることが解明され,これまでとは違った方向からの薬の開発研究が行われるようになってきた.すなわち,植物などの薬理活性を手当たりしだいに探索するのではなく,論理的に薬物の設計をして薬を創り出すことである.特に受容体や酵素に働く化学物質の医薬品への応用が活発に研究されるようになった.その一つに生体内に存在する神経伝達物質であるアドレナリンがある.アドレナリンの気管支拡張作用に注目し,その受容体である β_2-アドレナリン受容体を刺激する作動薬として抗喘息薬サルブタモール(β_2 選択的作動薬)が開発された.アドレナリンの構造を少しずつ化学修飾することにより,医薬品として最適のサルブタモールが合成された(図 14・5).

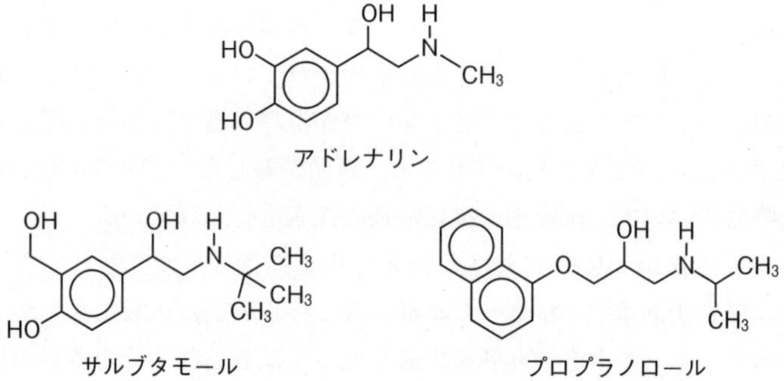

図 14・5 アドレナリン,サルブタモール,プロプラノロール

ICI 社の James Black と彼の研究チームは心筋に存在する β-アドレナリン受容体を選択的に遮断する薬の設計を試みた.心筋に存在する受容体を塞いでしまうことにより,精神的あるいは肉体的にストレスを受けたときに放出されるアドレナリンの心臓刺激でひき起こされる狭心症や心臓疾患をもつ患者の痛みをなくす薬である.これが生産にまで導かれた β 遮断薬(プロプラ

ノロール）である（図 14・5）.

シメチジン（商品名 タガメット，図 14・6）は胃の細胞に存在するヒスタミン 2 受容体を遮断し，ヒスタミンによる胃酸の分泌を抑える目的で緻密に論理的に設計された薬（H_2 遮断薬，H_2 ブロッカー）である．シメチジンは 1970 年に Black らにより開発された胃潰瘍に対する最初の効果的な治療薬である．胃酸の分泌を抑えて胃潰瘍の治療に役立つことから，毎年約 1000 トンが生産されている．［訳注：1988 年，Black はシメチジンの開発研究の功績によりノーベル医学生理学賞を受賞した．］

図 14・6　シメチジン

14・2　癌治療薬

癌の化学療法は広範な癌の治療薬であるタキソールの開発にまで発展した．タキソールは強い抗腫瘍活性をもつが，全身に影響を及ぼす．

癌は細胞が遺伝子的に障害を受けることにより始まり，非常に速いスピードで分裂増殖する．タキソールは癌細胞が分裂して新しい細胞をつくる速度を抑えたり，妨げたりする．当初タキソールはタイヘイヨウイチイという灌木の樹皮から抽出されていたが，1 人の患者を治療するために十分なタキソールを得るには 2 本の木が必要であった．現在は化学構造がよく似た他の植物成分を化学変換することにより合成されているが，まだ高価である[8]．

癌と診断されると，外科的な手術からその腫瘍を標的とした特別の化学療法まで幅広い治療が行われている．

白金化合物であるシスプラチン（図 14・7a）は精巣，卵巣，膀胱，頸部の

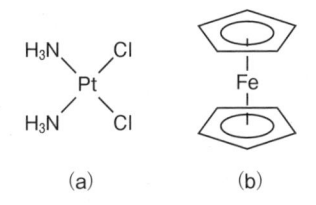

図 14・7　シスプラチン (a) とフェロセン (b)

癌の治療に幅広く用いられている．シスプラチンは静脈注射で投与され，血液を通して細胞質に運ばれる．そこで癌細胞の DNA 二本鎖のそれぞれの鎖に存在するグアニンやアデニンの窒素と橋掛け結合をし，DNA の形と構造をゆがめ，細胞増殖を阻止する．残念なことに，シスプラチンは癌細胞だけへの選択性がなく，腎障害，難聴等の強い副作用が発現する．治療後にこれらの機能は部分的であるが回復する．

毒性が低く水溶性の他の抗癌剤として，サンドイッチ化合物として知られるフェロセン誘導体の利用が研究されている．フェロセンは平面構造をもつ適当な分子の間に金属があり（図 14・7b），ある条件下では DNA 鎖に結合しその構造をゆがめることができる．フェロセン誘導体はシスプラチンとは異なり，ある癌には効くが別の癌には効果が弱いと証明されている．

カクテルのように適当な薬を組合わせる方法には，一つの薬がうまく効果を発揮できなくても他の薬が効く可能性があるというよさがある．薬を組合わせることは患者一人一人に合うように入念に行われなければならない．この方法は併用療法とよばれている[9]．

乳癌の治療に最もよく使われている薬の一つにタモキシフェンがある（図 14・8a）．それはもともと避妊薬として開発された薬である．乳癌の発生にはエストロゲンが関与している．タモキシフェンはエストロゲン受容体の表面にあるタンパク質の形を変えることにより，細胞内へのエストロゲンの取込みを阻害し癌細胞の増殖を止めることができる[10]．

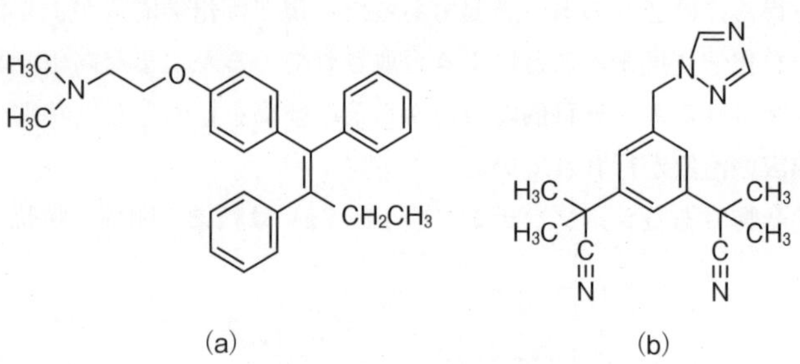

図 14・8　タモキシフェン (a) とアナストロゾール (b)

タモキシフェンには血液凝固および子宮内膜の損傷などの副作用がある．代替薬として開発されたアナストロゾール（図 14・8b）はエストロゲンの生成を減少させる．ただ，アナストロゾールにも骨粗しょうのリスクが増すと

いう副作用がある．

チョウセンアサガオの成分は毒性の高い抗癌薬の代わりとなる．日本の研究者たちは，実験室で成長させた悪性の脳腫瘍細胞にその抽出物を注入すると，腫瘍の増殖が止まり，さらに広がる能力が消失したと発表した[11]．

薬を錠剤で服用すると，消化器官に影響が起こりやすい．これを防ぐための研究が行われている．一つの方法として，遺伝子を必要な場所へ正確にこっそりと持ち込む"トロイの木馬"の役目をする無害のウイルスを使うことである．ウイルスは目的の部位にしかない生体分子に誘導されて，内容物である遺伝子を放出する．

シスプラチンを化学修飾した抗癌薬が必要な部位に運ばれ，そこで光照射されると光反応により結合が切れ，活性成分が放出される．他の場所に運ばれたものは光反応を受けずそのままの状態であるので，健常な細胞を傷つける副作用は起こらない．結果として，脱毛や嘔吐，むかつきを軽減させることができるだろう[12]．いくつかの研究グループが特別な酵素で癌細胞を死滅させることができると考えている[13]．別のグループは癌細胞のエネルギー特性に焦点を当て，エネルギー源を断つことを研究している[14]．

14・3 鎮 痛 薬

英国だけでも100万人を超す人が関節炎や変形性関節症を患っている．それは軟骨が冒される結合組織の病気であり，70歳以上の高齢者の85％が罹患している．アセトアミノフェンなどNSAID（非ステロイド性抗炎症薬）が関節炎の痛み止めに用いられるが，それは根本的な治療ではない．他の治療として，副腎皮質ステロイドやグルコサミンの使用がある（図14・9）．NSAIDは潰瘍や出血をひき起こすことがある．これらの副作用を避けるた

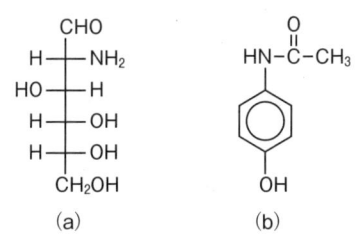

図14・9　D-グルコサミン (a) とアセトアミノフェン (b)

めにセレコキシブ，ロフェコキシブが導入されたが，ロフェコキシブは予期しない心臓発作の副作用のために市場から撤退した．

英国にはリウマチ患者が60万人いるといわれている．リウマチはおもに関節の炎症と関節を覆っている滑膜が厚くなることにより起こる疾病である．その発病は遺伝子レベルで起こるか，遺伝性の素因による．治療は関節炎と同じであるが，そのほかに少し毒性があるDMARD（疾患修飾性抗リウマチ薬）が使用されている．体内のシクロオキシゲナーゼの一つであるCOX-2の酵素阻害をする新薬が開発されている．COX-2は炎症が起こると痛みを生み出すプロスタグランジンの生成にかかわる酵素である．

14・4 ウイルスや細菌による攻撃の阻止

いまや世界的に問題となっているキラーウイルスやAIDS（後天性免疫不全症候群）の原因となるHIV（ヒト免疫不全ウイルス）を撲滅する挑戦を止めるわけにはいかない．HIVはヒトの免疫系をじわじわと破壊する．その治療にはウイルスの活動と闘う複合した医薬品が用いられている．しかし，治療法が見つかったとしても，それが蔓延している貧しいアフリカの国々はそれを利用することができるのだろうか．

私たちの生存は，私たちの体がウイルスや細菌および危険な化学物質の攻撃を検知できるかどうかにかかっている．私たちの体は，体にとっての異物を認識し排除する仕組みをもっている．それが**免疫系**である．血液中の白血球にはそれにかかわる二つのタイプの細胞（B細胞とT細胞）がある．血液中の他の細胞には，侵入してきた異物を食作用により処理する貪食細胞，異物の侵入を妨げる化学物質を生成する好酸球，および炎症をひき起こす化学物質をつくり出すマスト細胞や好塩基球がある．体にとっての異物が体内に入るとこのような防御システムに出会うのである．これらのすべての反応は体内のタンパク質との化学反応により開始される．

たとえば，細菌の表面はでこぼこしたタンパク質で覆われており，あちこちに枝のように突き出した部分がある．抗原である細菌はすべて固有の特徴的な形をしている．私たちの体内のB細胞は，自分のもつタンパク質と相補的な形でお互いに引きつけ合う電荷をもっている細菌のタンパク質を認識し，結合することができる．どのB細胞も抗原の一部分とぴったりかみ合う一つのY字形部分をもつ．B細胞はそのとてつもない数により抗原を打ち

負かす.約 10^8 のそれぞれ異なる形を認識する B 細胞がある.

　免疫グロブリンも同じ Y 字形のタンパク質であり，B 細胞の受容体タンパク質構造を正確に複写したものである.したがって，それらはどのような抗原とも形がかみ合って結合することができる.つぎに，免疫グロブリン部分の外に突き出ている Y 字の尾の部分をマクロファージ（貪食細胞）が認識し，免疫グロブリンと抗原が結合した有機物を貪食する.これら抗原への攻撃全体は二つのタイプの T 細胞により巧みに制御される.ヘルパー T 細胞は抗原の生産を助け，免疫応答を促進する.一方，サプレッサー T 細胞は抗原の生産を遅くさせ，免疫反応を抑制する.

　T 細胞のバランスは人によって異なると考えられる.ヘルパー T 細胞が支配的であると，免疫系が異常に過敏となり，あまり害のないほこりや花粉のような微粒子とも反応する.それによりマスト細胞からヒスタミンや他の化学物質が放出され，花粉症患者の鼻でみられるように炎症や血管拡張，粘液の生産をひき起こす.気道の中での反応，たとえば，ほこりやダニに対するアレルギー反応により放出される化学物質が湿疹や喘息をひき起こす.

　ある種の食物によってアレルギーをひき起こす人もいる.取入れられた食物成分が体内を循環し，どこかでマスト細胞を刺激しアレルギーが開始される.人によっては体のある部位が他の人より敏感である.小麦（小麦中のグルテン：セリアック病をひき起こす），卵，大豆，ピーナッツ，貝類でアレルギーを起こす人もいる.食物アレルギーで最も危険なものはアナフィラキシーショックである.アナフィラキシーショックは食物中の抗原が血中に入り，血圧が突然下がり，のどが腫れて気道が狭くなり，呼吸困難となる症状である.これらの反応は急速でかつ致命的である.食物アレルギーは消化器系で起こるもので，心理的に体に合わないということとは異なる.

　アレルギーの治療には抗ヒスタミン薬を用いて効果を確かめるか，喘息の場合には気道の筋肉を弛緩させるサルブタモールを用いて効果をみる.アレルギーの患者数は増えつづけているので，患者を救うために新薬の開発研究が今も続けられている[15].

14・4・1 抗ウイルス治療

　抗ウイルス薬は，ウイルスが宿主細胞に接着し，細胞に侵入するのを阻止すると共に，核酸やタンパク質合成を妨げる仕組みを考慮してつくられてい

る．ウイルスは自らの構造を環境に応じてつくり変えることができるので，その除去は難しい．ケンブリッジ大学のある研究チームはミューテータータンパク質とよぶあるタンパク質を研究している[16]．このタンパク質は私たち自身の細胞でつくられ，特定のウイルスの中にこっそり侵入し，ウイルスのゲノムに混乱と変異をひき起こす．残念ながらHIVはこの過程に対する防御能をもつように進化している．しかし，他のウイルスには利用が可能である．

ほかに，新聞の見出しを騒がせたSARS（重症急性呼吸器症候群）のウイルスがある．それはコロナウイルスの一種である．SARSは動物からヒトへ異種間で感染する病気である．この病気は患者を直接死に至らしめるのではなく，体内にサイトカインとよばれる免疫にかかわる化学物質（タンパク質）を過剰生産させる．サイトカインは炎症をひき起こす物質であり，大量に存在するとウイルス自身よりももっと致死的である．インフルエンザと肺炎は症状としては同じである[17]．1997年と2004年に流行した鳥インフルエンザは動物からヒトへ異種間で感染したと考えられ，この問題を解決する研究が急がれるべきだと報道を賑わせた．

14・5 AIDS と HIV

AIDS（後天性免疫不全症候群）の治療は現在の主要な研究分野の一つである．2002年，おおよそ1400万のAIDSの症例が報告されており，報告のないものも数多くあると推定されている．1969年，AIDSは血液試料の分析中に最初に病気として見つかり報告された．1981年，ニューヨークで最初の大規模な発生があり，1982年，CDC（米国疾病対策センター）が頭文字よりAIDS（エイズ）と名づけた．

AIDSの症状の進行はつぎのとおりである．まず，口，肛門，膣の皮膚と粘膜から感染し，つづいて全身に感染が広がるにつれて，大量の白血球が侵入するウイルスと闘うために投じられる．この白血球の集合はウイルスや細菌を殺すには有効であるが，HIV（ヒト免疫不全ウイルス）は白血球に反撃し優位に立つ．

HIVは白血球の表面に接着すると，自分の中身を白血球の中に入れ，白血球を乗っ取り，さらにHIVを生産する．すると侵入者を攻撃するためにさらに多くの白血球がHIVに接近する．こうしてさらに急速にHIVが生産さ

れる．これがHIVの高速再生産の仕組みである．

　HIVに対する抗体が検知されるまでに，ときに6カ月もの時間がかかる．そして免疫系がHIVに打ち負かされると，その人はAIDS患者と宣告される．この状態になると，他の病気に冒されやすくなる．したがって，一般的に，AIDS患者はHIVそのものの症状ではなく，むしろ肺炎や腫瘍などの二次的な疾病により死に至る．

　初期のAIDS治療薬はおもに患者の延命目的で用いられた．ウイルスは用いられた新薬が単剤であったらどのようなものであれ，巧妙にもそれに順応できるように自分を変える．三種混合薬を用いた場合，ウイルスは混乱し薬の変化に対して自分を適応させたり変異することができなくなる．しかし，この場合，手足の無感覚，下痢，吐き気などの薬の副作用が起こる．HIVに対するワクチンの開発研究が続けられているが，HIVウイルスは容易に変異を起こす性質をもっているので，国によって異なるワクチンが必要となるかもしれない．HIVを攻撃するためにT細胞を刺激するワクチンが試験されている．

　AIDSの問題は非常に深刻であり，米国では毎年4万人の新たなAIDS患者が出ると推定されている．アフリカには，人口のかなりの割合がHIVに罹患しているか，AIDSが発症している国がある．それらの国においての小学生から成人までを対象とした積極的な教育活動が実を結びつつある．一人のパートナー，結婚，安全な性行為といったことの重要性の理解がAIDS発生を減少させることに役立っている．しかし，子供たちが生まれたときにすでに血液中にHIVをもっている場合があるので，この疾病を根絶するには数世代を経ることが必要となるだろう．Gill Samuelsは2003年，The Association for Science Educationの総裁としてつぎのような演説をした[18]．"薬剤耐性のウイルスの広がりは防ぎようもないほど深刻な問題で，2005年にはサンフランシスコのHIV感染の50％は薬剤耐性ウイルスによるものになるだろう．したがって，新薬の開発と病気のコントロールがきわめて重要である．"研究開発は急速に進んでいるので，最新の医療雑誌をつねに調べる習慣が必要である．

14・6　遺伝子治療

　遺伝子治療は多くの遺伝病と闘う目的で遺伝子の操作と修飾を行う有効な

手法である.致命的な脳の病気であるハンチントン病はRNA干渉を用いる手法により治療ができると考えられる.この方法はsiRNAとよばれる短い二本鎖RNAを用いて,細胞内で相補的配列をもつ他のRNAの分解の引き金をひき,それがコードする遺伝子の発現を止める.

ハンチントン病はある一つの遺伝子の変異でひき起こされ,タンパク質が凝集し,ゆっくりと脳を破壊する.もしもその有害なタンパク質の量を減らすことができれば,ハンチントン病の治療に重要な進展を及ぼすだろう[19].類似の手法を他の遺伝病にも用いることができるが,siRNAの使い方を間違えると癌をひき起こすという報告もあるので,使うにあたっては十分な技術の習得の後に行われなければならない[20].

現在の癌治療では癌細胞だけを完全に正確に識別することができず,また,そこに薬をゆっくりと投与しないかぎりあらゆる細胞を攻撃してしまう.しかし,遺伝子治療では,ウイルスを使って体の中のどのような場所にある癌細胞も探し出し,それを攻撃するという技術の可能性がある[21].

酵素が何らかの方法でDNA鎖に沿って移動し,どこに損傷があるかを探し出し,それを修復するという興味ある研究が報告されている[22].通常,その損傷はフリーラジカルがDNAと結合することによってひき起こされる.損傷が修復されなければ,その箇所がそのまま複製され,遺伝子に害を及ぼす.損傷部分の酵素による修復機構が解明されれば,人為的な修復が可能になるだろう.

14・7 既存の薬の別の使い方

現在使われている合成医薬品や天然医薬品を別の病気の治療や新しい治療方法として使う興味深い例がある.

キノホルム(図14・10)は水虫治療に用いられているが,アルツハイマー病の進行を遅くするという報告がある[23][訳注:キノホルムはスモン

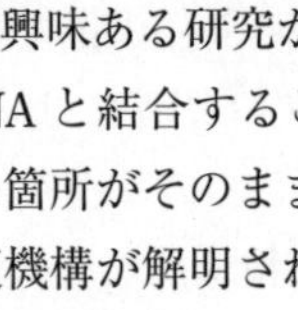

図14・10 キノホルム

(SMON, 亜急性脊髄視神経障害) とはっきりした因果関係があり, わが国では現在使われていない]. キノホルムはアルツハイマー病患者の脳細胞中に蓄積された亜鉛や銅を吸収する働きをもつと考えられている.

長年, 蜂蜜はいろいろな傷の治療に効果をもつと考えられてきたが, 最近, 大腸菌, サルモネラ菌, ヘリコバクターなどの有害な細菌および MRSA の除菌に使用できることが示された[24]. 蜂蜜は細菌にとって害となる過酸化水素を含む. 一時期, 病院で消毒剤として蜂蜜が用いられたこともあった. New Scientist の論文に"この頃は病院に行くと宝くじのように細菌に当たることがあり, それは運しだいである. そもそも病院に行くきっかけとなった病気の治療に医師が全力を注いでいるときに, 不潔な病院の細菌があなたを待ち伏せしており, おそらく病院に行く前よりも病気がひどくなることもある. 米国だけでも 200 万人がそういう目に遭っている. 明らかに耐性菌の問題は深刻な前兆である"と報告があった[25]. この論文で提案されている解決策の一つは, 私たちの呼吸器系, 消化器系, 泌尿器系の粘膜細胞に細菌が接着することを防ぐ薬をつくることである. 天然物あるいは特別に設計した分子を抗接着物質として使う例として, 天然のクランベリージュースの利用がある. それは抗接着物質を含んでおり, 女性の尿路感染の予防に役立つ. キシリトールを含んだチューインガムは, のどや耳の炎症を軽減する. ジャガイモやリンゴに含まれるポリフェノール酸化酵素もまた多くの細菌の接着を妨げる. "1 日 1 個のリンゴは医者いらず"ということわざはたんにおばあちゃんの口癖ではなく意味のあることである.

1960 年代に薬害で大きな被害をもたらしたものにサリドマイドがある (図 14・11).

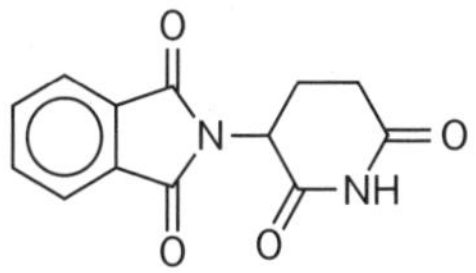

図 14・11　サリドマイド

妊娠初期 3 カ月以内に妊婦が服用すると先天性四肢異常の子供が生まれた. 1962 年, つわりの治療に使われることは禁じられた. しかし, 1965 年, エルサレムでハンセン病の痛み止めに用いられ, 驚くことに痛みが急速に消

失した．英国ノッティンガム病院の Richard Powell 医師はサリドマイドがベーチェット病の治療に有効であることを見つけた．ベーチェット病はひどい口内炎や先天的な潰瘍の病気である．1990 年代，サリドマイドの最も驚くべき使用法は白血病を含む癌治療である．サリドマイドは癌に栄養分を与える血液の供給を絶つべく攻撃し，また免疫力を高めるきっかけをつくる．

サリドマイドの問題点は，なぜ，どのように効くかが正確にわからないことである．したがって，個々の患者に合わせて代替薬を考案することが難しい．試みの一つとしてサリドマイドの構造中の一つの窒素原子を酸素原子に置き換えたレバマイドとよばれる新しい誘導体がある．それは治験において有効であり，副作用が少ないことがわかっている．レバマイドは治療には用いられていないが，ある種の癌の制御にきわめて有効である．サリドマイドは別の用途の薬として復活し（日本未承認），多くの試みや研究がなされている．

さらに最近の薬の一つに有名なバイアグラ（一般名 シルデナフィルクエン酸塩）がある．バイアグラはもとは血圧降下剤として開発された．勃起不全用薬としてではない．最近，バイアグラは初期の肺高血圧症（肺動脈の進行性狭窄），心臓や肺の移植，乳児の肺高血圧症，レイノー病すなわち指虚血症などに使われている．

14・8 新たな治療薬への期待

分析化学の急速な進歩により，私たちの体内の反応に関与する微量物質が発見され，その代謝機構や薬との相互作用がますます精密に解明されるようになった．脳に存在する微量の一酸化炭素，一酸化窒素の大切な役割，および血液や細胞内の酸化物や抗酸化剤については第 10 章で学習した．

アルツハイマー病[15]，心臓疾患，AIDS，関節炎，摂食障害，精神疾患，薬物乱用，皮膚癌，および喘息の薬の研究・開発が進められている．毎月，新しい発見の報告がなされ，それを読むころには，さらに新しい研究方法が開発されているだろう．今後，以下の植物，微生物，薬が健康維持や病気の治療に使われることが期待される．

レモンバーム（アルツハイマー病の症状の緩和）[16]，ニンニク（抗菌作用，抗酸化剤，コレステロールの低減），チョウセンニンジン（疲労回復，免疫力向上），ある種の役に立つ微生物（糖尿病の治療），柑橘類の成分ペクチン（癌

予防），ドネペジル塩酸塩，リバスチグミン酒石酸塩（アルツハイマー病），セイヨウオトギリソウ〔うつ病治療：フルオキセチン（日本未承認）の代替薬〕，ムラサキツメクサ（更年期障害の緩和：ホルモン補充療法の代替），少量の一酸化窒素（NO）を含むガスの吸入（未熟児）．

　麻酔剤は，過剰のアルコールを使うことから始まり，その後，エーテルや亜酸化窒素（笑気ガス：N_2O）が使用された．1950年代に入り，ハロタン（一部の患者に肝機能障害が発症した），それに続いてエンフルランやイソフルランなどのフッ素化合物が用いられるようになった．現在はよい香りのするセボフルランが使われている．これらは素早く効き始め，安全に麻酔作用が起こり，麻酔剤を止めると容易に回復することができる．将来の麻酔は，適当な鎮痛剤と催眠薬を必要な時間続けて注入し，患者の血液や呼吸器官とつないだコンピューターで制御されるようになるだろう[17]．

　2003年，アスピリン，コレステロール値を下げる高脂血症薬，葉酸，高血圧治療薬の四つの成分を1錠に配合した薬を55歳以上の中年の人に投与すると，心疾患の発生を減少させることができると大々的に報告された．しかし，人はこの魔法の混合薬をとると，今以上にタバコを吸ったり酒を飲んでも大丈夫だと思うようになるだろう．しかし，それでは薬の効果をなくしてしまう．時がたてばわかるだろう．

参考文献

1. G. Cragg and D. Newman. Nature's bounty. *Chemistry in Britain*, January 2001, 22ff.
2. S. Jourdier. A miracle drug. 100 years of Aspirin. *Chemistry in Britain*, February 1999, 33〜35.
3. T. M. Brown, A. T. Dronsfield, P. M. Ellis and J. S. Parker. Aspirin−how does it know where to go? *Education in Chemistry*, March 1998, 47〜49.
4. *Daily Telegraph*, 20 September 2002, 25.
5. R. Highfield. Search for superbug cure in rock pool slime. *Daily Telegraph*, 27 February 2003, 13.
6. A. Lord. Sweet healing. *New Scientist*, 7 October 2000, 32.
7. R. Creasy. Garlic cure hailed as a braekthrough in killer bug batlle. *Sunday Express*, 11 January 2004, 37.
8. P. Jenkins. Taxol branches out. *Chemistry in Britain*, November 1996, 43〜46.
9. P. C. McGowan. Cancer chemotherapy gets heavy. *Education in Chemistry*,

September 2001, **38**(5), 134～136.
10. Tamoxifen. Soundbite by Simon Cotton. *Education in Chemistry*, March 2004 **41**(2), 32.
11. D. Derbyshire. *Daily Telegraph*, 1 September 2002, science correspondence notes.
12. Attacking cancer with a light sabre. *Chemistry in Britain*, July 1999, 17.
13. G. Hamilton. Hit cancer where it hurts. *New Scientist*, 3 July 2004, 40～43.
14. R. Orwant. Cancer unplugged. *New Scientist*, 14 August 2004, 34-37.
15. N. Mather. Time to attack. *Education in Chemistry*, March 2000, **62**(InfoChem), 2～3.
16. P. Cohen. Mutator protein helps our bodies fight viruses. *New Scientist*, 28 June 2003, 21.
17. D. MacKenzie. Friend or foe. *New Scientist*, 6 September 2003, 36-37； see also www.newscientist.com/hottopics/sars
18. G. Samuels. Presidential address to the Association for Science Education in 2003, *School Science Review*, June 2003, **84**(309), 31ff.
19. B. Holmes. Switching off Huntington's. *New Scientist*, 15 March 2003, 20.
20. B. Holmes. Cancer risk clouds miracle gene cures. *New Scientist*, 15 March 2003, 6.
21. B. Holmes. Smart virus hunts down tumours wherever they are. *New Scientist*, 15 March 2003, 21.
22. A. Ananthaswamy. Enzymes scan DNA using electric pulse. *New Scientist*, 18 October 2003, 10.
23. M. Day and M. Halle. Drug used to treat athlete's foot slows down Alzheimer's. *Sunday Telegraph*, 11 January 2004, 8.
24. A. Lord. Sweet healing. *New Scientist*, 7 October 2000, 32.
25. A. Ananthaswamy. Taming the beast. *New Scientist*, 29 November 2003, 34～37.
26. B. Austen and M. Manca. Proteins on the brain. *Chemistry in Britain*, January 2000, 28～31.
27. S. Bhattacharya. A balm to soothe troubled minds. *New Scientist*, 28 June 2003, 20.
28. A. T. Dronsfield, M. Hill and J. Pring. Halothane－the first designer anaesthetic. *Education in Chemistry*, September 2002, **39**(5), 131～133.

これらのトピックに関してより詳しい本： G. Thomas, "Medicinal Chemistry", 2000, Wiley, Chichester.

15 数 と 単 位

到達目標
- 化学で使われている数と単位に関する用語を列挙し，概説できる．

診断テスト

この小テストを解いてみてください．もし，80％以上の点がとれた場合はこの章を知識の復習に用いてください．80％以下の場合はこの章を十分学習して，最後に，もう一度同じテストを解いてください．それでも80％に満たなかったら，数日後，本章をもう一度読み直してください．

1. モルとは何か． [1点]
2. 分子量150の物質を0.001 mol含む水溶液を1 Lつくるには，何g溶かせばよいか． [2点]
3. 0.02 M溶液と2×10^{-1} M溶液では，どちらがより高濃度か． [1点]
4. 0.1 Mの塩酸水溶液100 mLを0.01 Mの水酸化ナトリウム水溶液で中和して塩と水をつくるには，何mLの水酸化ナトリウム水溶液が必要か． [2点]
5. 100 cm^{3}の0.1 M塩化ナトリウム水溶液がある．この濃度をppmで表せ． [2点]
6. 1 Mの塩化ナトリウム水溶液10 mLに含まれる塩の濃度は何パーセントか． [2点]

全部で10点（80％＝8点）．解答は章末にある．
単位：1 cm^3 = 1 mL，1 dm^3 = 1000 mL = 1 L

Chemistry：*An Introduction for Medical and Health Sciences*, A. Jones
ⓒ 2005 John Wiley & Sons, Ltd

学校の教育について話しているウミガメモドキが言った．
"ぼくは，やったのは正課だけさ"
"正課って，なにやるの？"とアリスはたずねた．
"酔いかた掻きかたダよね，はじめはもちろん．それから算数がいろいろあるじゃない．大志算（タシ），贔屓算（ヒキ），見せカケ算に，よワリ算．ミステリもあったよな．古代と現代の霊奇史．それから，汐理学（シオグラフィ）．それと，海画．古典の先生とは，楽天語と義理者語（ラテン）（ギリシャ）"

（矢川澄子訳，"不思議の国のアリス"，新潮文庫，p. 134～135 より許可を得て転載）

この本では，モル，昔と現在使われている単位，濃度，希薄溶液と濃厚溶液，ppmと希釈，標準的な表記法のすべてを学ぶんだ．ちょっとした謎，そして少しの笑いとたくさんの面倒なことも一緒にね．

15・1 数や単位の標準的な表記法および10の累乗

科学では数や単位の表記法は標準化されている．教科書や教師のなかにはまだ古い表記法を使っているものもあるが，ここでは必要に応じて両方の表記法を使っている．

15・1・1 数値，10の累乗，接頭文字

大きな数値や小さな数値を書くときは，10の累乗で表すと便利である．よく使われる10の累乗を表す接頭文字を以下に示す．

$1000 = 10^3$：キロ(k)，たとえばキログラム(kg) [訳注：キロ(k) が接頭文字，グラム(g) が単位]

$0.1 = 10^{-1}$：デシ(d)，たとえばデシリットル(dL)

$0.01 = 10^{-2}$：センチ(c)，たとえばセンチメートル(cm)

$0.001 = 10^{-3}$：ミリ(m)，たとえばミリグラム(mg)，ミリモル(mM)

$0.000001 = 10^{-6}$：マイクロ(μ)，たとえばマイクログラム(μg)

$0.000000001 = 10^{-9}$：ナノ(n)，たとえばナノグラム(ng)

10^{-12}：ピコ(p)，たとえばピコグラム(pg)

- 体積の単位

$1\,dm^3$（立方デシメートル）$= 1000\,cm^3$（立方センチメートル，ときには cc も使われる）

古い単位として mL（ミリリットル）が使われる．$1000\,mL = 1\,L = 1\,dm^3$

$1\,cm^3 = 1\,cc = 1\,mL$（これらはすべて同じ体積を表しているが，単位が異なっている）

- 質量の単位

$1000\,g = 1\,kg$（キログラム）

$0.001\,g = 10^{-3}\,g = 1\,mg$（ミリグラム）

- 長さの単位

$10^3\,m = 1000\,m = 1\,km$（キロメートル）

$10^{-1}\,m = 0.1\,m = 10$ 分の 1 メートル $= 1\,dm$（デシメートル）

$10^{-2}\,m = 0.01\,m = 100$ 分の 1 メートル $= 1\,cm$（センチメートル）

$10^{-3}\,m = 0.001\,m = 1000$ 分の 1 メートル $= 1\,mm$（ミリメートル）

$10^{-6}\,m = 0.000001\,m = 1\,\mu m$（マイクロメートル）

$10^{-9}\,m = 0.000000001\,m = 1\,nm$（ナノメートル）

15・2 モル

原子や分子は非常に軽くて小さな粒子であるので，私たちの目に見える塊の中の粒子を数えるとその数は莫大になる．そこで，ある粒子の集団を一つの単位としてまとめ，それを数えると便利であるため，**モル**が導入された．鉛筆 12 本やオレンジ 12 個を 1 ダースというように，原子や分子の数を表す場合，その粒子の数 600,000,000,000,000,000,000,000 個の集団を 1 mol としたのである．このようにあまりにも大きな数値であり，教科書にすべての 0 を

使って書き表すことが困難であるために考えられた単位がモル（mol）である．

1 mol は多くの桁数をもった数字である．1000 を千，1,000,000 を百万と書くように，モルをもっと簡単に書く方法があるのだろうか．多くの桁数をもった数字を書くにはもっと紙面が必要だし，混乱を起こすことがあるので，つぎに述べるように 10 の累乗という簡単な表し方を用いるのが最もよい．

15・3 数の累乗と log

数学や科学ではつねに，最も明快な表記法すなわち数を書くときに最もはっきりした方法を使う．正方形は四辺の長さがすべて等しく，その面積は縦の長さ×横の長さである．正方形の辺の長さが1であるなら，その面積は $1 \times 1 = 1$ である．1辺が2である正方形の面積は $2 \times 2 = 4$ となる．同様に1辺が12であるなら，その面積は $12 \times 12 = 144$ である．このようにして，正方形の面積を求めることができる．

$$3 \times 3 = 9$$
$$5 \times 5 = 25$$
$$7 \times 7 = 49$$

さてこのような場合 7×7 を 7^2 と書くと，より短くなる．ここで 7^2 は正方形（square）の面積に関係しているので，7の2乗（seven squared）とよばれる．$7^2 = 7 \times 7 = 49$ である．

これは大変役に立つ表記法である．それでは 7^3 はいくつだろうか．論理的に展開すると，これは立方体（cube）になる．立方体ではすべての辺の長さが等しい．その体積は，縦×横×高さであるので，$7 \times 7 \times 7 = 343$ すなわち 7^3 であり，これを7の3乗（seven cubed）とよぶ．

3^3 が3の三乗 $3 \times 3 \times 3 = 27$ であるなら，7^4 は $7 \times 7 \times 7 \times 7 = 2401$ であり，7を4回かけた値である．7^4 は実在する物体とは関係ないので，何とよべばよいのだろうか．正方形は四つの辺が等しい平面であり，立方体は各面が同じ正方形をした正六面体である．しかし，7^4 は実在する物体と関係ないので，これを7の4乗（seven to the power 4 あるいは seven to the fourth）とよぶ．このように同じ数をつぎつぎにかけ合わせることを**累乗**とよぶ．

15・3 数の累乗と log　　　227

10 の累乗の場合，つぎのように表せる．

$10^1 = 10$

$10^2 = 10 \times 10 = 100$（10 の 2 乗は 100 である）

$10^3 = 10 \times 10 \times 10 = 1000$（10 の 3 乗は 1000 である）

$10^4 = 10 \times 10 \times 10 \times 10 = 10{,}000$（10 の 4 乗は 10,000 である）

この時点で，10 の累乗では，10 の上付きの数字（この累乗を示す数字を指数という）が答えの 0 の数と同じであることがわかるだろう．以上のことより，モルを表すには，600,000,000,000,000,000,000,000 より 6×10^{23} と書く方がよい．

15・3・1 常用対数（log）

常用対数は 10 を底とする対数（$\log_{10}$）である．ある数の常用対数は，10 を何乗すればその数になるかを示している．たとえば 1000 の常用対数（log 1000）は 3 である．これは 10 を 1000 にするには 10 を 3 乗しなければならないことを意味している．

$$\log 1000 = \log(10 \times 10 \times 10) = \log 10 + \log 10 + \log 10$$
$$= 3 \times \log 10 = 3 \times 1 = 3$$

対数表を調べるか，電卓を使って，log 10 が 1 であり，log 1 が 0 であることを確かめておこう．ここで，$x = \log Y$ のとき，Y を x の真数という．log 1000 = 3 のとき，3 の真数は 1000 である．

1000 の常用対数は 3 であることがわかったが，35 の常用対数を求めるには電卓か対数表を使わなければならない．

$\log 35 = x$ とすると $10^x = 35$ となる．x の値はいくつだろうか．

10^1 は 10 であり，10^2 は 100 であるので，35 の対数は 1 と 2 の間の数である．対数表によれば 1.554 であることがわかる．

対数は大きくて扱いにくい数字のかけ算を計算するとき，より容易な足し算を使って計算するために導入された．簡単な例を見てみよう．

$1000 \times 250 \times 65$　の答えはいくつになるだろうか．

$$\log(1000 \times 250 \times 65) = \log 1000 + \log 250 + \log 65$$

対数表か電卓を使うと，これは

$$3 + 2.3979 + 1.8129 = 7.2108$$

と求められる．さて，対数表を使って 7.2108 の真数を求めると，16,250,000 であることがわかる．

10 を底とする常用対数を使って求める pH 値は，希薄な酸や塩基性水溶液の水素イオン濃度を表すのに便利である（第 9 章を参照）．水素イオン濃度は一般に小さく幅広い桁数で変化するが，pH を使うと 1～14 の簡単な値で表せるためである．

$$\mathrm{pH} = -\log_{10}[\mathrm{H}^+]$$

水素イオン濃度が 0.001 M，すなわち，1×10^{-3} mol/dm^3 である酸性水溶液の pH はいくつだろうか．

$$\begin{aligned}
\mathrm{pH} &= -\log_{10}[\mathrm{H}^+] \\
&= -\log(1 \times 10^{-3}) \\
&= -(\log 1 + \log 10^{-3}) \\
&= -(\log 1 - 3 \log 10) \\
&= -(0 - 3) \\
&= 3
\end{aligned}$$

15・3・2 モルの表し方

モルという用語は，数を表す言葉である．1 mol は

$$600{,}000{,}000{,}000{,}000{,}000{,}000{,}000$$

この数には 23 個の 0 があり，100,000,000,000,000,000,000,000 が六つ集まった数を示している．すなわち

$$6 \times 100{,}000{,}000{,}000{,}000{,}000{,}000{,}000$$

あるいは，6 の後に 23 個の 0 があるので，6×10^{23} と表される．この最後の表し方は最も簡略化された方法であり，書くのが最も簡単である．これから，数の累乗で表すこの標準的な表記法にしばしば出会うだろう．

それでは，3×10^2 はいくつだろうか．

$$3 \times (10 \times 10) = 3 \times (100) = 300$$

3.12×10^3 はいくつだろうか．

$$3.12 \times (10 \times 10 \times 10) = 3.12 \times (1000) = 3120$$

科学では，ほとんどの場合標準的な表記法として 3.12×10^3 がよく使われる．ふつう，10 の累乗の前にある数は，小数点の前に 1 桁の数を使うことにする．

15・3・3 1 より小さい数

まず 1 よりかなり大きな数字 10^3 から始めよう．これは $10 \times 10 \times 10$ すなわち 1000（簡単な言葉で表すと千）である．10^3 から 10^2 を得るには，10 で割らなければならない．10^2 から 10^1 を得るには，10 で割らなければならない．さらに 10^1 から 10^0 を得るにも，10 で割らなければならない．10^1 は単純に 10 を意味しているので，10^1 を 10 で割った値は 1 となる．したがって，$10^0 = 1$ である．

それでは 1 より小さい数について考えてみよう．今まで 10 で割るたびに 10 の指数が一つずつ減っていることに気づいていたことだろう．10^1 を 10 で割ると $10^0 = 1$ となる．

さらに，10^0 を 10 で割ると，10 の指数が再び一つ減り 10^{-1} となる．では 10^{-1} はいくつだろうか．10^0 は 1 であるので，10^{-1} は 1 を 10 で割った値である．したがって，小数点を使って表すと，0.1 と書くことができる．

再び 10 で割ってみよう．今は 10 で割るたびに 10 の指数が一つずつ減ることがわかっている．したがって，10^{-1} を 10 で割ると 10^{-2} となり，小数点を使って書くと 0.01 となる．

同様に，10^{-3} は 1 を 10^3 で割る，すなわち 1/1000 であり，小数点で書くと 0.001 となる．

小数点の後から 1 までの数字の個数が 10 のマイナスの指数となることに気がついたことだろう．したがって，

$$10^{-7} = 0.0000001$$
$$10^{-12} = 0.000000000001$$

医療では，小さな数値と大きな数値がしばしば使われ，標準的な表記法で表される．

$6 \times 10^8 = 600{,}000{,}000$（0が八つある）

$6 \times 10^{-8} = 0.00000006$（小数点の後，6を含めて八つの数字がある）

15・4 分子式や反応式中のモル

原子，分子，イオンなど，どのような物質でもその1 molには 6×10^{23} 個の粒子が含まれる．原子の1 molは，原子量に等しい質量をグラム単位で表したものであるため，モルは一つの単位として使われている．たとえば炭素の原子量は12であり，炭素の1モルは12 gである．

1 molのイオンや分子はグラム単位でその式量や分子量に等しい質量をもつ．塩化ナトリウムの1 molはNaCl（Na = 23，Cl = 35.5）= 58.5 gであり，1 molのエタノールはC_2H_5OH（C = 12，O = 16，H = 1）= 46 gである．エタノールの46 g中には，塩化ナトリウム58.5 g，炭素12 g中に含まれる粒子と同じ数（6×10^{23}）の粒子が含まれる．エタノール10 molの質量は460 gであり，同じようにエタノールの10^{-2} molの質量は$46 \times 10^{-2} = 0.46$ gである．

15・4・1 モルと反応式

どのような原子や分子の1 molでも，グラム単位で原子量あるいは分子量に等しい質量をもつ．

こうすると，化学反応式の係数をどのように合わせ，反応させる物質の質量をどのように計算すればよいかがわかる．同じモル数の質量は同じ数の粒子を含んでいるからである．$C + O_2 \longrightarrow CO_2$ のような化学反応式は，1 molの炭素が1 molの酸素分子と反応して1 molの二酸化炭素を生成することを示している．化学反応式の係数を合わせるためには，モルの分数を使ってもよい．炭素1 molの1/10を反応させるときは酸素ガス1 molの1/10が必要で，二酸化炭素ガスの1 molの1/10が生成する．

15・5 モル濃度

モル濃度（M）は溶液1 dm^3に溶けている溶質のモル数で表される．すなわち，mol/dm^3あるいは昔の表記法ではmol/Lと表される．溶液のモル濃度

は，1 dm³ あるいは 1 L の溶液に溶けている溶質の質量のグラム数をその分子量で割った値，すなわちモル数に等しい．

ある物質が水あるいはその他の液体に溶けているとき，溶液の 1 L（1 dm³）に 1 mol の溶質を含むなら，その溶液は 1 M であるという．

58.5 g の塩化ナトリウムを含む 1 dm³（L）の溶液は 1 M

58.5 g の塩化ナトリウムを含む 1000 cm³ の溶液は 1 M

5.85 g の塩化ナトリウムを含む 1 dm³（L）あるいは 1000 cm³ の溶液は 0.1 M

0.585 g の塩化ナトリウムを含む 100 cm³ の溶液は 0.1 M

0.00585 g すなわち 5.85×10^{-3} g の塩化ナトリウムを含む 1 cm³ の溶液は 0.1 M

上に述べた考え方を使って，次に示したグルコース水溶液をつくるには，何 g のグルコース（$C_6H_{12}O_6$，分子量は 180）が必要か計算してみよう．

1) 1 M の溶液 1 L
2) 0.1 M の溶液 1000 cm³
3) 0.1 M の溶液 100 cm³
4) 0.1 M の溶液 1 cm³
5) 0.2 M の溶液 100 cm³

以上のように，M を使って溶液の濃度を表すのが最も一般的な方法である．

1 M = 1 mol/dm³

0.1 M = 1 dM

0.01 M = 1 cM

0.001 M = 1 mM

さて，含まれる分子の種類が違っていても，同じモル濃度の溶液であれば，同じモル数の分子を含んでいる．したがって反応式の係数を合わせたり，溶液の濃度を計算することができる．固体の量はふつうその物質のモル数よりもグラム数で表される．グラムは g で表す．

0.1 g = 1 dg = 10^{-1} g

0.01 g = 1 cg = 10^{-2} g

0.001 g = 1 mg = 10^{-3} g

0.000001 g = 1 μg = 10^{-6} g

10^{-9} g = 1 ng

1000 g = 10^3 g = 1 kg

15・6　ppm で濃度を表す

　ppm（百万分率）は，非常に希薄な水溶液に含まれる物質の質量（g）を表すときに用いる．希薄水溶液の密度が事実上溶媒の密度に等しいとすることができるからである．たとえば溶媒の密度が 1 g/cm^3 のとき，非常に希薄な水溶液ならば溶液の 1 cm^3 = 1 g とすることができる．

　ppm（parts per million）は，溶液の質量 100 万中に含まれる溶質の質量で表される．それでは，1000 cm^3 に 0.001 g を含む溶液の溶質は何 ppm であろうか．つぎのように計算できるだろう．希薄溶液の 1 cm^3 の質量は 1 g である．1000 cm^3 の溶液は 1000 g であり，これに溶質が 0.001 g すなわち 1 × 10^{-3} g 含まれている．溶液 1000 cm^3 に 1000 をかけると 1000 × 1000 cm^3 すなわち 1,000,000 cm^3 となる．その場合，溶質 0.001 g も 1000 倍すると 1 g となる．したがって，溶液 1,000,000 cm^3 に溶質 1 g が含まれることになる．これは 1,000,000 g の溶液中の 1 g であるので，100 万分の 1 すなわち 1 ppm である．したがって，1000 cm^3（1 dm^3）中に含まれる物質 0.001 g（10^{-3} g，1 mg）は 1 ppm に等しい．

　同様に，ppb（10 億分率）で表す場合もある．ppb の b は billion（10 億，10^9）に由来する．したがって，1 ppb は 1 dm^3 中に物質 1 μg（10^{-6} g）を含む溶液の濃度を示している．

15・7　希　釈

　濃縮オレンジジュースをおいしくするには希釈しなければならないが，その量はふつう目分量で行っている．科学では，場合によっては命がかかっているので，希釈は正確に行わなければならない．1 M の塩化ナトリウム溶液 1 cm^3 を水で希釈して 1000 cm^3 にすると，体積は 1 から 1000 になり，同じ割合で濃度は 1/1000 になる．したがって，希釈された溶液は 0.001 M すなわち 1 × 10^{-3} M あるいは 1 mM となる．

15・8　質量パーセント

　乾燥粉末では，混合物中の各成分の百分率（%）は，その試料の全質量 100 g 中の割合として表すことができる．物質 A 30 g と物質 B 70 g を含む 100 g の混合物には，A の 30 % と B の 70 % が含まれる．［訳注：一方，10 % 塩化ナトリウム水溶液では，溶液 100 g 中に塩化ナトリウムが 10 g 含まれている

(水 90 g + 塩化ナトリウム 10 g).〕

　溶液が非常に薄い場合，水溶液中に含まれる物質の質量も百分率を使って表される．なぜなら存在する物質の質量は水の質量と比べて無視できるためである．たとえば，$100\,\mathrm{cm^3}$ の溶液中に塩化ナトリウムが 0.01 g (1×10^{-2}) 含まれると，0.01 % である．この 0.01 % 溶液の $20\,\mathrm{cm^3}$ は，塩化ナトリウムを $0.01\times(20/100)=0.002$ g 含んでいる．

　この章で扱った数値には難解なものもあるが，患者に薬を処方するときには正確な値を理解しておくことが大切である．最もよく使う単位をカードに書き，それを手元に置くと役に立つだろう．

診断テストの解答

1. 単位の一つで，1 mol はアボガドロ数 6×10^{23} 個の集団　　　〔1 点〕
2. 0.15 g　　　〔2 点〕
3. $2\times10^{-1}\,\mathrm{M}$　　　〔1 点〕
4. 1000 mL　　　〔2 点〕
5. 5850 ppm　　　〔1 点〕
6. 5.85 %　　　〔1 点〕

本文中の問題の解答

つぎに示したグルコース水溶液をつくるには，何 g のグルコース ($C_6H_{12}O_6$，分子量は 180) が必要か計算してみよう (§15・5)．

1) 1 M の溶液 1 L　　　答：180 g
2) 0.1 M の溶液 $1000\,\mathrm{cm^3}$　　　答：18 g
3) 0.1 M の溶液 $100\,\mathrm{cm^3}$　　　答：1.8 g
4) 0.1 M の溶液 $1\,\mathrm{cm^3}$　　　答：0.018 g
5) 0.2 M の溶液 $100\,\mathrm{cm^3}$　　　答：3.6 g

発展問題

1. つぎの溶液のモル濃度を求めよ．
 （ⅰ）18 g のグルコースが溶けた $100\,\mathrm{cm^3}$ の溶液
 （ⅱ）塩化ナトリウムの 0.1 % 水溶液

（iii）塩化ナトリウムの 1 ppm 水溶液（10^6 g 溶液に 1 g 溶けている）
　原子量：H = 1，C = 12，O = 16，Na = 23，Cl = 35.5
2．0.1 M の水溶液 1 L（1 dm^3）をつくるには，2 M の塩酸が何 cm^3 必要か．
3．つぎの溶液をつくるには，何 g の物質が必要か．
　（ⅰ）物質 X の 1 ％水溶液を 500 cm^3
　（ⅱ）2 M の塩化ナトリウム水溶液を 200 cm^3
　（ⅲ）6 ppm の塩化ナトリウム水溶液を 300 dm^3
4．つぎの溶液の pH を求めよ．
　（ⅰ）0.01 M の塩酸水溶液
　（ⅱ）0.01 M の水酸化ナトリウム水溶液（$K_w = 10^{-14}$，[OH$^-$]×[H$^+$] = 10^{-14} すなわち [H$^+$] = 10^{-14}/[OH$^-$]）

発展問題の解答

1．（ⅰ）1 M　　（ⅱ）1.7×10^{-2} M　　（ⅲ）1.7×10^{-5} M
2．50 cm^3
3．（ⅰ）5 g　　（ⅱ）23.4 g　　（ⅲ）1.8 g
4．（ⅰ）pH = 2　　（ⅱ）pH = 12

付　　　　録

付録1　元素の五十音順一覧表
付録2　元素の周期表

付録1　元素の五十音順一覧表

元素名	元素記号	原子番号	原子量	元素名	元素記号	原子番号	原子量
アインスタニウム	Es	99	252	セリウム	Ce	58	140
亜鉛	Zn	30	65.4	セレン	Se	34	79.0
アクチニウム	Ac	89	227	ダームスタチウム	Ds	110	281
アスタチン	At	85	210	タリウム	Tl	81	204
アメリシウム	Am	95	243	タングステン	W	74	184
アルゴン	Ar	18	40.0	炭素	C	6	12.0
アルミニウム	Al	13	27.0	タンタル	Ta	73	181
アンチモン	Sb	51	122	チタン	Ti	22	47.9
硫黄	S	16	32.1	窒素	N	7	14.0
イッテルビウム	Yb	70	173	ツリウム	Tm	69	169
イットリウム	Y	39	88.9	テクネチウム	Tc	43	99.0
イリジウム	Ir	77	192	鉄	Fe	26	55.9
インジウム	In	49	115	テルビウム	Tb	65	159
ウラン	U	92	238	テルル	Te	52	128
エルビウム	Er	68	167	銅	Cu	29	63.6
塩素	Cl	17	35.5	ドブニウム	Db	105	268
オスミウム	Os	76	190	トリウム	Th	90	232
カドミウム	Cd	48	112	ナトリウム	Na	11	23.0
ガドリニウム	Gd	64	157	鉛	Pb	82	207
カリウム	K	19	39.1	ニオブ	Nb	41	92.9
ガリウム	Ga	31	69.7	ニッケル	Ni	28	58.7
カリホルニウム	Cf	98	252	ネオジム	Nd	60	144
カルシウム	Ca	20	40.1	ネオン	Ne	10	20.2
キセノン	Xe	54	131	ネプツニウム	Np	93	237
キュリウム	Cm	96	247	ノーベリウム	No	102	259
金	Au	79	197	バークリウム	Bk	97	247
銀	Ag	47	108	白金	Pt	78	195
クリプトン	Kr	36	83.8	ハッシウム	Hs	108	277
クロム	Cr	24	52.0	バナジウム	V	23	50.9
ケイ素	Si	14	28.1	ハフニウム	Hf	72	179
ゲルマニウム	Ge	32	72.6	パラジウム	Pd	46	106
コバルト	Co	27	58.9	バリウム	Ba	56	137
サマリウム	Sm	62	150	ビスマス	Bi	83	209
酸素	O	8	16.0	ヒ素	As	33	74.9
ジスプロシウム	Dy	66	163	フェルミウム	Fm	100	257
シーボーギウム	Sg	106	271	フッ素	F	9	19.0
臭素	Br	35	79.9	プラセオジム	Pr	59	141
ジルコニウム	Zr	40	91.2	フランシウム	Fr	87	223
水銀	Hg	80	201	プルトニウム	Pu	94	239
水素	H	1	1.0	プロトアクチニウム	Pa	91	231
スカンジウム	Sc	21	45.0	プロメチウム	Pm	61	145
スズ	Sn	50	119	ヘリウム	He	2	4.0
ストロンチウム	Sr	38	87.6	ベリリウム	Be	4	9.0
セシウム	Cs	55	133	ホウ素	B	5	10.8

† 103〜116番の元素は人工的に加えられたものであり，10^{-6}秒以下しか存在できない．正式に命名されていないものもある．

付録1（つづき）

元素名	元素記号	原子番号	原子量	元素名	元素記号	原子番号	原子量
ボーリウム	Bh	107	272	ラドン	Rn	86	222
ホルミウム	Ho	67	165	ランタン	La	57	139
ポロニウム	Po	84	210	リチウム	Li	3	6.9
マイトネリウム	Mt	109	276	リン	P	15	31.0
マグネシウム	Mg	12	24.3	ルテチウム	Lu	71	175
マンガン	Mn	25	54.9	ルテニウム	Ru	44	101
メンデレビウム	Md	101	258	ルビジウム	Rb	37	85.5
モリブデン	Mo	42	96.0	レニウム	Re	75	186
ユウロピウム	Eu	63	152	レントゲニウム	Rg	111	280
ヨウ素	I	53	127	ロジウム	Rh	45	103
ラザホージウム	Rf	104	267	ローレンシウム	Lr	103	262
ラジウム	Ra	88	226				

付録2 元素の周期表

元素記号の上に原子番号，下におおよその原子量を示す．

1 H 1																	2 He 4
3 Li 7	4 Be 9											5 B 11	6 C 12	7 N 14	8 O 16	9 F 19	10 Ne 20
11 Na 23	12 Mg 24											13 Al 27	14 Si 28	15 P 31	16 S 32	17 Cl 35	18 Ar 40
19 K 39	20 Ca 40	21 Sc 45	22 Ti 48	23 V 51	24 Cr 52	25 Mn 55	26 Fe 56	27 Co 59	28 Ni 59	29 Cu 64	30 Zn 65	31 Ga 70	32 Ge 73	33 As 75	34 Se 79	35 Br 80	36 Kr 84
37 Rb 85	38 Sr 88	39 Y 89	40 Zr 91	41 Nb 93	42 Mo 96	43 Tc 99	44 Ru 101	45 Rh 103	46 Pd 106	47 Ag 108	48 Cd 112	49 In 115	50 Sn 119	51 Sb 122	52 Te 128	53 I 127	54 Xe 131
55 Cs 133	56 Ba 137	57 La 139	72 Hf 179	73 Ta 181	74 W 184	75 Re 186	76 Os 190	77 Ir 192	78 Pt 195	79 Au 197	80 Hg 201	81 Tl 204	82 Pb 207	83 Bi 209	84 Po 210	85 At 210	86 Rn 222
87 Fr 223	88 Ra 226	89 Ac 227	104 Rf 267	105 Db 268	106 Sg 271	107 Bh 272	108 Hs 277	109 Mt 276	110 Ds 281	111 Rg 280							

ランタノイド: 58 Ce 140 | 59 Pr 141 | 60 Nd 144 | 61 Pm 145 | 62 Sm 150 | 63 Eu 152 | 64 Gd 157 | 65 Tb 159 | 66 Dy 163 | 67 Ho 165 | 68 Er 167 | 69 Tm 169 | 70 Yb 173 | 71 Lu 175

アクチノイド: 90 Th 232 | 91 Pa 231 | 92 U 238 | 93 Np 237 | 94 Pu 239 | 95 Am 243 | 96 Cm 247 | 97 Bk 247 | 98 Cf 252 | 99 Es 252 | 100 Fm 257 | 101 Md 258 | 102 No 259 | 103 Lr 262

† 103～116番の元素は人工的に加えられたものであり，10^{-6}秒以下しか存在できない．正式に命名されていないものもある．

用 語 解 説

ADP（adenosine diphosphate）　　アデノシン二リン酸を参照．

AIDS（acquired immunodeficiency syndrome, 後天性免疫不全症候群）　　ヒト免疫不全ウイルス（HIV）が免疫細胞に感染して破壊し，体の免疫系を不全にしたときに発症する病気．

DMARD（disease-modifying anti-rheumatic drugs, 疾患修飾性抗リウマチ薬）　　免疫異常を制御して関節の炎症や活動性を抑制する薬．炎症自体を抑える薬ではない．

DNA（deoxyribonucleic acid, デオキシリボ核酸）　　生物のすべての遺伝情報を含む巨大分子である．塩基，糖（デオキシリボース），リン酸から成る基本単位が何千と直鎖状に連なり，その鎖はお互いに逆向きの鎖と相補的な塩基間の水素結合により二重らせん構造を保っている．細胞の核の中に存在し，そのなかに遺伝情報を蓄えている．

HIV（human immunodeficiency virus, ヒト免疫不全ウイルス）　　HIV 感染により AIDS が発症する．AIDS を参照．

MRSA（methicillin-resistant *Staphylococcus aureus*, メチシリン耐性黄色ブドウ球菌）　　名前の由来は抗生物質であるメチシリンに対して耐性をもつ黄色ブドウ球菌であるが，ほとんどの抗生物質に耐性をもつ．一般に病院内で感染し，通常の薬では死なない細菌（hospital superbug）をいう．

NSAID（non-steroidal anti-inflammatory drugs, 非ステロイド性抗炎症薬）　　エヌセイドと読む．例：アスピリン．

PET（positron emission tomography, 陽電子放射断層撮影法）　　陽電子を放出する薬剤を注射して，そこから放出される放射線を検出することによって，脳内の血流の動きや癌を画像で診断する装置．X 線などと異なり健康な組織を侵さずに検査できる．

pH　　溶液の酸性度を表す数値．pH 値が 7 は中性，1～6 は酸性，8～14 はア

Chemistry: An Introduction for Medical and Health Sciences, A. Jones
ⓒ 2005 John Wiley & Sons, Ltd

ルカリ性である．pH $= -\log_{10}[\mathrm{H}^+]$

SOD（superoxide dismutase）　スーパーオキシドジスムターゼを参照．

アセチルコリン（acetylcholine）　神経末端の小胞に蓄えられる神経伝達物質で，一方の神経から隣の神経へ情報を伝達する際に分泌される．

アデノシンニリン酸（adenosine diphosphate，ADP）　細胞中に含まれる分子で，エネルギーの貯蔵に関与する物質．ADPにリン酸基がさらにもう一つ結合した化合物は，細胞のエネルギー源となる重要な化合物アデノシン三リン酸（ATP）である．

アニオン（anion）　陰イオンのこと．例：塩化物イオン Cl^-．

アノード（anode）　酸化反応が起こる電極で，電気分解における陽極をいう．アニオン（陰イオン）を引きつける．

アミノ酸（amino acid）　アミノ基とカルボキシ基の両方の置換基をもつ有機化合物．タンパク質の構成単位である．最も簡単なアミノ酸はグリシン（$\mathrm{H_2NCH_2COOH}$）である．アルカリ性と酸性の両方の性質をもつので双性イオンを生成することができる．それは分子中に陽イオンや陰イオンになりうる基をもつ．グリシンの双性イオンは $\mathrm{H_3N^+CH_2COO^-}$ である．

アミン（amine）　アンモニアと同じようなアルカリ性を示す有機化合物．例：第一級アミン：プロピルアミン（$\mathrm{C_3H_7NH_2}$），第二級アミン：ジエチルアミン〔$\mathrm{(C_2H_5)_2NH}$〕，第三級アミン：トリメチルアミン〔$\mathrm{(CH_3)_3N}$〕．

アルカリ（alkali）　水に溶けて水酸化物イオン（OH^-）を放出する化合物．金属の水酸化物か酸化物である塩基性化合物のうち水に溶ける化合物．例：NaOH，$\mathrm{Ca(OH)_2}$ など．

アルカロイド（alkaloid）　植物中に含まれる含窒素塩基性化合物の総称．多くは毒性をもつが，モルヒネのように薬として用いられるものがある．カフェインもアルカロイドであるが，少量だと毒性は弱い．

アルカン（alkane）　炭素と水素のみから成る有機化合物で一般式 $\mathrm{C}_n\mathrm{H}_{2n+2}$ をもつ同族体である．$n=1$ のアルカンはメタン（$\mathrm{CH_4}$）である．

アルキル基（alkyl group）　アルカンから1個の水素がとれた原子団のこと．例：メタン（$\mathrm{CH_4}$）から1個の水素がとれたものはメチル基（$-\mathrm{CH_3}$）である．

アルコール（alcohol）　ヒドロキシ基（-OH）を一つ以上含む有機化合物の総称であるが，日常生活ではエタノール（ethanol，$\mathrm{C_2H_5OH}$）のことをいう．

アルデヒド（aldehyde）　ホルミル基（-CH=O）を含む有機化合物．例：エタナール（慣用名アセトアルデヒド，$\mathrm{CH_3CHO}$）．

α粒子（α-particle）　放射性同位体の原子核から放出される正に帯電した粒子．2個の中性子と2個の陽子から構成され，電子をもたない．したがってヘ

リウムの原子核 $_2^4He^{2+}$ に相当する．α 粒子の流れを α 線という．

イオン（ion） 電荷をもった粒子．Na^+ のように正電荷をもつ粒子をカチオン，Cl^- のように負電荷をもつ粒子をアニオンという．

イオン化（ionization） 塩化ナトリウムのように電気的に中性の物質が，正および負の電荷をもつイオンになること．$NaCl \longrightarrow Na^+ + Cl^-$．

イオン結合（ionic bond） 静電的に強く引きつけ合う陽イオンと陰イオン間の化学結合．

異化（catabolism） 生体内で大きな分子を小さな分子に分解し，エネルギーを発生させる代謝過程．例：タンパク質をアミノ酸に分解する過程．逆は同化．

異性体（isomer） 同じ分子式をもちながらお互いに異なる化学構造をもつ化合物．例：構造異性体，官能基異性体，立体異性体，幾何異性体，光学異性体などがある．この用語は広く有機化学で用いられる．

一酸化窒素（nitrogen monoxide） 分子式 NO で表される窒素酸化物．体内で微量生成し放出される．血流の制御をはじめとする体内の多くの機能を調節する際に重要な役割を果たしている．さらに，脳の一部での細胞シグナル伝達物質でもある．その役割については現在も研究されている．

運動エネルギー（kinetic energy） 運動している粒子がもつエネルギー．温度が高くなると，物質を構成する粒子はより激しく運動・振動し，運動エネルギーは増加する．

液化（liquefaction） 気体を液体にすること．

エステル（ester） 酸とアルコールの脱水反応で生成する化合物の総称．例：エタン酸エチル（慣用名 酢酸エチル，$CH_3COOC_2H_5$）．

エーテル（ether） 構造式 R–O–R′ で表される化合物の総称であるが，一般的にはジエチルエーテル（エトキシエタン，$C_2H_5OC_2H_5$）をさす．ジエチルエーテルは空気より重い気体で麻酔作用をもつため，患者の意識を失わせる初期の麻酔剤の一つとして利用された．現在では，より無害で使いやすい麻酔剤が使われている．

塩（salt） 一般に酸と塩基の中和反応で生成する物質．

塩基（base） ①酸を中和する化合物のこと．ふつうは金属酸化物である．これらのうち，水に溶けるものをアルカリとよぶ．アルカリは水に溶けると OH^- イオンを生成する．②有機化合物では，アミノ基をもつアミン類やピリジンのように窒素原子を含む化合物を塩基という．チミン，シトシン，グアニン，アデニン，ウラシルなどの塩基は糖に結合した形で DNA や RNA の構造にも含まれる．

遠心機（centrifuge） 試料管に入った溶液を高速回転させ，遠心力で溶液中に懸濁しているより重い物質を管の底に分離する装置．血液を遠心分離する

と，より重い成分である赤血球が沈殿し，血漿と分離できる．

エンタルピー（enthalpy）　熱力学で用いられる物理量の一つで，化学反応で放出あるいは吸収される熱量．Hで表す．

エントロピー（entropy）　熱力学で用いられる物理量の一つで，系に含まれる分子の乱雑さの度合いを表す尺度．Sで表す．熱力学第二法則によれば，すべては乱雑さが増大する，すなわちエントロピーが増大する方向に進む．

オキソニウムイオン（oxonium ion, H_3O^+）　ヒドロキソニウムイオン（hydroxonium ion）ともいう．水和したH^+イオン．以下の反応式で生成する．
$$H^+ + H_2O \longrightarrow H_3O^+$$

オクテット説（octet theory）　化学結合を形成する原子の最外殻が閉殻すると希ガスと同じ電子配置となり，化合物やイオンが安定となる．第二周期の原子の場合，8個の電子により閉殻するのでこの名前がつけられた．八隅説ともいう．共有結合，イオン結合を参照．

温　度（temperature）　物質内の粒子の運動エネルギーの大きさを示す尺度．高温では粒子はより激しく運動する．

解　離（dissociation）　分子やイオン化合物が，それを構成するより小さな原子，原子団，イオンに分かれること．例：塩化ナトリウムが水に溶けてNa^+とCl^-に解離する．イオンに分かれる場合，イオン化ともいう．

化学結合（chemical bond）　原子やイオンが結びついて分子や結晶をつくる際の原子間の結合のこと．共有結合やイオン結合などがある．共有結合，イオン結合を参照．

化 学 式（chemical formula）　元素記号と数字を用いて通常の化合物を簡単な式で表す方法．各元素は周期表の位置により固有の原子価をもつ．分子式，元素記号を参照．

化学的性質（chemical property）　分子が他の物質に変化する化学反応にかかわる固有の性質．例：炭素は空気中で燃えると二酸化炭素を生成する．

化学反応（chemical reaction）　物質が化学変化によって他の物質に変化すること．化合物はより低く安定なエネルギー状態に到達するようにお互いに反応する．原子同士が反応するときには，生成する化合物中のすべての原子の最外殻電子は安定な閉殻状態になる．

化学反応式（reaction formula, chemical equation）　次項を参照．

化学反応式の係数合わせ，係数の決定法（balancing chemical equation）　物質が互いに反応したときに起こる変化を記述する方法が化学反応式である．たとえば，水素ガスH_2と酸素ガスO_2との化学反応は，水素 + 酸素 $\longrightarrow$ 水　と表せる．反応式の左辺と右辺の原子やイオンの数は等しくなければならない．しかし，こ

の記述では，いくつの分子が反応しているかを表していない．一方，つぎのような分子式を用いた反応式はもっと定量的であり，反応した分子のモル数を表している．$2H_2 + O_2 \longrightarrow 2H_2O$ 反応式の両辺の原子数は等しい．そこで，それぞれの分子の分子式を変化させることなく，反応式の左辺と右辺をつり合わせるため分子式の前にある係数だけを変化させてみよう．でき上がった反応式は 2 mol の水素ガスが 1 mol の酸素ガスと反応して，2 mol の水を生成していることを示している．この反応式は，温度や圧力などの反応条件を示していない．必要であれば，反応物や生成物の状態を示したつぎのような式で表す．$2H_2(g) + O_2(g) \longrightarrow 2H_2O(l)$ ここでは，分子式の後に，気体(g)，液体(l) と示されている．固体のときは分子式の後に(s)と表す．係数を合わせた化学反応式を用いると，反応物や生成物の質量を計算できる．$2H_2 + O_2 \longrightarrow 2H_2O$ では，2 mol の水素ガス 4 g ＝ 2×(1×2) と 1 mol の酸素ガス 32 g ＝ 1×(16×2) を反応させると，36 g の水が生成することがわかる．

拡 散（diffusion） 構成成分に濃度差がある混合物が一様に混ざり合う現象．ふつう，気体が混ざり合うときに使う．液体の場合は混合あるいは溶解という．拡散は粒子の熱運動によって起こる．

核 子（nucleon） 原子核を構成する粒子（中性子と陽子）の総称．

化 合 物（compound） 少なくとも二つ以上の原子が結合している物質．原子同士は化合物中で共有結合かイオン結合で結ばれている．

過酸化物（peroxide） −O−O−構造をもつ化合物で，強力な酸化剤である．例：過酸化水素．体内で炭水化物が酸化される際に過酸化水素が偶然に生成し，細胞を損傷するのを防ぐために，血液中の酵素であるカタラーゼやペルオキシダーゼがそれを分解する．

加水分解（hydrolysis） 水による他の分子の分解反応である．たとえば，タンパク質は加水分解によりアミノ酸に分解される．ここでは水はペプチド結合（−NHCO−）を攻撃してその結合を切り離す．

カソード（cathode） 還元反応が起こる電極で，電気分解における陰極をいう．カチオン（陽イオン），たとえば H^+ を引きつける．

カチオン（cation） 陽イオンのこと．例：ナトリウムイオン Na^+．

可 溶 性（soluble） 溶媒に溶けて溶液を生成する性質．溶質 ＋ 溶媒 ＝ 溶液．

カルボニル基（carbonyl group） C＝O 基をいう．カルボニル基をもつ化合物としてエタナール（慣用名アセトアルデヒド）やアセトンなどがある．

カルボン酸（carboxylic acid） −COOH 基を含む有機化合物．例：エタン酸（慣用名 酢酸，CH_3COOH）．

カロリー(calorie)　1 cal は 1 g の水の温度を 1 ℃上げるのに必要な熱量．1 kcal は 1 kg の水の温度を 1 ℃上げるのに必要な熱量．エネルギーの古い単位であり，現在はジュール(J) が用いられる．1 cal = 4.184 J

還元(reduction)　酸化を参照．

緩衝液(buffer solution)　外から酸や塩基を加えても，pH を一定に保つ作用をもつ溶液．

官能基(functional group)　有機化合物の特性を決定する原子団．例：エタノール(C_2H_5OH) などのアルコールはヒドロキシ基(-OH)によって性質が決定される．

γ線(γ-rays)　放射性同位体の原子核の崩壊によって放出される透過力の強い放射線．紙，金属，レンガを透過するが，鉛で遮へいできる．X 線と同じ波長領域の電磁波でもある．

希ガス(rare gas)　貴ガス(noble gas)，不活性ガス(inert gas)ともいう．周期表の 18 族に属する気体．最外殻電子軌道が閉殻している元素．ヘリウム(He)，ネオン(Ne)，アルゴン(Ar)，クリプトン(Kr) がある．

揮発性(volatile)　蒸発し気体になりやすい性質．

吸熱反応(endothermic reaction)　発熱反応を参照．

キュリー(curie)　毎秒 $3.7×10^{10}$ 個の割合で放射性同位体が崩壊して放出される放射能の強さの単位．1 g のラジウム $^{226}_{88}Ra$ の放射能に等しい．ベクレルを参照．

凝縮(condensation)　水蒸気が水になるように，気体が冷却によって液体になる現象．

共有結合(covalent bond)　2 個以上の原子が結合する方法の一つで，おのおのの原子が最外殻電子を閉殻にするようにお互いに電子を共有して形成される結合．

キラル分子(chiral molecule)　偏光面を回転させることができる分子．一般にキラル分子には，異なる四つの原子または置換基に共有結合している炭素（不斉炭素原子）が存在し，鏡像と重ね合わせることができない．光学活性を参照．

均一系(homogeneous system)　液体，固体，あるいは均一溶液のように，一つの相から成る系．例：ジン・トニック，ウイスキー・ソーダ．

金属(metal)　原子のなかで最も豊富に存在する元素．金属はふつう周期表の左側にみられ，すべての元素の約 80 ％を占める．

クエン酸回路(citric acid cycle)　細胞内でのエネルギーの生産にかかわる代謝経路の一つ．クエン酸が関与するのでこの名前がある．TCA サイクル，クレブス回路ともよばれる．

グリコーゲン（glycogen）　グルコースのみから成る鎖状の多糖．おもに肝臓や筋肉に存在し，必要なときにグルコースに変わるので，細胞へのエネルギーの貯蔵の役割を果たしている．

グルコース（glucose）　代表的な単糖（$C_6H_{12}O_6$）であり，細胞のエネルギー源となる．

クレブス回路（Krebs cycle）　クエン酸回路を参照．

嫌気性（anaerobic）　酸素を必要としない性質．

原子（atom）　物質の構成要素で，原子核とその周りを取囲む電子から構成される粒子である．

原子価（valence）　原子と原子がつくりうる結合の数．例：炭素，酸素，水素の原子価はそれぞれ 4，2，1．化合物を形成する結合を表す古い表現．

原子核（nucleus of atom）　原子の中心にあり，正電荷をもつ陽子と電荷をもたない中性子から成る．陽子と中性子の質量はほぼ等しく，原子の質量のほぼすべてを占める．

原子構造（atomic structure）　原子核とその周りに存在する電子から構成される原子の構造のこと．

原子の電子構造（electronic structure of atom）　正電荷をもつ原子核の周りを負電荷をもつ電子が取巻いている分布状態．

原子番号（atomic number）　原子核に存在する正電荷をもつ粒子（陽子）の数のこと．

原子量（atomic weight）　原子の質量はあまりにも小さいので，^{12}C の質量を 12 として，これを基準にして求めた各原子の相対質量で表す．これを相対原子質量（relative atomic weight）という．また，同位体がある元素の場合，同位体の相対原子質量と存在比から原子の平均相対質量を求め，これを原子量という．

元素（element）　物質を構成する基本的成分．元素はその特性により周期表の決まった位置に順番に配列される．自然界から約 100 個の元素が発見され，さらに 10 個の元素が人工的につくられた．周期表を参照．

元素記号（symbol of elements）　約 100 の元素にはそれぞれ略号・記号が与えられている．本書の付録 1 に元素記号と原子量の一覧を示した．英語の頭文字を用いるものや，ラテン語に由来するものがある．前者の例としては C（carbon），H（hydrogen），後者の例としては Na（natrium），Fe（ferrum）がある．

光学活性（optical activity）　ある分子がその鏡像と重なり合わないときに，二つの異性体が存在する．これを光学異性体または鏡像異性体とよぶ．偏光面を回転させる力があるので，その性質を光学活性とよぶ．四つの異なる原子団が結合している炭素原子（不斉炭素）が一つ存在する炭素化合物がこれに相当する．

異性体，キラル分子を参照．

二つの光学異性体を区別する方法として R/S 表示法がある．それは分子中の不斉炭素に結合している四つの異なる原子団の原子番号に基づく順位則により決定される．まず，最も順位の低い原子団を自分よりいちばん遠くになるようにしてその分子を空間に置くと，残りの三つの原子団は順位の高いものから低いものへ時計回りか反時計回りに配置される．時計回りすなわち右回りの場合，これを R 配置 (rectus：ラテン語で"右"の意)，一方，反時計回りの場合，S 配置 (sinister：ラテン語で"左"の意) という．その順位は原子番号が大きい方が高く，小さい方が低いと定める．順位の例：高い順に，I, Br, Cl, F, OH, NH_2, COOH, CHO, CH_3, H.

好気性 (aerobic)　酸素を必要とする性質．ほとんどの動物は好気性生物である．

合成 (synthesis)　元素や化合物を結合させて新しい化合物をつくる過程．

抗生物質 (antibiotics)　微生物やカビによって生産される化学物質で，感染症に有効である．例：ペニシリン．

酵素 (enzyme)　生体内化学反応の速度を変える生体物質．生体で営まれる反応に触媒として作用するタンパク質の総称．例：有害な過酸化水素を分解する生体酵素であるカタラーゼ．

抗リウマチ薬　DMARD を参照．

コレステロール (cholesterol)　生体内でつくられる成分である．動脈，特に心臓の動脈に蓄積すると，血流を妨げ，狭心症や心筋梗塞の原因となる可能性がある．これ自身はホルモンではないが，ステロイドホルモンの前駆体である．

コロイド (colloid)　直径が約 1 μm から 1 nm の微細な粒子が溶媒中に均一に分散している状態．たとえば，牛乳は水の中に脂肪が分散したコロイドである．ほかには，マヨネーズ，インクなど．

混合物 (mixture)　二つ以上の化合物が混じったもの．何らかの方法でそれぞれの成分に分離することができる．

再結晶 (recrystallization)　飽和溶液から結晶を析出させること．

酸 (acid)　水に溶けて水素イオン (H^+，プロトンともいう) を放出する化合物．例：塩酸，酢酸，硫酸など．

酸化 (oxidation)　元素や化合物に酸素を付加させるか，水素を除去すること．電子が奪われる過程でもある．酸化の逆は還元 (reduction) であり，酸素が失われるか，水素あるいは電子を獲得することである．酸化が起こるときは同時に還元も起こっており，酸化剤自身は還元される．

酸化還元反応 (redox reaction)　レドックス反応ともいう．酸化と還元が同

時に起こっている反応.

酸化物（oxide）　酸素とほかの元素が結合した化合物.金属酸化物はふつう塩基であり,水に溶けるものをアルカリという.一方,非金属の酸化物は水に溶け酸となる.これら酸化物は酸性酸化物とよばれる.例：CO_2, NO_2. 中性酸化物をつくる元素もある.例：H_2O.

酸素（oxygen）　空気中の 20 % を占める気体.生命の必須元素である.

塩（食塩）（salt）　塩化ナトリウム（NaCl）.

σ 結合　単結合を参照.

脂質（lipid）　植物や動物の細胞内にみられる脂溶性の有機化合物.さまざまな脂質がある.中性脂肪は脂肪酸とグリセロールから成るエステルである.

質量数（mass number）　原子核中の陽子と中性子の総数.

脂肪酸（fatty acid）　長鎖カルボン酸のことをいう.脂質の構成成分である.例：ステアリン酸（$C_{17}H_{35}COOH$）.

周期表（periodic table）　元素をその原子番号に基づき配列した表.

縮合（condensation）　二つあるいはそれ以上の分子が水分子のように小さな分子を脱離して結合し,新しい化合物を形成する反応.例：2 分子のアミノ酸が縮合するとジペプチドとなる.

純粋（pure）　単一の物質だけを含むものを表す言葉.

昇華（sublimation）　固体が液体とならず直接気体になる現象およびその逆に気体を冷やすことによって直接固体になる現象.

蒸気（vapour）　物質の気体状の粒子.

消毒剤（antiseptics）　殺菌に用いる化学物質.

蒸発（evaporation）　液体が気体に変化することをいう.温度を上げれば上げるほど化学物質は蒸発しやすい.

蒸留（distillation）　沸点の違いを利用して混合液を分離する操作.不純物を含む混合物から純粋な液体あるいは溶媒の分離に利用される.たとえば,汚水を純粋な水に精製したり,発酵で得られた粗製のエタノール溶液から純粋なエタノールを得るのに利用される.

触媒（catalyst）　化学反応の速度を変化させることができ,反応の前後で消費されない物質.酵素は生体触媒である.

浸透（osmosis）　半透膜を通って溶媒分子が希薄溶液から濃厚溶液に移動する現象.

浸透圧（osmotic pressure）　半透膜を通って溶媒分子が移動しないようにするために必要な圧力.

水素化反応（hydrogenation）　不飽和の二重結合化合物に水素を付加させる

ことにより，飽和の単結合化合物が生成する反応.

水素結合（hydrogen bond） 窒素や酸素などの陰性原子に共有結合した水素原子と，周期表の右側にある電気陰性度が大きい原子（フッ素，塩素，酸素，窒素など）との間に生じる，特別な弱い結合である．共有結合している水素原子と陰性原子（O, N）との間にわずかな電荷の偏りがあるために，その水素は相手の陰性原子（たとえば酸素）に比べいくぶん正の電荷を帯びる．この電荷が分子内や近くの別の分子にある陰性原子を引きつける．たとえば，水の中における三つの水分子同士の結合や DNA の二本鎖の形成における水素結合がある.

水溶液（aqueous solution） 水に物質が溶けている溶液.

水和と脱水（hydration and dehydration） 化学反応において反応物への水の付加が水和であり，反応物からの水の脱離が脱水である.

ステロイド（steroid） 下記の共通の環構造をもつ化合物の総称で，体内でホルモンなどとして重要な役割をしているものが多い.

スーパーオキシド（superoxide） 次項を参照.

スーパーオキシドジスムターゼ（superoxide dismutase, SOD） 細胞呼吸で副産物として生成する，細胞にとって不要な物質スーパーオキシド O_2^- を酸素と過酸化水素に分解する酵素.

生化学（biochemistry） 生体内の化合物，化学反応および生命現象に関する学問.

静電力（electrostatic force） 正電荷と負電荷の間での引き合う力，あるいは同じ電荷同士の反発し合う力.

染色体（chromosome） 細胞核の中にあり，DNA が巻きついたり，折りたたまれてひも状になったもの．そのなかに全細胞の特徴の情報が，暗号化された遺伝子配列として含まれている.

双性イオン（zwitter ion） 分子内の異なる位置に正電荷と負電荷の両方が存在する分子．例：アミノ酸.

相対原子質量（relative atomic weight） 原子量を参照.

代謝（metabolism） 細胞内で起こる化学反応の全体を表す用語.

脱水 水和と脱水を参照.

多糖（polysaccharide） 数多くの単糖が鎖状に結合した化合物．例：セル

ロース.

単結合（single bond） σ結合（σ bond）ともいう．二つの原子がお互いに一つの電子を供与して結合を形成している共有結合をいう．

炭水化物（carbohydrate） 多くのヒドロキシ基をもつアルデヒドやケトン．当初，グルコース（glucose，$C_6H_{12}O_6$）のような糖が一般式$C_n(H_2O)_n$で表されるので炭水化物とよばれた．

単糖（monosaccharide） 二糖や多糖を構成する最小の単位である糖．例：グルコース（$C_6H_{12}O_6$）．

タンパク質（protein） 何百ものアミノ酸から成る長鎖の生体物質．

中性子（neutron） 原子核を構成する電荷をもたない粒子．

中和（neutralization） 酸と塩基が当量ずつ反応して，塩を生成する現象．

チンキ（tincture） 生薬の成分や薬品をエタノールに溶かしたもの．例：苦味チンキ，ヨードチンキ．

沈殿（precipitate） 溶液中に粒子が析出し底に沈む現象．

定性的（qualitative） 特性から物質の性質を表すこと．

定量的（quantitative） 量的関係から物質の性質を表すこと．

デオキシリボ核酸 DNAを参照．

テストステロン（testosterone） 男性ホルモンの一つ．化学構造は第6章，図6・13を参照．

電解質（electrolyte） 水などの溶媒に溶かしたときイオンとよばれる正および負に帯電した粒子に解離して電気を通すことのできる物質．例：塩化ナトリウム．

電気泳動（electrophoresis） イオンが電場をかけた沪紙やゲルの中を移動する現象．イオンは反対の電荷をもつ電極に引きつけられるため，電荷の違いを利用してタンパク質などの生体物質を分離できる．病院の分析室などで試料中にどのようなイオンが含まれているかを検出するために利用される．

電気分解（electrolysis） 電解質を含む溶液に電極を浸し，外部から直流電流を通すことにより化学変化を起こさせる操作．カソード（陰極）にはカチオンが近づき還元され，アノード（陽極）にはアニオンが近づき酸化される．

電極（electrode） 電解質を含む溶液に外部から直流電流を通すため使われる反応性の低い物質（例：白金）．陽極はアノード，陰極はカソードとよばれる．

電子（electron） 原子を構成する粒子の一つ．負電荷をもち，質量がきわめて小さい．

電子軌道（orbit of electrons） 原子核の周りの電子の空間的広がりをいう．古くはちょうど太陽の周りの惑星のように，原子核の周りを軌道に乗って電子が

動いているように推定されていた.

電磁スペクトル（electromagnetic spectrum） 電磁波の全波長領域のこと. 電磁波には，波長が長い順すなわちエネルギーが小さい順に，ラジオ波, マイクロ波, 赤外線, 可視光線, 紫外線, X線, γ線などがある.

糖（saccharides） 炭水化物とよばれる一連の化合物群に用いられる総称. 単糖, 多糖, 炭水化物を参照.

同位体（isotope） 原子番号は同じであるが，原子核中の中性子の数が異なるため質量数が異なる原子のこと.

同化（anabolism） 生体内で小さな分子からより大きな分子を構築する代謝過程. 例：細胞内のアミノ酸からペプチドやタンパク質をつくる過程. 逆は異化.

透析（dialysis） 半透膜を用いてコロイド溶液から塩類などを分離すること. 血液から老廃物を除去するために利用される.

等張（isotonic） 同じ浸透圧を示す溶液のこと. 体液をバランスのとれた状態に保つため，等張は細胞にとって重要である.

二元化合物（binary compound） 2種類の元素からつくられる化合物. 例：炭素と酸素から成る二酸化炭素 CO_2.

二重結合（double bond） 二つの原子から2個ずつの電子を供与してそれらを共有することで成る結合である. 二重結合は多くの場合，炭素・炭素間や炭素・酸素間に多くみられる. 例：エタン（$H_2C=CH_2$), 二酸化炭素（$O=C=O$). π結合を参照.

熱分解（thermal decomposition） 加熱によって物質が分解すること.

燃焼（combustion） 物質が酸素と反応して，熱や光を放出する化学反応.

π結合（π bond） σ結合と共に二重結合の形成に必要な結合である.

発熱反応（exothermic reaction） 熱を発生する反応. たとえば，空気中で燃料が燃焼するときには発熱する. 逆に，熱を吸収する反応を吸熱反応（endothermic reaction）とよぶ.

ハロゲン（halogen） 周期表17族の元素をいう. 例：フッ素（fluorine), 塩素（chlorine), 臭素（bromine), ヨウ素（iodine).

半減期（half-life） 放射性元素の数が初めの半分になる時間. 放射性同位体の放射能の程度を表すために利用される. その半減期が小さいほど危険な物質である.

反応速度論（kinetics） 化学反応の速度と反応機構に関する学問.

比（ratio） ある数値と他の数値との割合. 記号：で表される. 1の4に対する比は1：4と表される.

非金属（nonmetals）　周期表の右側にある元素．例：炭素，窒素，酸素，塩素など．その単体は多くが気体である．

非ステロイド性抗炎症薬　NSAID を参照．

ビタミン（vitamin）　体にとって必須な微量栄養素となる有機化合物の総称．発見された順にアルファベットが順番につけられている．発見後にすでに存在するものと同じであるとわかり使われなくなったものもある．水溶性のビタミン（B, C）はバランスのよい食事で日常的に摂取しなければならない．脂溶性のビタミンにはビタミン A, D, E, K がある．ビタミンの化学構造はさまざまであり，共通の骨格があるわけではない．それらは体内でそれぞれ異なる働きをする．

ヒト免疫不全ウイルス　HIV，AIDS を参照．

ヒドロキソニウムイオン（hydroxonium ion）　オキソニウムイオンを参照．

不活性ガス　希ガスを参照．

不均一系（heterogeneous system）　液体と固体，気体と液体のように二つの相が存在している系．例：ドレッシング．

沸点（boiling point）　液体が沸騰する温度．

物理的性質（physical property）　融点，沸点，溶解度，密度など，物質の性質．

不溶性（insoluble）　物質が溶媒に溶けないこと．

プロゲステロン（progesterone）　女性ホルモンの一つ．化学構造式は第 6 章，図 6・14 を参照．

分子（molecule）　二つ以上の原子が化学結合し形成されている化合物の最小の粒子をいう．

分子式（molecular formula）　分子を構成する原子とその数を記号で表す方法．例：グルコースの分子式は $C_6H_{12}O_6$．

分子量（molecular weight）　化合物中のすべての原子の原子量の和．例：$C_6H_{12}O_6$ の場合，$6\times12 + 12\times1 + 6\times16 = 180$．

分析（analysis）　化合物の性質や組成を決定するための方法．

分別蒸留（fractional distillation）　液体の混合物を蒸留し，沸点の差を利用して純粋な成分に分離する方法．原油からガソリン，ナフサ，灯油などを分離するために利用されている．

平衡（equilibrium）　可逆反応で，進む反応と逆に戻る反応の速度が等しくなり，見かけ上反応が停止したように見える状態．

ベクレル（becquerel）　放射能の強さの単位．1 秒間に 1 個の放射性同位体が崩壊するときに放出される放射能の強さが 1 ベクレル（Bq）である．1 g のラジウム $^{226}_{88}Ra$ が放出する放射能は 3.7×10^{10} Bq であり，1 Ci（キュリー）に等しい．

β遮断薬（β blocker）　心筋や末梢血管に存在するβ-アドレナリン受容体においてアドレナリンの作用を妨げる医薬品．例：プロプラノロール．

β粒子（β-particle）　放射性元素の原子核から放出される高速の電子．β粒子の流れをβ線という．

ペプチド（peptide）　二つ以上のアミノ酸が縮合して生成した化合物．その際，形成する新たな －CONH－ 結合をペプチド結合という．何百ものアミノ酸がペプチド結合した巨大分子はタンパク質とよばれる．

ヘモグロビン（hemoglobin）　酸素を捕捉することができるタンパク質で，細胞で消費する酸素を体内に運ぶ．その構造中にある四つのヘム（heme, haem）部分に鉄が存在し，この鉄が酸素を捕捉する．また，ヘモグロビンは血液中のpHを一定に保つ緩衝剤の働きをする．

崩壊系列（decay series）　放射性同位体の原子核がさまざまな放射線を放出すると，その質量数，原子番号が変化する．α粒子が放出されると，原子番号が二つ減るので周期表の二つ左に位置する新しい元素になる．β粒子が放出されると，周期表の一つ右にある新しい元素になる．したがって，α粒子とβ粒子の一連の放出によって，元素はしだいに変化していく．これを放射性崩壊といい，放射性同位体が安定な原子核の配置（ふつう鉛）になるまで順々に変化する系列をまとめたものが崩壊系列である．

芳香族化合物（aromatic compound）　単結合と二重結合が交互にある六員環構造をもつ有機化合物．例：ベンゼン（C_6H_6）．

放射能（radioactivity）　放射性同位体の原子核の崩壊によってα, β, γ線を放出する能力．自然界の岩石や鉱物に多くの放射性同位体が含まれる．

飽和炭化水素（saturated hydrocarbon）　単結合のみで形成されている炭化水素のこと．例：ブタン．石油や天然ガスの主成分．天然のろうにも存在する．

飽和溶液（saturated solution）　その温度でそれ以上の溶質が溶けない状態の溶液．

補酵素（coenzyme）　酵素の働きを助ける役割をもつ小分子．多くのビタミンがこれに属する．

ポリペプチド（polypeptide）　ペプチド結合により数多くのアミノ酸が連なった鎖状化合物．

ポリマー（polymer）　重合体ともいう．同じ単位の繰返し構造をもつ鎖状の巨大分子．例：ポリエテン（慣用名ポリエチレン）．

ホルモン（hormone）　体内の特定の器官などで生産される微量な化学物質で，特定の刺激により血液中に分泌され，特定の組織の活動を調節する．例：恐怖によりアドレナリン，性的刺激によりテストステロンやエストロゲンが分泌す

る．ほかにもインスリンや甲状腺ホルモンなど多種多様な構造や作用をもつホルモンがある．

ミセル（micelle）　疎水性の炭化水素鎖と親水性の原子団（-COONa, -SO$_3$Na）をもつ石けんあるいは洗剤分子が，水溶液中で疎水性部分を内側に，親水性部分を外側に向けて集合し形成されたコロイド粒子のこと．油や脂肪はミセルの疎水性部分に取囲まれて水に分散する．

ミネラル（mineral）　栄養素として必要な無機物のこと．例：カルシウム，ナトリウム．

無機化合物（inorganic compound）　炭素原子を含む有機化合物に属さない化合物．多くの場合，金属化合物の記述に用いられる．

メチシリン耐性黄色ブドウ球菌　MRSAを参照．

モル（mole）　物質量のこと．$6×10^{23}$個の原子，分子，イオンなど粒子の集団を1モル（単位mol）という．水素原子の1 molは1 g，炭素原子の1 molは12 gである．$6×10^{23}$個のオレンジがあればオレンジは1 molである．

モル質量（molar mass）　物質1 molの質量（g）．

モル濃度（molarity, M）　濃度の単位の一つ．1 M＝1 mol/L＝1 mol/dm^3．溶液1 L（1 dm^3）中に1 molに相当する質量（g）の溶質が溶けている場合，濃度は1 Mである．

有機化合物（organic compound）　炭素を含む化合物で何百万種も存在する．

融点（melting point）　加熱により固体が液体に変化する温度．融点において物質は固相と液相の平衡状態にある．純粋な物質は固有の融点をもつが，不純な混合物は幅広い温度範囲で融解する．

遊離基（free radical）　たんにラジカルともよぶ．1個の不対電子をもつ原子，原子団，あるいは分子のこと．遊離基の寿命は短く，高い反応性を示す．

陽子（proton）　原子核中に存在する正に荷電した粒子．原子核中の陽子数が原子の原子番号に等しい．

陽電子放射断層撮影法　PETを参照．

ラジカル（radical）　遊離基を参照．

立体異性体（stereoisomer）　同じ分子式をもち，原子の並びも同じであるが，三次元空間の原子配置の違いにより互いに重ね合わせることができない異性体．

累乗（power）　大きな数字を表す方法として，10^3（＝1000）のように10の累乗を用いて表す．非常に小さな数字を表す場合も同様に，10^{-5}（＝0.00001）のように表す．また，$10^0＝1$である．

レドックス反応　酸化還元反応を参照．

関連文献

アスピリン

1. T. M. Brown *et al*. Aspirin how does it know where to go? *Education in Chemistry*, March 1998, 47.
2. S. Jourdier. Miracle drug. *Chemistry in Britain*, February 1999, 33.
3. PolyAspirin: for targetted and controlled delivery. *Chemistry in Britain*, October 2000, 18.
4. C. Osborne (ed.). *Aspirin*. Royal Society of Chemistry, Cambridge, 1998.
5. Herbal alternative to aspirin. *Daily Telegraph* 20 September 2002, 25.

ビタミン

6. Vitamin C helps relieve stress. *Chemistry in Britain*, 1999, 16.
7. R. Kingston. Supplementary benefits — vitamins. *Chemistry in Britain*, July 1999, 29.
8. Vitamin C. *Chemistry in Britain*, August 2001, 15.
9. Fruity cancer cure. *Education in Chemistry*, November 2001, 164.
10. Vitamin C — a head start. *Education in Chemistry, Info Chem*, March 2002, 74, 1.
11. The F factor (folic acid). *Education in Chemistry, Info Chem*, January 2003, 79, 1.
12. Lead in the womb. *New Scientist*, 23 May 1998, 7.
13. T. P. Kee and M. A. Harrison. Osteoporosis: the enemy within. *Education in Chemistry*, January 2001, 15.
14. P. Jenkins. Taxol branches out. *Chemistry in Britain*, November, 1966, 43.
15. R. Highfield. How to stop cancer in its tracks. *Daily Telegraph*, November 27, 2002, 18.
16. Attacking cancer with a light sabre. *Chemistry in Britain*, July 1999.
17. Seek and ye shall find. *Chemistry in Britain*, July 1999, 16.

Chemistry: An Introduction for Medical and Health Sciences, A. Jones
© 2005 John Wiley & Sons, Ltd

18. P. C. McGowan. Cancer chemotherapy gets heavy. *Education in Chem*, September 2001, 134.
19. S. Cotton. Combretaststin (anti cancer drug). *Education in Chemistry*, September 2001, 121.
20. D. Derbyshire. Stinkweed halts cancer cells. *Daily Telegraph*, 1 September 2002, Science correspondence.
21. R. France and D. Haddow. Biomaterials to order. *Chemistry in Britain*, June 2000, 29.
22. R. Langer. New tissues for old. *Chemistry in Britain*, June 2000, 32.
23. S. Aldridge. A landmark discovery, (penicillin). *Chemistry in Britain*, January 2000, 32.
24. V. Quirke. Howard Florey — medicine maker. *Chemistry in Britain*, October 1998, 35.
25. Chemists fight drug resistance. *Education in Chemistry, Info Chem*, March 2002, **62**, 1.
26. Superbug beater. *Chemistry in Britain*, October 1999, 18.
27. Time to attack harmful organisms. *Education in Chemistry, Info Chem*, March 2002, **62**, 2.
28. J. Mann. Medicine advances. *Chemistry*, 2000, 13.
29. D. Bailey. Plants and medicinal chemistry. *Education in Chemistry*, July 1977, 114.
30. R. Kingston. Herbal remedies. *Education in Chemistry, Info Chem*, March 2001, **68**, 2.
31. Garlic's healthy effects explained. *Chemistry in Britain*, November 1997.
32. Barking up the right tree. *Chemistry in Britain*, April 2000, 18.
33. M. Lancaster. Chemistry on the cob. *Education in Chemistry*, September 2002, 129.
34. J. Cassella *et al*. Harnessing the rainbow. *Education in Chemistry*, May 2002, 72.
35. Garlic, naturally. *Education in Chemistry, Info Chem*, July 2002, **76**, 1.
36. M. Jaspars. Drugs from the deep. *Education in Chemistry*, March 1999, 39.
37. G. Cragg and D. Newman. Nature's bounty. *Chemistry in Britain*, January 2001, 22.
38. B. Griggs. The cure all, clover. *Country Living*, May 2000, 134.
39. Hawaiian plant may help yield TB drug. *Education in Chemistry, Info Chem*, September 2001, **71**, 1.
40. P. C. McGowan. Cancer drugs. *Education in Chemistry*, September 2001, 134.

41. T. M. Brown *et al*. You mean I don't have to feel this way? Clinical depression. *Education in Chemistry*, July 2000, 99.
42. Re-educating the immune system (diabetes). *Education in Chemistry, Info Chem*, March 2001, **68**, 1.
43. A. Butler and R. Nicholson. Bring me sunshine. *Chemistry in Britain*, December 2000, 34.
44. Safe sun. *Chemistry in Britain*, July 2001, 58.

アルツハイマー病

45. Nice approves first Alzheimer's drug. *Chemistry in Britain*, March 2001, 10.
46. K. Roberts. Alzheimer's disease : forget the past, look to the future, *Education in Chemistry, Info Chem RSC*, May 2000, **63**, 2.

循環器系の治療薬

47. L. Gopinath. Cholesterol drug dilemma. *Chemistry in Britain*, November 1996, 38.
48. Anti-cholesterol drugs help arteries dilate, 20 July 1998; www.healthcentral.com/
49. S. K. Scott. Chemical waves and heart attacks. *Education in Chemistry*, May 1998, 72.
50. NicOx says NO to better drugs. *Chemistry in Britain*, March 2001, 11.
51. J. Saavedra and L. Keefer. NO better pharmaceutical. *Chemistry in Britain*, July 2001, 30.
52. F. Murad. Nitric oxide and molecular signaling; http://girch2.med.uth.tmc.edu/
53. L. J. Ignarro. Molecular and medicalpharmacology (regulation and modulation of NO production); http://research.mednet.ucla.edu/
54. J. S. samler. Nitric oxide in biology; www.hhmi.org/science/cellbio/samler.htm
55. US researchers win Nobel Prize in Medicine, October 1998; www.healthcentral.com/

薬に関するさまざまな話題

56. S. Cotton. Marijuana. *Education in Chemistry*, November 2001, 145.
57. A. T. Dronsfield and P. M. Ellis. Ecstacy — science and speculation. *Education in Chemistry*, September 2001, 123.
58. S. Cotton. It's a knock out (hypnotic drugs). *Education in Chemistry*, November 1998, 145.
59. S. Cotton. Cocaine, crack and crime. *Education in Chemistry*, September 2002, 118.

60. S. Cotton. Steroid abuse. *Education in Chemistry*, May 2002, 62.
61. S. Cotton. Zyban (for treating nicotine addiction). *Education in Chemistry*, March 2002, 35.
62. S. Cotton. More speed, fewer medals. *Education in Chemistry*, July 2002, 89.
63. S. Cotton. Drug not dosh. LSD. *Education in Chemistry*, May 2000, 63.
64. Vick Inhaler. *Education in Chemistry*, July 2002, 89.
65. D. C. Billington. Drug discovery in the new millennium. *Education in Chemistry*, May 2001, 67.
66. Time to attack. *Education in Chemistry, Info Chem*, March 2000, **62**.
67. The Tagamet tale. *Education in Chemistry, Info Chem*, March 1998, **50**, 2.
68. N. Agrawal. A class act (more selective painkillers). *Chemistry in Britain*, August 2001, 31.
69. M. Gross. Know your proteins. *Education in Chemistry*, September 2001, 128.
70. The master protein. *Education in Chemistry, Info Chem*, November 2002, **78**, 2.
71. RSC celebrated DNA fingerprinting. *Education in Chemistry*, November 2002, 144.
72. A. T. Dronsfield *et al*. Halothane — the first designer anaesthetic. *Education in Chemistry*, September 2002, 131.
73. P. D. Darbre. Oestrogens in the environment. *Education in Chemistry*, September 2002, 124.
74. Z. Guo *et al*. Metals in the brain. *Education in Chemistry*, May 2002, 68.
75. B. Austen and M. Manca. Proteins on the brain. *Chemistry in Britain*, January 2000, 28.
76. Drugs on the brain. *Chemistry in Britain*, May 2000, 18.
77. K. Roberts. All in the mind. *Education in Chemistry, Info Chem*, January 2001, **67**, 2.
78. W. Gelletly. Radioactive ion beams. *Education in Chemistry*, January 2003, 13.
79. Marie Curie and the centennial elements. *Education in Chemistry*, November 1998, 151.
80. N. Mather. A time to attack. *Education in Chemistry, Info Chem*, March 2000, **62**, 2-3.

もっと勉強したい人のために

1. A. R. Butler and R. Nicholson. *Life, Death and Nitric Oxide*. Royal Society of Chemistry, Cambridge, 2003.
2. A. V. Jones, M. Clement, A. Higton and E. Golding, *Access to Chemistry*. Royal Society of Chemistry, Cambridge, 1999.

3. R. Lewis and W. Evans. *Chemistry*. Macmillan, Basingstoke, 1997.
4. *Practical Chemistry*, 13 video clips of practical techniques in chemistry. Royal Society of Chemistry, 2000; available from Dr Rest, Department of Chemistry, University of Southampton SO17 1BJ (covers most of the techniques outlined in Chapter 1 of this book).
5. *Spectroscopy for Schools and Colleges* (CD-ROM). Royal Society of Chemistry, Cambridge 2000 (covers in more detail all the techniques listed in the Analytical section of this book).

索引

あ

IR スペクトル（赤外スペクトル） 168
アシドーシス 145
アスコルビン酸（ビタミン C） 87, 91
アスピリン 8, 154, 207
アセチルサリチル酸 → アスピリン
アセトアミノフェン 9, 65
アセトアルデヒド 47
アセトン 38
アデニン 80
アデノシン三リン酸 67
アデノシン二リン酸 68
アドレナリン 210
アナストロゾール 212
アナフィラキシーショック 215
アニオン 105
アヘン 6
アミノ基転移反応 80
アミノ酸 21, 76, 141
アミノ酸配列 80
p-アミノベンゼンスルホンアミド 208
アミノメタン 75
アミラーゼ 98
アミン 74
アメリシウム 182
アラキドン酸 64
アラニン 32
R/S 表示法 33
RNA（リボ核酸） 12, 63, 80
R_f 値 166
アルカリ 137, 140, 141
アルカローシス 145
アルカン 34
アルケン 38
アルコール 34, 43
アルゴン 18
アルツハイマー病 220
アルデヒド 38, 57, 59
アルドース 59
α 線 179, 181
α 粒子 179
アンモニア 20, 75

い

イオン 105
イオン結合 10, 17, 105
異化 193
異化作用 69
胃癌 182
胃酸過多 137, 143
異性体 28, 51
イソフラボン 97
イソフルラン 52
一価アルコール 47
一酸化炭素（CO） 27
一酸化窒素（NO） 154
移動相 166
イブプロフェン 9, 33, 65
インスリン 62

う，え

右旋性 30
宇宙放射線 185
ウラシル 80
ウラン 178

AIDS（後天性免疫不全症候群） 216, 220
液体クロマトグラフィー 167
siRNA 218
SEM（走査電子顕微鏡） 171
SARS（重症急性呼吸器症候群） 216
SOD（スーパーオキシドジスムターゼ） 153
エステル 57, 64
エストロゲン 212
エタナール 47
エタノール 44
エタン 24
エタン酸 4, 24, 47, 64
エタン酸エチル 64
エチルアミン 75
エチレン（エテン） 25
エチレングリコール 44
HIV（ヒト免疫不全ウイルス） 216
H_2 遮断薬（H_2 ブロッカー） 211
ADME 201
ADP（アデノシン二リン酸） 68
ATP（アデノシン三リン酸） 67
エーテル 51
エテン（エチレン） 25
NSAID（非ステロイド性抗炎症薬） 213
NO（一酸化窒素） 154

エネルギー　27
MRI（磁気共鳴画像法）　173
MRS（磁気共鳴分光法）　173
MRSA（メチシリン耐性黄色
　　　　ブドウ球菌）　209
L　31, 58
l　31, 58
エルゴカルシフェロール（ビ
　　　　タミンD_2）　92
塩　137, 142
塩化ナトリウム　10
塩　基　137, 140

お

オゾン層　39
OTC医薬品　9
オレイン酸　66
温暖化　28

か

ガイガーカウンター　184
壊血病　91
化学療法　115, 211
鍵と鍵穴モデル　99, 200
核　酸　80
過酸化水素　153
加水分解　78, 125, 133
ガスクロマトグラフィー
　　　　166
カタラーゼ　98
カチオン　105
活性化エネルギー　195
活性酸素　197
カテコール　50
ガラクトース　101
カリウムイオン　110
カルシウムイオン　110
カルシフェロール（ビタミン
　　　　D）　87, 92
カルボニル化合物　13, 56
カルボニル基　56
カルボン酸　38, 57, 63

癌
　──治療薬　211
　──の診断　173
　──の治療　115
還　元　150
還元剤　150
還元糖　59
癌細胞　115
環状アルコール　50
緩衝液　77, 143
環状構造　36
緩衝剤　108
γ　線　179, 184
ガンマナイフ　186
慣用名　34

き

気　化　22
希ガス　18
ギ　酸　64
キシリトール　219
キナ皮　6
キニーネ　206
キノホルム　218
吸　収　201
吸収線量　188
吸熱反応　153, 196
キュリー（Ci）　187
強　酸　138
鏡　像　29
鏡像異性体　30, 59
共有結合　10, 15
共有結合化合物　17
共有電子対　19
局所麻酔薬　206
均一開裂（ホモリシス）　197
禁止薬物　17, 96

く

グアニン　80
クラーレ　4, 205
グリシン　21, 76

グリセリン　39, 49, 66
グルコース　6, 27, 59
グレイ（Gy）　188
クロマトグラフィー　165
クロロホルム　42, 52

け

結合角　22
ケトース　60
ケトン　38, 57, 60
煙感知器　182
けん化　70
原　子　10
原子核　10, 178
原子団　28
原子番号　12, 18, 178
原子量　12, 18
元素記号　12
懸濁液　129

こ

抗ウイルス薬　215
好塩基球　214
抗炎症剤　33
抗炎症作用　33
光学異性体　30, 59
抗癌剤　116, 212
口腔癌　182
抗血小板作用　9
光合成　28
好酸球　214
恒常性　140, 144
甲状腺機能障害　185
酵　素　97, 199
後天性免疫不全症候群
　　　　（AIDS）　216, 220
高分子　26
氷　133
コカイン　206
固定相　166
コバラミン（ビタミンB_{12}）
　　　　90

索 引

コレカルシフェロール（ビタミンD_3） 92
コレステロール 26, 95
コロイド 129
コロナウイルス 216

さ

最外殻 18
最外殻電子 13, 17, 105
サイトカイン 216
細胞外液 109
細胞間液 109
細胞内液 109
酢酸（エタン酸） 4, 24, 47, 64
酢酸エチル（エタン酸エチル） 64
左旋性 31
サプレッサーT細胞 215
サリシン 6
サリチル酸 6
サリドマイド 219
サルファ剤 208
サルブタモール 210
サルモネラ菌 219
酸 13, 136
酸化 13, 150
三価アルコール 49
酸化還元電位 152
酸化還元反応 152
酸化剤 150
酸化数 152
酸性 138
酸素 156

し

シアノコバラミン（ビタミンB_{12}） 90
シアル酸 160
ジエチルアミン 75
ジエチルエーテル 51
COX-1 207
COX-2 207

紫外可視吸収スペクトル 170
紫外可視分光法 170
磁気共鳴画像法 173
磁気共鳴分光法 173
色素欠乏症 100
ジギタリス 5
ジギトキシン 95
シクロオキシゲナーゼ 207
シクロヘキサノール 51
シクロヘキサン 37
脂 質 12, 65
指示薬 138
指 数 227
シスプラチン 116, 211
ジスルフィラム 47, 101
自然放射線 182
疾患修飾性抗リウマチ薬 214
質量スペクトル 163
質量パーセント 232
質量パーセント濃度 125, 137, 198
質量分析法 162
シトシン 80
シーベルト（Sv） 188
脂 肪 12, 17, 65
脂肪酸 64, 66
シメチジン 211
ジメチルアミン 75
ジメチルエーテル 51
弱 酸 139
周期表 11, 17
重 合 26
重症急性呼吸器症候群 216
縮 合 77
脂溶性 23
脂溶性ビタミン 87
蒸発熱 132
常用対数 227
触 媒 198
植物エストロゲン 97
植物ホルモン 97
ショ糖 61
シルデナフィルクエン酸塩 220
親水基 124
真 数 227

心臓発作 154
心電図 114
浸 透 126

す

水蒸気 130
水 素 10
水素イオン 24, 137, 139
水素イオン濃度 76
水素結合 22
　アルコールの—— 46
　DNAの—— 83
　水分子の—— 123
水溶性 22
水溶性ビタミン 87
スクロース 47, 61
スタチン 96
ステアリン酸 64
ステロイド 95
ステロイドホルモン 94
ストレプトマイシン 161
スーパーオキシドアニオン 153
スーパーオキシドジスムターゼ 153

せ, そ

制酸剤 142
正の電荷 10
生物学的利用能 202
性ホルモン 95
赤外スペクトル 168
赤外分光法 168
セッケン 69, 129
接頭語 38
セボフルラン 221
セルロース 61
セレコキシブ 214
旋光計 31
洗 剤 69, 129
潜水反射 192

走査電子顕微鏡 171

索引

双性イオン 76, 124, 142

た

第一級アミン 74
第三級アミン 74
代　謝 201
耐性菌 9
代替医薬品 9
第二級アミン 74
タキソール 211
多　糖 61
タモキシフェン 212
単　位 223, 225
単結合 24
炭水化物 12, 17, 58
炭　素
　——の循環 27
単　糖 58
タンパク質 13, 17, 78
単量体 26

ち

チアミン（ビタミンB_1）88
置換基 24
窒素塩基 141
窒素酸化物 147
チミン 80
中　性 138
中性子 10
中性子数 178
中　和 143
鎮　痛 6
鎮痛薬 8

て

D　31, 58
d　30, 58
TEM（透過電子顕微鏡）173
DNA（デオキシリボ核酸）
　　　　　　　　12, 63, 80

DMARD（疾患修飾性抗リウ
　　　　マチ薬）214
T 細胞 214
低ナトリウム血症 126
デオキシリボ核酸 12, 63, 80
デオキシリボース 63, 80
テストステロン 95, 96
電解質 106, 108
電解質溶液 108
電　子 10
電子殻 10, 18
電子顕微鏡 170
電子構造 17
電磁波 161
デンプン 61
電離放射線 184

と

糖　12, 26, 58
同位体 178
同　化 193
同化作用 69
透過電子顕微鏡 173
透　析 128
同族体 34
等　張 127
糖尿病 56
糖　類 27
トコフェロール（ビタミン E）
　　　　　　　　　87, 93
ドネペジル塩酸塩 221
ドーピング検査 33, 167
トリエチルアミン 75
トリプシン 98
トリメチルアミン 74
トロンビン 201
貪食細胞 214

な 行

ナイアシン 89
ナトリウムイオン 110

ナンドロロン 96
二価アルコール 48
二酸化硫黄 146
二酸化炭素 8, 19, 146
二酸化窒素 147
二次電子 171
二重結合 24
二重らせん 23, 82
二　糖 61
ニトログリセリン 156
乳　酸 31, 68
尿　素 75

ネオン 18

は

バイアグラ 220
バイオアベイラビリティ（生
　　　物学的利用能）202
排　泄 201
薄層クロマトグラフィー
　　　　　　　　　166
橋かけ結合 23
発熱反応 153, 196
ハロゲン化合物 39
半減期 185
ハンチントン病 218
半透膜 126
パントテン酸 89
反応速度 13, 191

ひ

PET（陽電子放射断層撮影法）
　　　　　　　　　187
pH 76, 137
ビオチン 94
ピクノゲノール 208
B 細胞 214
ヒスタミン 2 受容体 211
非ステロイド性抗炎症薬
　　　　　　　　　213

索　引

ビタミン　86
ビタミンA　87
ビタミンB　87, 88
ビタミンB_1　88
ビタミンB_2　88
ビタミンB_6　89
ビタミンB_{12}　90
ビタミンC　87, 91
ビタミンD　87, 92
ビタミンD_2　92
ビタミンD_3　92
ビタミンE　87, 93
ビタミンK　87, 94
必須アミノ酸　80
必須元素　114
ヒト免疫不全ウイルス　216
ヒドロキシ基　13, 44
ヒドロコルチゾン　95
避妊薬　209
ppm　232
ピリドキシン（ビタミンB_6）
　　89
微量元素　111
ピルビン酸　68

ふ

不安定同位体　178
フィブリノーゲン　100
フィブリン　100
フィルムバッジ　187
フェニル基　37
フェニルケトン尿症　100
フェノキシドイオン　50
フェノール　8, 49, 197
フェロセン誘導体　212
フェロモン　21
付加重合　26
副作用　13
不　斉　29
不斉炭素　29
ブタノール　45
ブタン　35
ブタン酸　64
不対電子　194

負の電荷　10
不飽和化合物　26
不飽和脂肪酸　66
フラグメントイオン　162
フリーラジカル（遊離基）
　　194, 197
フルクトース　60
プロゲステロン　95, 97, 209
プロスタグランジン
　　64, 207
プロパノール　45
プロパン　35
プロプラノロール　210
分子式　12
分　布　201

へ

閉　殻　17
平面構造　24
ヘキソース　58
ベクレル（Bq）　187
$β_2$-アドレナリン受容体
　　210
β遮断薬　210
β　線　179, 183
β粒子　179
ペニシリン　4, 161
ペーパークロマトグラフィー
　　166
ペプシン　98
ペプチダーゼ　98
ペプチド　77
ヘモグロビン　27, 90, 156
ペラグラ　89
ヘリウム　18
ヘリコバクター　219
ヘルパーT細胞　215
ヘロイン　207
変形性関節症　213
偏光面　30
変　性　79
変性アルコール　48
ベンゼン　37
ペンタン　35
ペントース　58

ほ

芳香環　37
放射壊変系列　184
放射性炭素年代測定　185
放射性同位体　181
放射性崩壊（放射性壊変）
　　181
放射線　178, 187
放射能　13, 178
飽　和　198
飽和化合物　26
補酵素　88, 100
ホメオスタシス　140, 144
ホモリシス　197
ポリエテン（ポチエチレン）
　　25
ポリペプチド　78
ポリマー　26

ま 行

マスト細胞　215
マラリア　205
マルターゼ　98
マルトース　98
ミオグロビン　156
水　119
ミセル　70, 129
ミネラル　114
命名法
　　有機化合物の——　34
メタノール　45
メタン　18
メタン酸　64
メタンフェタミン　17
メチシリン耐性黄色ブドウ球
　　菌　209
メチルアミン　75
メトキシメタン　51
免疫グロブリン　215

索引

モノマー 26
モル 225
モル濃度 125, 198, 230

や 行

薬物動態 201

有機化学 12
遊離基 194, 197
湯気 131

溶液 124
溶解性 13, 22
溶解度 125
葉酸 90
陽子 10
陽子数 178
溶質 124

ヨウ素 123 (^{123}I) 185
陽電子放射断層撮影法
　　　　　　　　175, 187
溶媒 124

ら 行

ライ症候群 208
酪酸 64
ラクターゼ 101
ラクトース 101
ラジウム 182
ラジカル 36
らせん構造 24
ラド (rad) 188
ラドン 182

リウマチ 214
立体異性体 30

リボ核酸 12, 63, 80
リボース 63, 80
リボフラビン（ビタミンB_2）
　　　　　　　　　　88
両性物質 76
リン酸 80
リン脂質 66

累乗 224, 226

レチノール（ビタミンA）
　　　　　　　　　87
レドックス反応（酸化還元反
　　　　　　応）152
レム (rem) 188

わ

ワルファリン 94

原　　博（はら　ひろし）
　1941 年 広島県に生まれる
　1964 年 九州大学医学部薬学科 卒
　1980〜1981 年 オランダ農科大学
　　　　　　　　　有機化学研究所に留学
　2001〜2006 年 東京理科大学薬学部 教授
　2006〜2010 年 東京薬科大学薬学部 客員教授
　専攻 有機化学，医薬品化学
　薬学博士

荒井 貞夫（あらい さだお）
　1948 年 埼玉県に生まれる
　1977 年 東京都立大学大学院工学研究科
　　　　　　　　　博士課程 修了
　1985〜1987 年 米国ルイジアナ州立大学，
　　　　　　　　　サウスフロリダ大学に留学
　現 東京医科大学医学部 教授
　専攻 有機化学
　工学博士

第 1 版 第 1 刷 2010 年 4 月 1 日発行

医・薬・看護系のための 化学

Ⓒ 2010

訳　者　　原　　　博
　　　　　荒　井　貞　夫

発 行 者　　小　澤　美　奈　子
発　　行　　株式会社 東京化学同人
　　東京都文京区千石 3 丁目 36-7 (☎ 112-0011)
　　電話 (03) 3946-5311・FAX (03) 3946-5316
　　　　URL: http://www.tkd-pbl.com/

印　刷　日本フィニッシュ株式会社
製　本　株式会社 松岳社

ISBN978-4-8079-0704-5
Printed in Japan